普通高等教育"十一五"国家级规划教材

经济管理数学基础

白岩 杨淑华 孙鹏 编著

微积分习题课教程（下册）
（第2版）

U0360218

清华大学出版社

北 京

内 容 简 介

本书是普通高等教育"十一五"国家级规划教材,是《微积分》(上、下册)(李辉来,孙毅等编著,清华大学出版社,2005)的配套习题课教材. 本书分上、下册,上册内容包括函数、极限与连续、导数与微分、微分中值定理与导数应用、不定积分、定积分及其应用. 下册内容包括向量代数与空间解析几何、多元函数微分学、重积分、无穷级数、微分方程和差分方程.

本书下册仍按《微积分(下册)》分为 6 章, 各章首先概括主要内容和教学要求,继之进行例题选讲、疑难问题解答,有的章节还进行了常见错误类型分析,最后给出练习题、综合练习题及其参考答案与提示.

与主教材《微积分》(上、下册)配套的除了《微积分习题课教程》(上、下册)外,还有《微积分教师用书》(习题解答)和供课堂教学使用《微积分电子教案》.

本书可作为高等学校经济、管理、金融及相关专业微积分课程的习题课教材或教学参考书.

版权所有,侵权必究. 举报: 010-62782989,beiqinquan@tup.tsinghua.edu.cn。

图书在版编目(CIP)数据

微积分习题课教程. 下册/白岩, 杨淑华, 孙鹏编著. --2 版. --北京: 清华大学出版社, 2014(2024.2重印)
(经济管理数学基础)
ISBN 978-7-302-34855-9

I.①微… II.①白… ②杨… ③孙… III.①微积分-高等学校-题解 IV.①O172-44

中国版本图书馆 CIP 数据核字(2013)第 310954 号

责任编辑: 佟丽霞
封面设计: 傅瑞学
责任校对: 刘玉霞
责任印制: 刘海龙

出版发行: 清华大学出版社
    网　　　址: https://www.tup.com.cn, https://www.wqxuetang.com
    地　　　址: 北京清华大学学研大厦 A 座　　　邮　编: 100084
    社 总 机: 010-83470000　　　邮　购: 010-62786544
    投稿与读者服务: 010-62776969, c-service@tup.tsinghua.edu.cn
    质量反馈: 010-62772015, zhiliang@tup.tsinghua.edu.cn
印 装 者: 三河市人民印务有限公司
经　　销: 全国新华书店
开　　本: 170mm ×230mm　　　印张: 14.25　　　字　数: 262 千字
版　　次: 2007 年 3 月第 1 版　 2014 年 6 月第 2 版　　印　次: 2024 年 2 月第 8 次印刷
定　　价: 39.90 元

产品编号: 053431-02

"经济管理数学基础"系列教材编委会

主　任　李辉来

副主任　孙　毅

编　委（以姓氏笔画为序）

王国铭　　白　岩　　术洪亮　　孙　毅

刘　静　　李辉来　　张旭利　　张朝凤

陈殿友　　杨　荣　　杨淑华　　郑文瑞

"经济管理数学基础"系列教材总序

数学是研究客观世界数量关系和空间形式的科学. 在过去的一个世纪中，数学理论与应用得到了极大的发展，使得数学所研究的两个重要内容，即"数量关系"和"空间形式"，具备了更丰富的内涵和更广泛的外延. 数学科学在发展其严谨的逻辑性的同时，作为一门工具，在几乎所有的学科中大显身手，产生了前所未有的推动力.

在经济活动和社会活动中，随时都会产生数量关系和相互作用. 数学应用的第一步就是对实际问题分析其对象内在的数量关系，这种数量关系概括地表述为一种数学结构，这种结构通常称为数学模型，建立这种数学结构的过程称为数学建模. 数学模型按类型可以分为三类：第一类为确定性模型，即模型所反映的实际问题中的关系具有确定性，对象之间的联系是必然的. 微积分、线性代数等是建立确定性模型的基本数学工具. 第二类为随机性模型，即模型所反映的实际问题具有偶然性或随机性. 概率论、数理统计和随机过程是建立随机性模型的基本数学方法. 第三类为模糊性模型，即模型所反映的实际问题中的关系呈现模糊性. 模糊数学理论是建立模糊性模型的基本数学手段.

高等学校经济管理类专业本科生的公共数学基础课程一般包括微积分、线性代数、概率论与数理统计三门课程，它们都是必修的重要基础理论课. 通过学习，学生可以掌握这些课程的基本概念、基本理论、基本方法和基本技能，为今后学习各类后继课程和进一步扩大数学知识面奠定必要的连续量、离散量和随机量方面的数学基础. 在学习过程中，通过数学知识与其经济应用的有机结合，可以培养学生抽象思维和逻辑推理的理性思维能力、综合运用所学知识分析问题和解决问题的能力以及较强的自主学习能力，并逐步培养学生的探索精神和创新能力.

"经济管理数学基础"系列教材是普通高等教育"十一五"国家级规划教材，包括《微积分》（上、下册）、《线性代数》、《概率论与数理统计》，以及与其配套的习题课教程. 为了方便一线教师教学，该系列教材又增加了与主教材配套的电子教案和教师用书（习题解答）. 该系列教材内容涵盖了教育部大学数学教学指导委员会制定的"经济管理类本科数学基础教学基本要求"，汲取了国内外同类教材的精华，特别是借鉴了近几年我国一批"面向21世纪课程"教材和国家"十五"规划教材的成果，同时也凝聚了作者们多年来在大学数学教学方面积累的经验. 本系列教材编写中充分考虑了公共数学基础课程的系统性，注意体现时代的特点，本着加强基础、强化应用、整体优化、注意后效的原则，力争做到科学性、系统性和可行性的统一，传授数学知识和培养数学素养的统一. 注重理论联系实际，通过实例展示数学方法在经济管理领域的成功应用. 把数学实验内容与习题课相结合，突出数学应用和数学建模的思想方法. 借助电子和网络手段提供经济学、管理学的背景资源和应用资源，提高学生的数学人文素养，使数学思维延伸至一般思维. 总之，本系列教材体现了现代数学思想与方法，建立了后续数学方法的接口，考虑了专业需求和学生动手能力的培养，并使教材的系统性和文字简洁性相统一.

　　在教材体系与内容编排上，认真考虑作为经济类、管理类和人文类各专业以及相关的人文社会科学专业不同学时的授课对象的需求，对数学要求较高的专业可讲授教材的全部内容，其他专业可以根据实际需要选择适当的章节讲授. "经济管理数学基础"系列教材中主教材基本在每节后面都配备了习题，在每章后面配备了总习题，其中（A）题是体现教学基本要求的习题，（B）题是对基本内容提升、扩展以及综合运用性质的习题. 书末给出了习题的参考答案，供读者参考. 该系列教材中的习题课教程旨在帮助学生全面、系统、深刻地理解、消化主教材的主要内容，使学生能够巩固、加深、提高和拓宽所学知识，并综合运用所学知识分析、处理和解决经济管理及相关领域中的某些数学应用的问题. 每章首先概括主要内容和教学要求，继之进行例题选讲、疑难问题解答，有的章节还列出了常见错误类型分析，最后给出练习题、综合练习题及其参考答案与提示.

　　自本教材问世以来，许多同行提出了许多宝贵的意见. 结合我们在吉林大学的教学实践经验，以及近年来大学数学课程教学改革的成果，我们对本系列教材进行了修订、完善. 本次修订的指导思想是：①突出数学理论方法的系统性和连贯性；②加强经济管理的实际应用的引入和数学建模解决方法的讲述；③文字力图简洁明了，删繁就简；④增加了实际应用例题和习题.

　　在本系列教材的编写过程中，吉林大学教务处、吉林大学数学学院给予了大力支持，吉林大学公共数学教学与研究中心吴晓俐女士承担了本系列教材修订的编务工作. 清华大学出版社的领导和编辑们对本系列教材的编辑出版工作给予了精心的指导和大力支持. 在此一并致谢.

"经济管理数学基础"系列教材编委会

2013 年 8 月

前　言

　　经济管理数学基础《微积分习题课教程（下册）》自 2007 年 3 月出版以来，受到了同行专家和广大读者的广泛关注，对本教材提出了许多宝贵的意见．针对上述意见，结合我们在吉林大学的教学实践和教学改革以及大学数学教育发展的需要，我们对本教材进行了修订和完善．

　　根据本次修订的指导思想，紧密配合《微积分（第 2 版）下册》主教材，同时结合考研大纲的要求，我们充实了一些综合性较强的例题和习题．重点修订了行文体例和文字叙述，增加了实际应用例题和习题．

　　本书的第 1、2 章由白岩负责，第 3、4 章由孙鹏负责，第 5、6 章由杨淑华完成，全书由白岩统稿．在本教材的修订过程中，得到了吉林大学教务处、吉林大学数学学院和清华大学出版社的大力支持和帮助，吴晓俐女士承担了本教材修订的编务工作，在此一并表示衷心的感谢．

　　由于编者水平所限，书中的错误和不当之处，敬请读者批评指正．

编　者

2013 年 8 月

第1版前言

本书是"经济管理数学基础"系列教材中《微积分》(上、下册)(李辉来、孙毅等编著,清华大学出版社,2005)的配套的习题课教材,是依据经济类、管理类、人文类各专业对微积分课程的教学要求而编写的.

在主教材《微积分》(上、下册)的编写过程中,按循序渐进的原则,深入浅出. 从典型的自然科学与经济分析中的实际例子出发,从直观的几何现象出发,引出微积分的基本概念,如极限、导数及积分等. 再从理论上进行论证,得到一些有用的方法和结果,然后再利用它们解决更多的自然科学和经济分析中的实际问题. 这样从特殊到一般,再从一般到特殊,从具体到抽象,再从抽象到具体,将微积分和经济分析的有关内容有机地结合起来,为学生将来利用数学分析的方法讨论更深入的经济问题打下良好的基础.

主教材《微积分》(上、下册)在教材体系结构及讲解方法上我们进行了必要的调整,适当淡化运算上的一些技巧,降低了一元函数的极限与连续的理论要求,从简处理了一些公式的推导和一些定理的证明. 在保证教学要求的同时,让教师比较容易组织教学,学生比较容易理解接受,并且使学生在知识、能力、素质方面有较大的提高. 书中将数学素质培养有机地融合于知识讲解中,突出数学思想的介绍,突出数学方法的应用. 本书拓广了经济应用实例的范围,让学生更多地了解应用数学的知识、数学方法解决经济管理类问题的实例,增加他们的应用意识和能力.

本书密切配合主教材《微积分》(上、下册),内容充实,题型全面. 每章首先概括主要内容和教学要求;继之进行例题选讲、疑难问题解答,有的章节还进行了常见错误类型分析,最后给出练习题、综合练习题及其参考答案与提示. 本书体现了现代数学思想与方法,总结学习规律,解决疑难问题,提示注意事项,特别注重培养学生分析问题、解决问题的能力.

本书下册内容包括向量代数与空间解析几何、多元函数微分学、重积分、无穷级数、微分方程和差分方程共 6 章,其中第 1、2 章由白岩编写,第 3、4 章由赵建华编写,第 5、6 章由杨淑华编写,全书由白岩统稿. 青年教师孙鹏、侯影、朱本喜、卢秀双及研究生李健完成了本书的录入、排版、制图工作.

由于水平有限,书中的错误和不妥之处恳请广大读者批评指正,以期不断完善.

编 者

2006 年 8 月

目　　录

第1章　向量代数与空间解析几何

1.1　向量代数

一、主要内容

空间直角坐标系, 向量的概念, 向量的运算, 向量的积.

二、教学要求

1. 理解空间直角坐标系的概念, 理解向量的概念及其表示;

2. 掌握向量的运算 (线性运算、数量积、向量积), 了解两个向量垂直、平行的条件;

3. 理解单位向量、方向角与方向余弦, 向量的坐标表示式, 掌握用坐标表示式进行向量运算的方法;

4. 掌握向量的数量积、向量积的运算, 了解混合积.

三、例题选讲

例 1.1　在 x 轴上求出一点 M, 使它与点 $M_1(4,1,2)$ 的距离为 $\sqrt{30}$.

解　设在 x 轴上所求点 M 的坐标为 $(x,0,0)$, 下面求出 x.
由条件 $|M_1M| = \sqrt{30}$, 即

$$\sqrt{(x-4)^2 + (0-1)^2 + (0-2)^2} = \sqrt{30},$$

$$(x-4)^2 = 25,$$

得

$$x = 9 \quad \text{或} \quad x = -1.$$

故所求点 M 为 $(9,0,0)$ 或 $(-1,0,0)$.

例 1.2　已知向量 $\boldsymbol{a} = (4,-4,7)$, 其终点坐标为 $(2,-1,7)$, 求向量 $\boldsymbol{a}$ 的始点坐标及模 $|\boldsymbol{a}|$.

解　设向量 a 的始点坐标为 (x, y, z), 因为向量的坐标是其终点坐标与始点坐标之差, 所以有

$$2 - x = 4, \quad -1 - y = -4, \quad 7 - z = 7,$$

由此解得

$$x = -2, \quad y = 3, \quad z = 0.$$

而

$$|a| = \sqrt{4^2 + (-4)^2 + 7^2} = \sqrt{81} = 9.$$

故向量 a 的始点坐标为 $(-2, 3, 0), |a| = 9$.

例 1.3　向量 a 与 x 轴的负向及 y 轴、z 轴的正向构成相等的锐角, 求向量 a 的方向余弦.

解　依题意知

$$\alpha = \pi - \theta, \quad \beta = \theta, \quad \gamma = \theta \quad \left(0 < \theta < \frac{\pi}{2}\right),$$

因为 $\cos^2 \alpha + \cos^2 \beta + \cos^2 \gamma = 1$, 即

$$\cos^2(\pi - \theta) + \cos^2 \theta + \cos^2 \theta = 1,$$

所以

$$3\cos^2 \theta = 1 \quad 或 \quad \cos \theta = \frac{\sqrt{3}}{3}.$$

故 $\cos \alpha = -\dfrac{\sqrt{3}}{3}, \cos \beta = \dfrac{\sqrt{3}}{3}, \cos \gamma = \dfrac{\sqrt{3}}{3}$.

例 1.4　模长为 2 的向量 a 与 x 轴的夹角是 $\dfrac{\pi}{4}$, 与 y 轴的夹角是 $\dfrac{\pi}{3}$, 求向量 a 的坐标.

解　设向量 a 与 z 轴的夹角是 γ, 则

$$\cos^2 \frac{\pi}{4} + \cos^2 \frac{\pi}{3} + \cos^2 \gamma = 1,$$

即

$$\frac{1}{2} + \frac{1}{4} + \cos^2 \gamma = 1.$$

由此解得

$$\cos \gamma = \pm \frac{1}{2}.$$

因为

$$\boldsymbol{e}_a = (\cos\alpha, \cos\beta, \cos\gamma) = \left(\frac{\sqrt{2}}{2}, \frac{1}{2}, \pm\frac{1}{2}\right),$$

而 $\boldsymbol{a} = |\boldsymbol{a}|\,\boldsymbol{e}_a$, 所以

$$\boldsymbol{a} = 2\left(\frac{\sqrt{2}}{2}, \frac{1}{2}, \pm\frac{1}{2}\right) = \left(\sqrt{2}, 1, \pm 1\right).$$

例 1.5 已知 $|\boldsymbol{a}| = 2, |\boldsymbol{b}| = \sqrt{2}$, 且 $\boldsymbol{a}\cdot\boldsymbol{b} = 2$, 求 $|\boldsymbol{a}\times\boldsymbol{b}|$.

解 因为 $\boldsymbol{a}\cdot\boldsymbol{b} = |\boldsymbol{a}||\boldsymbol{b}|\cos(\widehat{\boldsymbol{a},\boldsymbol{b}}), |\boldsymbol{a}\times\boldsymbol{b}| = |\boldsymbol{a}||\boldsymbol{b}|\sin(\widehat{\boldsymbol{a},\boldsymbol{b}})$, 所以 $|\boldsymbol{a}\times\boldsymbol{b}|^2 + (\boldsymbol{a}\cdot\boldsymbol{b})^2 = |\boldsymbol{a}|^2|\boldsymbol{b}|^2$, 即

$$|\boldsymbol{a}\times\boldsymbol{b}|^2 = 8 - 4 = 4, \quad |\boldsymbol{a}\times\boldsymbol{b}| = 2 \quad (\text{由 } |\boldsymbol{a}\times\boldsymbol{b}| \geqslant 0, \text{故舍去} -2).$$

或由给定条件知

$$\cos(\widehat{\boldsymbol{a},\boldsymbol{b}}) = \frac{\boldsymbol{a}\cdot\boldsymbol{b}}{|\boldsymbol{a}||\boldsymbol{b}|} = \frac{2}{2\sqrt{2}} = \frac{\sqrt{2}}{2},$$

所以 $(\widehat{\boldsymbol{a},\boldsymbol{b}}) = \frac{\pi}{4}$, 于是

$$|\boldsymbol{a}\times\boldsymbol{b}| = |\boldsymbol{a}||\boldsymbol{b}|\sin(\widehat{\boldsymbol{a},\boldsymbol{b}}) = 2\times\sqrt{2}\times\frac{1}{\sqrt{2}} = 2.$$

例 1.6 设 $|\boldsymbol{a}| = 2, |\boldsymbol{b}| = 5, (\widehat{\boldsymbol{a},\boldsymbol{b}}) = \frac{2}{3}\pi$, 若向量 $\boldsymbol{m} = \lambda\boldsymbol{a} + 17\boldsymbol{b}$ 与向量 $\boldsymbol{n} = 3\boldsymbol{a} - \boldsymbol{b}$ 互相垂直, 求常数 λ.

分析 两个向量互相垂直的充分必要条件是其数量积为零, 由此入手求出常数 λ.

解

$$\begin{aligned}
0 = \boldsymbol{m}\cdot\boldsymbol{n} &= (\lambda\boldsymbol{a} + 17\boldsymbol{b})\cdot(3\boldsymbol{a} - \boldsymbol{b}) \\
&= 3\lambda\boldsymbol{a}^2 + (51 - \lambda)\,\boldsymbol{a}\cdot\boldsymbol{b} - 17\boldsymbol{b}^2 \\
&= 12\lambda + (51 - \lambda)\,\boldsymbol{a}\cdot\boldsymbol{b} - 425 \\
&= 12\lambda + (51 - \lambda)\times 2\times 5\times\cos\frac{2}{3}\pi - 425 \\
&= 17\lambda - 680.
\end{aligned}$$

即 $\lambda = 40$.

例 1.7 设 $\boldsymbol{a}, \boldsymbol{b}, \boldsymbol{c}$ 均为单位向量, 且有 $\boldsymbol{a} + \boldsymbol{b} + \boldsymbol{c} = 0$, 求 $\boldsymbol{a}\cdot\boldsymbol{b} + \boldsymbol{b}\cdot\boldsymbol{c} + \boldsymbol{c}\cdot\boldsymbol{a}$.

分析 利用数量积的运算律和单位向量的概念求解.

解 因为

$$0 = (a+b+c) \cdot (a+b+c)$$
$$= a^2 + b^2 + c^2 + 2(a \cdot b + b \cdot c + c \cdot a)$$
$$= 3 + 2(a \cdot b + b \cdot c + c \cdot a),$$

所以

$$a \cdot b + b \cdot c + c \cdot a = -\frac{3}{2}.$$

例 1.8 求垂直于向量 $a = (2,2,1)$ 和 $b = (4,5,3)$ 的单位向量 e_c.

解 因为向量 $a \times b$ 同时垂直于 a 和 b. 所以所求的单位向量 e_c 必与向量 $a \times b$ 共线. 而

$$a \times b = \begin{vmatrix} i & j & k \\ 2 & 2 & 1 \\ 4 & 5 & 3 \end{vmatrix} = i - 2j + 2k,$$

$$|a \times b| = \sqrt{1^2 + (-2)^2 + 2^2} = 3,$$

于是, 所求的单位向量 e_c 为

$$e_c = \frac{a \times b}{|a \times b|} = \frac{1}{3}i - \frac{2}{3}j + \frac{2}{3}k,$$

或 $-\frac{1}{3}i + \frac{2}{3}j - \frac{2}{3}k$ 也是所求的单位向量.

例 1.9 已知向量 x 垂直于向量 $a = (2,-3,1), b = (1,-2,3)$, 且与向量 $c = (1,2,-7)$ 的数量积为 10, 求向量 x.

分析 利用 $a \perp b \Leftrightarrow a \cdot b = 0$ 即可.

解 设 $x = (x,y,z)$, 则依题意得

$$\begin{cases} 2x - 3y + z = 0, \\ x - 2y + 3z = 0, \\ x + 2y - 7z = 10. \end{cases}$$

由上面方程组解得

$$x = 7, \quad y = 5, \quad z = 1,$$

故所求向量为 $x = (7,5,1)$.

四、疑难问题解答

1. 从 $a = b$ 是否可以推出 $|a| = |b|$? 反过来, 从 $|a| = |b|$ 是否可以推出 $a = b$, 为什么?

答　从 $a = b$ 可知向量 a 与向量 b 的大小必相等, 所以必有 $|a| = |b|$. 反过来, 由 $|a| = |b|$ 只知向量 a 与向量 b 的大小相等, 二向量的方向未必相同, 所以由 $|a| = |b|$ 不能推出 $a = b$.

2. 设 a, b 为非零向量, 下列各式在什么条件下才能成立?

(1) $|a + b| = |a - b|$;　　(2) $|a + b| < |a - b|$;

(3) $|a + b| = |a| + |b|$;　　(4) $|a - b| = |a| + |b|$.

答　当 $a \perp b$ 时, 式 (1) 成立 (图 1.1); 当 $\widehat{(a, b)} > \dfrac{\pi}{2}$ 时, 式 (2) 成立 (图 1.2); a 与 b 同方向时, 式 (3) 成立; a 与 b 反向, 即当 $\widehat{(a, b)} = \pi$ 时, 式 (4) 成立 (图 1.3).

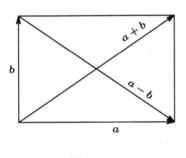

图　1.1

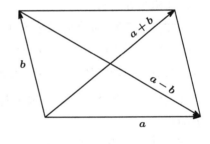

图　1.2

3. 下列说法是否正确, 为什么?

(1) $i + j + k$ 是单位向量;

(2) $2i > j$;

(3) 与 x, y, z 三坐标轴的正向夹角相等的向量, 其方向角为 $\alpha = \beta = \gamma = \dfrac{\pi}{3}$.

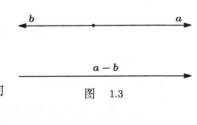

图　1.3

答　(1) 不正确. 由单位向量的定义知, 模为 1 的向量称为单位向量. 因为向量 $i + j + k$ 的模 $|i + j + k| = \sqrt{1^2 + 1^2 + 1^2} = \sqrt{3} \neq 1$, 故 $i + j + k$ 不是单位向量.

(2) 不正确. 由于向量是既有大小又有方向的量, 所以 $2i$ 和 j 没有大小可言, 不能比较. 当然向量的模是可以比较大小的, 如 $|2i| = 2 > |j| = 1$.

(3) 不正确. 与三坐标轴正向夹角相等的向量, 其方向角不是 $\dfrac{\pi}{3}$. 因为任一向量的三个方向角 α,β,γ 应满足关系式

$$\cos^2\alpha + \cos^2\beta + \cos^2\gamma = 1.$$

当 $\alpha = \beta = \gamma$ 时, 有 $3\cos^2\alpha = 1$, 即 $\cos\alpha = \pm\dfrac{1}{\sqrt{3}}$, $\alpha = \arccos\left(\pm\dfrac{1}{\sqrt{3}}\right) \neq \dfrac{\pi}{3}$. 又因为

$$\cos^2\dfrac{\pi}{3} + \cos^2\dfrac{\pi}{3} + \cos^2\dfrac{\pi}{3} = \dfrac{3}{4} \neq 1,$$

所以三个方向角均为 $\dfrac{\pi}{3}$ 的向量是不存在的.

练习 1.1

1. 设向量 $\boldsymbol{a} = (4, -1, 3)$ 和 $\boldsymbol{b} = (5, 2, -2)$, 求 $2\boldsymbol{a} + 3\boldsymbol{b}$.

2. 已知向量 $\boldsymbol{a}$ 与三个坐标轴的夹角相等, 求向量 $\boldsymbol{a}$ 的方向余弦.

3. 已知向量 $\overrightarrow{AB}$ 的始点坐标为 $A(1, 0, -1)$, 终点坐标为 $B(4, -4, 11)$, 求向量 $\overrightarrow{AB}$ 的模和方向角.

4. 设向量 $\boldsymbol{a}$ 的方向余弦满足下列条件:

(1) $\cos\beta = 0$;　(2) $\cos\beta = 1$;　(3) $\cos\beta = \cos\gamma = 0$. 说明这时向量 $\boldsymbol{a}$ 的特点.

5. 设 $A(1, -1, 3), B(-1, 1, 4)$, 求 z 轴上的点 C 坐标, 使 $\left|\overrightarrow{AC}\right| = \left|\overrightarrow{BC}\right|$.

6. 设点 M 的向径与 x 轴, y 轴正向分别成 $60°, 45°$ 的角, 向量的模为 8, 求点 M 的坐标.

7. 若向量 $\boldsymbol{a} = (3, -5, 8)$ 和 $\boldsymbol{b} = (-1, 1, z)$ 的和与差相等, 求 z.

8. 设向量 $\boldsymbol{a}$ 同时垂直于向量 $\boldsymbol{b} = (3, 6, 8)$ 和 x 轴, 且 $|\boldsymbol{a}| = 2$, 求 $\boldsymbol{a}$.

练习 1.1 参考答案与提示

1. $(23, 4, 0)$.

2. 设 $\boldsymbol{a}$ 与三个坐标轴的夹角分别为 α,β,γ, $\alpha = \beta = \gamma$. 由 $\cos^2\alpha + \cos^2\beta + \cos^2\gamma = 1$, 可得 $\boldsymbol{a}$ 的方向余弦为 $\left(\dfrac{1}{\sqrt{3}}, \dfrac{1}{\sqrt{3}}, \dfrac{1}{\sqrt{3}}\right)$ 或 $\left(-\dfrac{1}{\sqrt{3}}, -\dfrac{1}{\sqrt{3}}, -\dfrac{1}{\sqrt{3}}\right)$.

3. 13; $\alpha = \arccos\dfrac{3}{13}, \beta = \arccos\left(-\dfrac{4}{13}\right), \gamma = \arccos\dfrac{12}{13}$.

4. (1) $\boldsymbol{a}$ 与 y 轴垂直或 $\boldsymbol{a}$ 与 Oxz 面平行;(2) $\boldsymbol{a}$ 与 y 轴平行或 $\boldsymbol{a}$ 与 Ozx 面垂直;(3) $\boldsymbol{a}$ 与 x 轴平行或 $\boldsymbol{a}$ 与 Oyz 面垂直.

5. $\left(0, 0, \dfrac{7}{2}\right)$.

6. $\left(4, 4\sqrt{2}, \pm 4\right)$.

7. $z = 1$.

8. $\boldsymbol{a} = \pm \left(0, \dfrac{8}{5}, -\dfrac{6}{5}\right)$.

1.2 平面与直线

一、主要内容

平面的方程, 空间直线及其方程.

二、教学要求

1. 掌握平面方程与直线方程及其求法;

2. 了解平面、直线的相互关系, 会求平面与平面, 直线与直线, 平面与直线之间的夹角;

3. 会求点到直线和点到平面的距离.

三、例题选讲

例 1.10 已知一个平面通过 x 轴和点 $M_0(4, -3, -1)$, 求这个平面的方程.

分析 由题设的条件知, 所求平面通过 x 轴, 那么平面的法向量 $\boldsymbol{n}$ 应垂直于 x 轴, 同时也垂直于 $\overrightarrow{OM_0}$. 这样可以取法向量 $\boldsymbol{n}$ 为 $\boldsymbol{i} \times \overrightarrow{OM_0}$, 再由平面过原点 O, 用点法式可以写出所求平面的方程. 另外, 还可以利用此平面方程的特殊性求出此方程.

解法1 依题设条件知

$$\boldsymbol{n} = \boldsymbol{i} \times \overrightarrow{OM_0} = \begin{vmatrix} \boldsymbol{i} & \boldsymbol{j} & \boldsymbol{k} \\ 1 & 0 & 0 \\ 4 & -3 & -1 \end{vmatrix} = \boldsymbol{j} - 3\boldsymbol{k},$$

又平面过点 $O(0, 0, 0)$. 因此所求平面方程为

$$0(x - 0) + 1 \cdot (y - 0) - 3(z - 0) = 0,$$

即

$$y - 3z = 0.$$

解法2 依题设条件知, 所求平面方程应为

$$By + Cz = 0,$$

又所求平面过已知点 $M_0(4, -3, -1)$, 将点 M_0 代入上面方程得

$$-3B - C = 0 \quad 或 \quad C = -3B.$$

即

$$By - 3Bz = 0,$$

由于 $B \neq 0$, 所以在上式两边同时消去 B, 得所求方程为

$$y - 3z = 0.$$

例 1.11 求过点 $M(1, 2, -1)$ 且与直线 $\begin{cases} x = -t + 2, \\ y = 3t - 4, \\ z = t - 1 \end{cases}$ 垂直的平面方程.

分析 由于所求的平面与已知直线垂直, 所以可取直线的方向向量作为平面的法向量, 由平面的点法式方程即可得所求的平面方程. 应当注意已知直线是参数式方程.

解 已知直线的方向向量 $\boldsymbol{s}_1 = (-1, 3, 1)$, 取 $\boldsymbol{n} = \boldsymbol{s}_1$, 因平面过点 $M(1, 2, -1)$, 故所求平面的方程为

$$-(x - 1) + 3(y - 2) + 1 \cdot (z + 1) = 0,$$

即

$$x - 3y - z + 4 = 0.$$

例 1.12 求两个平面 $2x - y + z - 6 = 0$ 和 $x + y + 2z - 5 = 0$ 的夹角.

解 已知两个平面的法向量分别为

$$\boldsymbol{n}_1 = (2, -1, 1), \quad \boldsymbol{n}_2 = (1, 1, 2),$$

所以

$$\cos \theta = \frac{|2 \times 1 + (-1) \times 1 + 1 \times 2|}{\sqrt{2^2 + (-1)^2 + 1^2}\sqrt{1^2 + 1^2 + 2^2}} = \frac{1}{2},$$

因此, 所求夹角为 $\theta = \dfrac{\pi}{3}$.

例 1.13   确定下列各组中平面与平面间的关系:

(1) $x + y - z - 1 = 0$ 与 $2x + 2y - 2z + 3 = 0$;

(2) $x + y + z = 0$ 与 $x + y - 2z + 3 = 0$.

解   (1) 两个平面的法向量分别为 $\boldsymbol{n}_1 = (1, 1, -1)$, $\boldsymbol{n}_2 = (2, 2, -2)$, 满足条件

$$\frac{1}{2} = \frac{1}{2} = \frac{-1}{-2},$$

故这两个平面平行.

(2) 两个平面的法向量分别为 $\boldsymbol{n}_1 = (1, 1, 1)$, $\boldsymbol{n}_2 = (1, 1, -2)$, 满足条件

$$1 \times 1 + 1 \times 1 + 1 \times (-2) = 0,$$

故这两个平面垂直.

例 1.14   设有直线

$$L_1 : \frac{x-1}{1} = \frac{y-5}{-2} = \frac{z+8}{1} \text{ 与 } L_2 : \begin{cases} x - y = 6, \\ 2y + z = 3, \end{cases}$$

求直线 L_1 与 L_2 的夹角.

解 L_1 的方向向量 $\boldsymbol{s}_1 = (1, -2, 1)$, L_2 的方向向量 $\boldsymbol{s}_2$ 为

$$\boldsymbol{s}_2 = \begin{vmatrix} \boldsymbol{i} & \boldsymbol{j} & \boldsymbol{k} \\ 1 & -1 & 0 \\ 0 & 2 & 1 \end{vmatrix} = -\boldsymbol{i} - \boldsymbol{j} + 2\boldsymbol{k},$$

所以 L_1 与 L_2 之间的夹角 θ 的余弦为

$$\cos\theta = \left| \frac{\boldsymbol{s}_1 \cdot \boldsymbol{s}_2}{|\boldsymbol{s}_1||\boldsymbol{s}_2|} \right| = \frac{3}{\sqrt{6}\sqrt{6}} = \frac{1}{2},$$

故 $\theta = \dfrac{\pi}{3}$.

例 1.15   已知直线

$$L_1 : \frac{x-2}{1} = \frac{y+2}{-1} = \frac{z-3}{2} \text{ 和 } L_2 : \frac{x-1}{-1} = \frac{y+1}{2} = \frac{z-1}{1},$$

求过两直线 L_1 和 L_2 的平面方程.

分析   所求平面的法向量 $\boldsymbol{n}$ 垂直于 L_1 和 L_2 的方向向量 $\boldsymbol{s}_1, \boldsymbol{s}_2$, 即 $\boldsymbol{n} \perp \boldsymbol{s}_1, \boldsymbol{n} \perp \boldsymbol{s}_2$, 所以可以取 $\boldsymbol{n} = \boldsymbol{s}_1 \times \boldsymbol{s}_2$. 解此题的关键是求出平面的法向量 $\boldsymbol{n}$. 下一

步是求出平面上的一个点. 因为直线 L_1 上的点 $M_1(2,-2,3)$ 在所求平面上, 再用平面的点法式方程即可.

解 因为 $\boldsymbol{n} \perp \boldsymbol{s}_1, \boldsymbol{n} \perp \boldsymbol{s}_2$, 所以取 $\boldsymbol{n} = \boldsymbol{s}_1 \times \boldsymbol{s}_2$, 即

$$\boldsymbol{n} = \begin{vmatrix} \boldsymbol{i} & \boldsymbol{j} & \boldsymbol{k} \\ 1 & -1 & 2 \\ -1 & 2 & 1 \end{vmatrix} = -5\boldsymbol{i} - 3\boldsymbol{j} + \boldsymbol{k}.$$

又点 $M_1(2,-2,3)$ 在所求平面上, 从而所求平面方程为

$$-5(x-2) - 3(y+2) + (z-3) = 0,$$

即

$$5x + 3y - z - 1 = 0.$$

例 1.16 求过点 $M(-1,2,3)$, 垂直于直线 $\dfrac{x}{4} = \dfrac{y}{5} = \dfrac{z}{6}$, 且平行平面 $7x + 8y + 9z + 10 = 0$ 的直线方程.

分析 关键是求出直线的方向向量 $\boldsymbol{s}$. 所求直线垂直于已知直线, 即 $\boldsymbol{s} \perp \boldsymbol{s}_1$. 所求直线平行于已知平面, 即 $\boldsymbol{s} \perp \boldsymbol{n}_1(\boldsymbol{n}_1 = (7,8,9))$. 因此取 $\boldsymbol{s} = \boldsymbol{s}_1 \times \boldsymbol{n}_1$.

解 依题意知

$$\boldsymbol{s} \perp \boldsymbol{s}_1, \quad \boldsymbol{s} \perp \boldsymbol{n}_1,$$

取 $\boldsymbol{s} = \boldsymbol{s}_1 \times \boldsymbol{n}_1$, 有

$$\boldsymbol{s} = \begin{vmatrix} \boldsymbol{i} & \boldsymbol{j} & \boldsymbol{k} \\ 4 & 5 & 6 \\ 7 & 8 & 9 \end{vmatrix} = -3\boldsymbol{i} + 6\boldsymbol{j} - 3\boldsymbol{k}.$$

又直线过点 $M(-1,2,3)$, 从而所求直线方程为

$$\frac{x+1}{-3} = \frac{y-2}{6} = \frac{z-3}{-3},$$

或

$$\frac{x+1}{1} = \frac{y-2}{-2} = \frac{z-3}{1}.$$

例1.17 确定直线 $L : \begin{cases} x + 3y + 2z + 1 = 0, \\ 2x - y - 10z + 3 = 0 \end{cases}$ 与平面 $\pi : 4x - 2y + z - 2 = 0$ 的位置关系.

解　直线 L 的方向向量 s 为

$$s = \begin{vmatrix} i & j & k \\ 1 & 3 & 2 \\ 2 & -1 & -10 \end{vmatrix} = -28i + 14j - 7k,$$

即 $s = -7(4, -2, 1)$. 平面 π 的法向量 $n = (4, -2, 1)$, 从而 $s // n$, 故直线 L 垂直于平面 π.

例 1.18　一平面过点 $(1, 1, -1)$, 并通过两个平面 $x + y - z = 0$ 和 $x - y + z - 1 = 0$ 的交线, 求这个平面方程.

解　通过两个平面交线的任意一个平面的方程为

$$x + y - z + \lambda(x - y + z - 1) = 0, \tag{1}$$

因所求平面过点 $(1, 1, -1)$, 则有

$$3 + \lambda(-2) = 0, \text{ 或 } \lambda = \frac{3}{2},$$

将 $\lambda = \frac{3}{2}$ 代入式 (1) 中, 得所求的平面方程为

$$x + y - z + \frac{3}{2}(x - y + z - 1) = 0,$$

即

$$5x - y + z - 3 = 0.$$

例 1.19　求直线 $\dfrac{x+1}{-1} = \dfrac{y-1}{2} = \dfrac{z}{3}$ 与平面 $x + y + z - 4 = 0$ 的交点.

解　所给直线的参数方程为

$$x = -t - 1, \quad y = 2t + 1, \quad z = 3t,$$

代入平面方程中, 得

$$(-t - 1) + (2t + 1) + 3t - 4 = 0.$$

解得 $t = 1$. 将 t 的值代入直线的参数方程中, 即得所求的交点 $(-2, 3, 3)$.

例 1.20　求过点 $M(-1, 0, 4)$, 且垂直于直线 $\dfrac{x-2}{3} = \dfrac{y+1}{-4} = \dfrac{z}{1}$, 又与直线 $\dfrac{x+1}{1} = \dfrac{y-3}{1} = \dfrac{z}{2}$ 相交的直线方程.

分析　首先过点 $M(-1, 0, 4)$, 以直线 $\dfrac{x-2}{3} = \dfrac{y+1}{-4} = \dfrac{z}{1}$ 的方向向量 s_1

作为法向量 $\boldsymbol{n}_1 = (3, -4, 1)$, 作平面 π. 再求直线 $\dfrac{x+1}{1} = \dfrac{y-3}{1} = \dfrac{z}{2}$ 与平面 π 的交点 M_0. 可将直线化为参数方程代入平面 π 的方程中, 求出参数 t 后即可得交点 M_0. 最后连接 M, M_0 两点的直线方程即为所求.

解　过点 $M(-1, 0, 4)$, 以 $\boldsymbol{n}_1 = (3, -4, 1)$ 为法向量的平面 π 方程为

$$3x - 4y + z - 1 = 0, \tag{2}$$

将已知直线 $\dfrac{x+1}{1} = \dfrac{y-3}{1} = \dfrac{z}{2}$ 写成参数方程

$$x = t - 1, \quad y = t + 3, \quad z = 2t,$$

代入式 (2), 解得

$$t = 16,$$

故直线 $\dfrac{x+1}{1} = \dfrac{y-3}{1} = \dfrac{z}{2}$ 与平面 π 的交点为 $M_0(15, 19, 32)$. 因而 $\overrightarrow{MM_0} = (16, 19, 28)$, 则所求的直线方程为

$$\frac{x+1}{16} = \frac{y}{19} = \frac{z-4}{28}.$$

例 1.21　求直线 $\begin{cases} 2x - 4y + z = 0, \\ 3x - y - 2z - 9 = 0 \end{cases}$ 在平面 $4x - y + z = 1$ 上的投影直线的方程.

解　设过已知直线的平面束方程为

$$(3x - y - 2z - 9) + \lambda(2x - 4y + z) = 0,$$

即

$$(3 + 2\lambda)x - (1 + 4\lambda)y - (2 - \lambda)z - 9 = 0, \tag{3}$$

其中 λ 为待定常数. 此平面与已知平面垂直, 故

$$4(3 + 2\lambda) + (1 + 4\lambda) + (-2 + \lambda) = 0,$$

即

$$\lambda = -\frac{11}{13}.$$

将 $\lambda = -\dfrac{11}{13}$ 代入式 (3), 得投影平面的方程为

$$17x + 31y - 37z - 117 = 0.$$

故所求的投影直线方程为

$$\begin{cases} 17x + 31y - 37z - 117 = 0, \\ 4x - y + z - 1 = 0. \end{cases}$$

练习 1.2

1. 求满足下列条件的平面方程:

(1) 过两点 $A(2,0,-1)$, $B(1,2,4)$ 且与直线 $\dfrac{x+1}{1} = \dfrac{y-1}{1} = \dfrac{z+2}{-1}$ 平行;

(2) 过点 $M_0(1,-2,3)$ 且过直线 $\dfrac{x-2}{1} = \dfrac{y+3}{4} = \dfrac{z}{-3}$;

(3) 含两条平行直线 $L_1 : \dfrac{x+1}{1} = \dfrac{y-1}{2} = \dfrac{z-2}{3}$, $L_2 : \dfrac{x-1}{1} = \dfrac{y+2}{2} = \dfrac{z-4}{3}$;

(4) 过点 $A(1,1,1)$, $B(2,2,2)$ 且与平面 $x+y-z=0$ 垂直;

(5) 过点 $M(1,2,0)$ 且与直线 $\begin{cases} x+y-z+1=0, \\ x+2y-z+2=0 \end{cases}$ 垂直;

(6) 过直线 $L_1 : \begin{cases} x+2z-4=0, \\ 3y-z+8=0 \end{cases}$ 且与直线 $L_2 : \begin{cases} x-y-4=0, \\ y-z-6=0 \end{cases}$ 平行.

2. 求含直线 $L_1 : \dfrac{x+1}{3} = \dfrac{y-2}{1} = \dfrac{z-3}{-2}$ 且与平面 $x+y-2z+3=0$ 垂直的平面方程.

3. 求过两平面 $3x-y+2z-2=0$, $x+y-4z-3=0$ 的交线且与平面 $x+y+2z-1=0$ 垂直的平面方程.

4. 求满足下列条件的直线方程:

(1) 过点 $M(0,4,-2)$ 且与直线 $L_1 : \begin{cases} x-y+2z-1=0, \\ 3x+y-z+2=0 \end{cases}$ 平行;

(2) 过点 $M_0(1,2,3)$ 且与一个方向角分别为 $60°, 45°, 120°$ 的向量平行.

5. 求过点 $M_0(0,1,2)$ 且与平面 $x+2y-z+1=0$ 和 $2x-y+3z-2=0$ 都平行的直线方程.

6. 确定下列各组中二平面间的位置关系:

(1) $2x+3y+3z-5=0$ 与 $2x+3y+3z+1=0$;

(2) $7x-2y-z=0$ 与 $x-7y+21z+7=0$.

7. 确定下列各组中的直线和平面的关系:

(1) $\dfrac{x}{1} = \dfrac{y}{-1} = \dfrac{z}{3}$ 和 $x-y+3z-2=0$;

(2) $\dfrac{x+3}{2} = \dfrac{x+4}{7} = \dfrac{z}{-3}$ 和 $4x - 2y - 2z - 3 = 0$;

(3) $\dfrac{x-1}{-3} = \dfrac{y+2}{-1} = \dfrac{z+3}{4}$ 和 $x + y + z + 4 = 0$.

练习 1.2 参考答案与提示

1. (1) 因为 $\boldsymbol{n} \perp \overrightarrow{AB}$, $\boldsymbol{n} \perp \boldsymbol{s}_1$, 所以取 $\boldsymbol{n} = \overrightarrow{AB} \times \boldsymbol{s}_1$. $7x - 4y + 3z - 11 = 0$.

(2) 已知直线上的点 $M_1(2, -3, 0)$ 在所求平面上, $\boldsymbol{n} \perp \boldsymbol{s}_1(\boldsymbol{s}_1 = (1, 4, -3))$, $\boldsymbol{n} \perp \overrightarrow{M_0 M_1}$. 取 $\boldsymbol{n} = \boldsymbol{s}_1 \times \overrightarrow{M_0 M_1}$. $3x + z - 6 = 0$.

(3) 平面过点 $M_0(1, -2, 4)$ (M_0在L_2上), 关键是求所求平面的法向量 $\boldsymbol{n}$. $\boldsymbol{n} \perp \boldsymbol{s}_1$ (其中$\boldsymbol{s}_1 = (1, 2, 3)$), $\boldsymbol{n} \perp \overrightarrow{M_0 M_1}$ (M_1 在直线 L_1 上, $M_1(-1, 1, 2)$) 取 $\boldsymbol{n} = \boldsymbol{s}_1 \times \overrightarrow{M_0 M_1}$; $13x + 4y - 7z + 23 = 0$.

(4) 因为所求平面的法向量 $\boldsymbol{n} \perp \overrightarrow{AB}$, $\boldsymbol{n} \perp \boldsymbol{n}_1$ 其中 $\boldsymbol{n}_1 = (1, 1, -1)$, 取 $\boldsymbol{n} = \boldsymbol{n}_1 \times \overrightarrow{AB}$, $x - y = 0$.

(5) $x + z - 1 = 0$.

(6) 将 L_1, L_2 化为对称式方程, 所求平面过点 M_1, $\boldsymbol{n} \perp \boldsymbol{s}_1$, 又 $\boldsymbol{n} \perp \boldsymbol{s}_2$, 取 $\boldsymbol{n} = \boldsymbol{s}_1 \times \boldsymbol{s}_2$. $2x - 9y + 7z - 32 = 0$.

2. L_1 上的点 $M_1(-1, 2, 3)$ 在所求平面上, $\boldsymbol{n} \perp \boldsymbol{s}_1$, $\boldsymbol{n} \perp \boldsymbol{n}_1$, 其中 $\boldsymbol{s}_1 = (3, 1, -2)$, $\boldsymbol{n}_1 = (1, 1, -2)$, 取 $\boldsymbol{n} = \boldsymbol{n}_1 \times \boldsymbol{s}_1$. $2y + z - 7 = 0$.

3. 平面束方程为

$$(3x - y + 2z - 2) + \lambda(x + y - 4z - 3) = 0, \qquad (1)$$
$$(3 + \lambda)x + (-1 + \lambda)y + (2 - 4\lambda)z + (-2 - 3\lambda) = 0.$$

因为 $\boldsymbol{n} \perp \boldsymbol{n}_1$, 其中 $\boldsymbol{n} = (3 + \lambda, -1 + \lambda, 2 - 4\lambda)$, $\boldsymbol{n}_1 = (1, 1, 2)$. 有 $\boldsymbol{n} \cdot \boldsymbol{n}_1 = 0$, 解出 $\lambda = 1$ 代入式 (1), 即为所求. 得 $4x - 2z - 5 = 0$.

4. (1) 取已知直线 L_1 的方向向量 $\boldsymbol{s}_1$ 作为所求直线的方向向量, $\dfrac{x}{-1} = \dfrac{y-4}{7} = \dfrac{z+2}{4}$;

(2) 已知向量 $\boldsymbol{e}_a = (\cos 60°, \cos 45°, \cos 120°)$, 所求直线的方向向量为 $\boldsymbol{s}$, 取 $\boldsymbol{s} = \boldsymbol{e}_a = \dfrac{1}{2}(1, \sqrt{2}, -1)$. 得 $\dfrac{x-1}{1} = \dfrac{y-2}{\sqrt{2}} = \dfrac{z-3}{-1}$.

5. $\boldsymbol{s} \perp \boldsymbol{n}_1$, $\boldsymbol{s} \perp \boldsymbol{n}_2$, 其中 $\boldsymbol{n}_1 = (1, 2, -1)$, $\boldsymbol{n}_2 = (2, -1, 3)$. 取 $\boldsymbol{s} = \boldsymbol{n}_1 \times \boldsymbol{n}_2$. 得 $\dfrac{x}{1} = \dfrac{y-1}{-1} = \dfrac{z-2}{-1}$.

6. (1) 平行; (2) 垂直.

7. (1) 垂直; (2) 平行; (3) 直线在平面上.

1.3 曲面与曲线

一、主要内容

曲面及其方程, 曲线及其方程, 常见的二次曲面.

二、教学要求

1. 理解曲面方程的概念，了解常用的二次曲面的方程及其图形, 会求以坐标轴为旋转轴的旋转曲面及母线平行于坐标轴的柱面方程;

2. 了解空间曲线在坐标面上的投影曲线.

三、例题选讲

例 1.22 说明方程组 $\begin{cases} x^2 + y^2 = 4z, \\ y = 4 \end{cases}$ 表示的是怎样的曲线.

答 $x^2 + y^2 = 4z$ 表示一个开口向上的旋转抛物面; $y = 4$ 表示平行于 Ozx 坐标面的平面, 所以该方程组表示旋转抛物面与平面的交线, 交线是平面 $y = 4$ 上的一条抛物线 (图 1.4).

例 1.23 球面 $x^2 + y^2 + z^2 = 1$ 与平面 $z = \dfrac{1}{2}$ 相交于一个圆, 写出这个圆的方程.

解 所求的圆的方程为

$$\begin{cases} x^2 + y^2 + z^2 = 1, \\ z = \dfrac{1}{2}, \end{cases} \tag{1}$$

或

$$\begin{cases} x^2 + y^2 = \dfrac{3}{4}, \\ z = \dfrac{1}{2}. \end{cases} \tag{2}$$

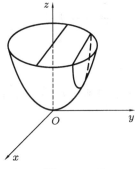

图 1.4

上面式 (1) 和 (2) 表示同一个圆. 但是从两个方程组可以看到, 通过圆的曲面是不同的. 式 (1) 表示的圆是球面与一个平行于 Oxy 面的平面的交线; 式 (2) 表示的圆是圆柱面和一个平行于 Oxy 面的平面的交线.

例 1.24 已知在 Oxy 平面上的下列曲线, 在空间直角坐标系中, 它们表示什么图形?

(1) $x^2 + y^2 = 1$;　　　(2) $x^2 = 2y$;　　　(3) $\dfrac{x^2}{4} - y^2 = 1$;

(4) $3x^2 + y^2 = 1$;　　　(5) $x = 1$;　　　(6) $z = 0$.

解　在空间直角坐标系中,(1) 表示准线为 $x^2 + y^2 = 1$, 母线平行于 z 轴的圆柱面;(2) 表示准线为 $x^2 = 2y$, 母线平行于 z 轴的抛物柱面;(3) 表示准线为 $\dfrac{x^2}{4} - y^2 = 1$, 母线平行于 z 轴的双曲柱面;(4) 表示准线为椭圆 $3x^2 + y^2 = 1$, 母线平行于 z 轴的椭圆柱面; (5) 表示平行于 Oyz 面的平面;(6) 表示 Oxy 面.

例 1.25　求曲面 $x^2 + y^2 - z = 0$ 与平面 $x - z + 1 = 0$ 的交线在 Oxy 平面上的投影曲线.

分析　因为曲线 $\begin{cases} x^2 + y^2 - z = 0, \\ x - z + 1 = 0 \end{cases}$ 在 Oxy 平面上的投影就是通过曲线且垂直于 Oxy 平面的柱面与 Oxy 平面的交线, 所以, 只要从曲线的两个曲面方程中消去含有 z 的项, 则可得到垂直于 Oxy 平面的柱面方程.

解　由 $\begin{cases} x^2 + y^2 - z = 0, \\ x - z + 1 = 0 \end{cases}$ 消去 z, 得到关于 Oxy 平面的投影柱面

$$x^2 + y^2 - x - 1 = 0,$$

于是得到在 Oxy 平面上的投影曲线为

$$\begin{cases} x^2 + y^2 - x - 1 = 0, \\ z = 0. \end{cases}$$

例 1.26　求下列柱面方程:

(1) 准线为 $\begin{cases} y^2 = 2z, \\ x = 0, \end{cases}$ 母线平行于 x 轴;

(2) 准线为 $\begin{cases} \dfrac{x^2}{4} + \dfrac{y^2}{9} + \dfrac{z^2}{9} = 1, \\ z = 2, \end{cases}$ 母线平行于 z 轴.

解　(1) 因为准线为 Oyz 平面上的抛物线, 母线平行 x 轴, 所以是抛物面, 其方程为

$$y^2 = 2z.$$

(2) 将 $z = 2$ 代入方程

$$\frac{x^2}{4} + \frac{y^2}{9} + \frac{z^2}{9} = 1$$

中, 得

$$9x^2 + 4y^2 = 20,$$

则所求的柱面方程为

$$9x^2 + 4y^2 = 20.$$

例 1.27　求由上半球面 $z = \sqrt{a^2 - x^2 - y^2}$、柱面 $x^2 + y^2 - ax = 0$ 及平面 $z = 0$ 所围成的立体在 Oxy 平面上的投影区域.

解　首先由空间曲线方程

$$\begin{cases} z = \sqrt{a^2 - x^2 - y^2}, \\ x^2 + y^2 - ax = 0 \end{cases}$$

得投影柱面方程 $x^2 + y^2 - ax = 0$, 故在 Oxy 平面上的投影曲线为

$$\begin{cases} x^2 + y^2 - ax = 0, \\ z = 0. \end{cases}$$

从而立体在 Oxy 平面上的投影区域为

$$x^2 + y^2 \leqslant ax.$$

例 1.28　求直线 $L: \dfrac{x-1}{1} = \dfrac{y}{1} = \dfrac{z-1}{-1}$ 在平面 $\pi: x - y + 2z - 1 = 0$ 上的投影直线 L_0 的方程, 并求 L_0 绕 y 轴旋转一周所成的曲面方程.

分析　过直线 L 作一垂直于平面 π 的平面 π_1, π_1 与 π 的交线即为 L_0 的方程, 因此问题的关键是求平面 π_1 的方程, 求出 L_0 后再求出所求的旋转曲面的方程.

解　因为点 $M(1, 0, 1)$ 在直线 L 上, 所以也在平面 π_1 上, 设 $\boldsymbol{n}_1 = (A, B, C)$, 于是 π_1 的方程可写成

$$A(x - 1) + By + C(z - 1) = 0.$$

又 $\boldsymbol{n}_1 \perp \boldsymbol{s} = (1, 1, -1)$, $\boldsymbol{n}_1 \perp \boldsymbol{n}$ $(\boldsymbol{n} = (1, -1, 2))$, 故有

$$\begin{cases} \boldsymbol{n}_1 \cdot \boldsymbol{s} = 0, \\ \boldsymbol{n}_1 \cdot \boldsymbol{n} = 0, \end{cases} \Rightarrow \begin{cases} A + B - C = 0, \\ A - B + 2C = 0. \end{cases}$$

解得 $A : B : C = -1 : 3 : 2$, 于是 π_1 的方程为

$$x - 3y - 2z + 1 = 0.$$

从而 L_0 的方程为

$$\begin{cases} x - y + 2z - 1 = 0, \\ x - 3y - 2z + 1 = 0. \end{cases}$$

改写为

$$\begin{cases} x = 2y, \\ z = -\dfrac{1}{2}(y - 1). \end{cases}$$

设 L_0 绕 y 轴旋转一周所成的曲面为 Σ, 点 $M_1(x_1, y_1, z_1) \in \Sigma$. 对固定的 $y_1 = y$, 于是

$$\begin{aligned} x_1^2 + z_1^2 = x^2 + z^2 &= (2y)^2 + \left[-\frac{1}{2}(y - 1)\right]^2 \\ &= (2y_1)^2 + \left[-\frac{1}{2}(y_1 - 1)\right]^2 \\ &= \frac{17}{4}y_1^2 - \frac{1}{2}y_1 + \frac{1}{4}, \end{aligned}$$

故 Σ 的方程为

$$4x^2 - 17y^2 + 4z^2 + 2y - 1 = 0.$$

四、疑难问题解答

1. "凡三元方程都表示空间一曲面" 这一说法是否正确? 为什么?

答 不正确. 例如 $x^2 + y^2 + z^2 = -1$ 是一个三元方程, 但不表示任何曲面. 事实上, 曲面方程不一定都是三元函数. 曲面方程 $F(x, y, z) = 0$, 实际上包含了一元、二元和三元方程.

2. 如何将曲线的一般方程 $\begin{cases} F(x, y, z) = 0, \\ G(x, y, z) = 0 \end{cases}$ 化为参数方程?

答 并不是所有曲线的一般方程都可以化为参数方程. 但我们遇到的方程, 通常是比较简单的, 如果能从一般方程 $\begin{cases} F(x, y, z) = 0, \\ G(x, y, z) = 0 \end{cases}$ 中解出其中两个变量为第三个变量的函数, 如: 解出 $y = y(x), z = z(x)$, 则参数方程为 $\begin{cases} x = t, \\ y = y(t), \\ z = z(t). \end{cases}$

练习 1.3

1. 选择题

(1) Oxy 平面上曲线 $4x^2 - 9y^2 = 36$ 绕 x 轴旋转一周所得曲面方程是 (   ).

(A) $4\left(x^2 + z^2\right) - 9y^2 = 36$ (B) $4\left(x^2 + z^2\right) - 9\left(y^2 + z^2\right) = 36$

(C) $4x^2 - 9\left(y^2 + z^2\right) = 36$ (D) $4x^2 - 9y^2 = 36$

(2) 旋转曲面 $\dfrac{x^2}{4} + \dfrac{y^2 + z^2}{9} = 1$ 是 (   ).

(A) Oxy 平面上椭圆绕 y 轴旋转成的椭球面

(B) Oxy 平面上椭圆绕 x 轴旋转成的椭球面

(C) Ozx 平面上椭圆绕 y 轴旋转成的椭球面

(D) Ozx 平面上椭圆绕 z 轴旋转成的椭球面

(3) 母线平行于 x 轴且通过曲线 $\begin{cases} 2x^2 + y^2 + z^2 = 16, \\ x^2 - y^2 + z^2 = 0 \end{cases}$ 的柱面方程是 (   ).

(A) 椭圆柱面 $3x^2 + 2z^2 = 16$ (B) 椭圆柱面 $x^2 + 2y^2 = 16$

(C) 双曲柱面 $3y^2 - z^2 = 16$ (D) 抛物柱面 $3y^2 - z = 16$

(4) 球面 $x^2 + y^2 + z^2 = R^2$ 与 $x + z = a$ 的交线在 Oxy 平面上的投影的曲线方程是 (   ).

(A) $(a - z)^2 + y^2 + z^2 = R^2$

(B) $\begin{cases} (a - z)^2 + y^2 + z^2 = R^2, \\ z = 0 \end{cases}$

(C) $x^2 + y^2 + (a - x)^2 = R^2$

(D) $\begin{cases} x^2 + y^2 + (a - x)^2 = R^2, \\ z = 0 \end{cases}$

(5) 曲面 $x^2 + 4y^2 + z^2 = 4$ 与平面 $x + z = a$ 的交线在 Oyz 平面上的投影方程是 (   ).

(A) $\begin{cases} (a - z)^2 + 4y^2 + z^2 = 4, \\ x = 0 \end{cases}$ (B) $\begin{cases} x^2 + 4y^2 + (a - x)^2 = 4, \\ z = 0 \end{cases}$

(C) $\begin{cases} x^2 + 4y^2 + (a - x)^2 = 4, \\ x = 0 \end{cases}$ (D) $(a - z)^2 + 4y^2 + z^2 = 4$

(6) 直线 L： $\begin{cases} x + y + z = a, \\ x + cy = b \end{cases}$ 在 Oyz 面上的投影方程是 (   ).

(A) $(b - cy) + y + z = a$ (B) $x + \dfrac{b - x}{c} + z = a$

(C) $\begin{cases} (1-c)\,y + z = a - b, \\ x = 0 \end{cases}$ (D) $\begin{cases} x + \dfrac{b-x}{c} + z = a, \\ y = 0 \end{cases}$

(7) 方程 $\begin{cases} x^2 + 4y^2 + 9z^2 = 36, \\ y = 1 \end{cases}$ 表示 (   ).

(A) 椭球面   (B) $y = 1$ 平面上的椭圆

(C) 椭圆柱面   (D) 椭圆柱面在平面 $y = 0$ 上的投影曲线

(8) 方程 $x^2 - \dfrac{y^2}{4} + z^2 = 1$ 表示 (   ).

(A) 锥面   (B) 双曲柱面   (C) 旋转双曲面   (D) 双叶双曲面

(9) 方程 $y^2 - z = 0$ 表示 (   ).

(A) 母线平行于 z 轴的柱面

(B) 母线平行于 x 轴, 准线在 Oxy 平面上的柱面

(C) 母线平行于 x 轴, 准线在 Oyz 平面上的柱面

(D) 旋转抛物面

(10) 曲面 $x^2 + y^2 + z^2 = a^2$ 与 $x^2 + y^2 = 2az(a > 0)$ 的交线是 (   ).

(A) 圆   (B) 椭圆   (C) 抛物线   (D) 双曲线

2. 求与三个坐标面相切, 且通过点 $M(1, 2, -5)$ 的球面方程.

3. 下列曲面方程, 哪些是旋转曲面方程? 它们是怎样产生的?

(1) $x^2 + \dfrac{y^2}{4} + \dfrac{z^2}{4} = 1$;   (2) $x^2 + \dfrac{y^2}{4} + z^2 = 1$;

(3) $x^2 + 2y^2 + 3z^2 = 1$;   (4) $x^2 - y^2 - z^2 = 1$.

4. 求曲线 $\begin{cases} z = x^2 + 2y^2, \\ z = 2 - x^2 \end{cases}$ 在 Oxy 平面的投影柱面和在 Oxy 平面上的投影曲线.

5. 画出下列曲面的简图:

(1) $x^2 + y^2 + z^2 = 1$;   (2) $x^2 + y^2 = 4$;

(3) $z = 2x^2 + y^2$;   (4) $z = 2\left(x^2 + y^2\right)$;

(5) $z = \sqrt{x^2 + y^2}$;   (6) $\dfrac{x^2}{4} + \dfrac{y^2}{9} + \dfrac{z^2}{9} = 1$.

练习 1.3 参考答案与提示

1. (1) (C); (2) (B); (3) (C); (4) (D); (5) (A); (6) (C); (7) (B); (8) (C); (9) (C); (10) (A).

2. $(x-3)^2 + (y-3)^2 + (z+3)^2 = 9$ 或 $(x-5)^2 + (y-5)^2 + (z+5)^2 = 25$.

设球面方程为

$$(x - x_0)^2 + (y - y_0)^2 + (z - z_0)^2 = R^2,$$

由于球面与三坐标面相切, 则球面上的点都在某一卦限内, 从而球心坐标的各分量正负号与球面上已知点 M 的各分量正负号相同. 即有

$$x_0 > 0, \quad y_0 > 0, \quad z_0 < 0,$$

且球心到三个坐标面的距离都等于半径 R. 即球心坐标满足条件

$$x_0 = y_0 = R, \quad z_0 = -R \, (R > 0).$$

3. (1) 因为方程中 y^2, z^2 的系数相同, 所以是旋转曲面. 此曲面是由曲线

$$\begin{cases} x^2 + \dfrac{y^2}{4} = 1, \\ z = 0 \end{cases} \quad 或 \quad \begin{cases} x^2 + \dfrac{z^2}{4} = 1, \\ y = 0 \end{cases} \quad 绕 \ x \ 轴旋转生成的;$$

(2) 因为方程中 x^2, z^2 的系数相同, 所以是旋转曲面. 此曲面是由曲线

$$\begin{cases} x^2 + \dfrac{y^2}{4} = 1, \\ z = 0 \end{cases} \quad 或 \quad \begin{cases} \dfrac{y^2}{4} + z^2 = 1, \\ x = 0 \end{cases} \quad 绕 \ y \ 轴旋转生成的;$$

(3) 因为方程中任意两项的系数均不相同, 所以不是旋转曲面;

(4) 是旋转曲面. 此曲面是由曲线 $\begin{cases} x^2 - y^2 = 1, \\ z = 0 \end{cases} \quad 或 \quad \begin{cases} x^2 - z^2 = 1, \\ y = 0 \end{cases} \quad 绕 \ x$

轴旋转生成的.

4. 投影柱面: $x^2 + y^2 = 1$;

投影曲线: $\begin{cases} x^2 + y^2 = 1, \\ z = 0. \end{cases}$

5. 略.

综合练习 1

1. 填空题

(1) 向量 $\boldsymbol{a}$ 同时垂直于向量 $\boldsymbol{b} = (3, 6, 8)$ 和 x 轴, 且 $|\boldsymbol{a}| = 2$, 则 $\boldsymbol{a} =$ _____.

(2) 已知一向量与 x 轴、y 轴正向所夹的角分别为 $60°, 120°$, 则此向量与 z 轴正向所夹的角为 _____.

(3) 过点 $M_0 (1, 2, 3)$, 且垂直于直线 $\dfrac{x}{1} = \dfrac{y}{1} = \dfrac{z}{1}$ 的平面方程为_____.

(4) 过点 $M_0(4,-1,3)$ 且平行于直线 $\dfrac{x-3}{2} = \dfrac{y}{1} = \dfrac{z-1}{5}$ 的直线方程

为 _____.

(5) 曲线 $\begin{cases} x^2 + y^2 + z^2 = 4a^2, \\ x^2 + y^2 = 2ax \end{cases}$ 在 Oxy 平面上的投影曲线方程为_____.

2. 选择题

(1) 向量 $\boldsymbol{a}$ 与三坐标轴正向的夹角分别为 α, β, γ, 则 (　　).

(A) $\cos\alpha + \cos\beta + \cos\gamma = 1$ 　　(B) $\cos^2\alpha + \cos^2\beta + \cos^2\gamma = \pm 1$

(C) $\cos^2\alpha + \cos^2\beta + \cos^2\gamma = 1$ 　　(D) $\cos^2\alpha + \cos^2\beta + \cos^2\gamma = 0$

(2) 平面 $3x - 3y - 6 = 0$ 的位置是 (　　).

(A) 平行 Oxy 平面　　(B) 平行 z 轴

(C) 垂直于 z 轴　　(D) 通过 z 轴

(3) 直线 $L: \dfrac{x+3}{-2} = \dfrac{y+4}{-7} = \dfrac{z}{3}$ 与平面 $4x - 2y - 2z - 3 = 0$ 的关系是 (　　).

(A) 平行, 但直线 L 不在平面上

(B) 直线 L 在平面上

(C) 垂直相交

(D) 相交但不垂直

(4) 球面 $x^2 + y^2 + z^2 = 4$ 与 $x + z = a$ 的交线在 Oxy 平面上的投影曲线方程是 (　　).

(A) $(a-z)^2 + y^2 + z^2 = 4$ 　　(B) $\begin{cases} (a-z)^2 + y^2 + z^2 = 4, \\ z = 0 \end{cases}$

(C) $x^2 + y^2 + (a-x)^2 = 4$ 　　(D) $\begin{cases} x^2 + y^2 + (a-x)^2 = 4, \\ z = 0 \end{cases}$

(5) Oyz 面上的抛物线 $y^2 = 2pz$ 绕 z 轴旋转一周而形成的曲面方程是 (　　).

(A) $x^2 = 2pz$ 　(B) $x^2 + y^2 = 2pz$ 　(C) $x^2 + z^2 = 2pz$ 　(D) $x^2 + y^2 + z^2 = 2pz$

3. 计算题

(1) 已知点 $A(1,2,-4)$, $\overrightarrow{AB} = (-3,2,1)$, 求点 B 的坐标.

(2) 求点 $M(1,2,-3)$ 在平面 $\pi: 2x - y + 3z + 3 = 0$ 上的投影.

(3) 求过点 $M_0(0,2,4)$ 且与两平面 $x + 2z - 1 = 0$ 及 $y - 3z - 2 = 0$ 都平行的直线方程.

(4) 求过点 $M_0(3,1,2)$ 且通过直线 $L: \dfrac{x-4}{5} = \dfrac{y+3}{2} = \dfrac{z}{1}$ 的平面方程.

(5) 求直线 $L: \begin{cases} 2x - 3y + 4z - 12 = 0, \\ x + 4y - 2z - 10 = 0 \end{cases}$ 在平面 $\pi: x + y + z - 1 = 0$ 上的

投影直线方程.

(6) 求母线平行于 z 轴, 且准线为 Oxy 平面上的椭圆 $\dfrac{x^2}{4} + y^2 = 1$ 的椭圆柱面的方程.

(7) 求锥面 $z = \sqrt{x^2 + y^2}$ 与柱面 $z^2 = 2x$ 所围立体在 Oxy 平面上的投影.

综合练习 1 参考答案与提示

1. (1) $\boldsymbol{a} = \pm\dfrac{1}{5}(0, 8, -6)$. 因为 $\boldsymbol{a} \perp \boldsymbol{i}, \boldsymbol{a} \perp \boldsymbol{b}$, 所以 $\boldsymbol{a} = \lambda(\boldsymbol{b} \times \boldsymbol{i}) = \lambda(0, 8, -6)$. 又 $|\boldsymbol{a}| = 2$, 得 $\lambda = \pm\dfrac{1}{5}$.

(2) $45°$ 或 $135°$.

(3) $x + y + z - 6 = 0$.

(4) $\dfrac{x-4}{2} = \dfrac{y+1}{1} = \dfrac{z-3}{2}$.

(5) $\begin{cases} x^2 + y^2 = 2ax, \\ z = 0. \end{cases}$

2. (1) (C);　(2) (B);　(3) (A);　(4) (D);　(5) (B).

3. (1) $(-2, 4, -3)$.

(2) $\left(\dfrac{13}{7}, \dfrac{11}{7}, -\dfrac{12}{7}\right)$.

(3) $\dfrac{x}{-2} = \dfrac{y-2}{3} = \dfrac{z-4}{1}$.

(4) $M_1(4, -3, 0)$ 在已知直线 L 上. 设所求平面的法向量为 $\boldsymbol{n}, \boldsymbol{n} \perp \boldsymbol{s} = (5, 2, 1)$, $\boldsymbol{n} \perp \overrightarrow{M_0M_1}$, 取 $\boldsymbol{n} = \overrightarrow{M_0M_1} \times \boldsymbol{s}$, 得 $8x - 9y - 22z - 59 = 0$.

(5) $\begin{cases} x - 7y + 6z - 2 = 0, \\ x + y + z - 1 = 0. \end{cases}$

(6) $\dfrac{x^2}{4} + y^2 = 1$.

(7) $\begin{cases} (x-1)^2 + y^2 \leqslant 1, \\ z = 0. \end{cases}$

第 2 章　多元函数微分学

2.1　多元函数的极限与连续性

一、主要内容

多元函数的概念, 二元函数的几何意义, 二元函数的极限与连续性, 有界闭区域上连续函数的性质.

二、教学要求

1. 了解多元函数的概念, 二元函数的几何意义, 会求二元函数的定义域.
2. 了解二元函数的极限、连续性的概念、简单二元函数的极限求法.
3. 了解有界闭区域上连续函数的性质.

三、例题选讲

例 2.1　已知函数

$$f(x,y) = x^2 + y^2 - xy \tan \frac{x}{y},$$

试求 $f(tx, ty)$.

解
$$
\begin{aligned}
f(tx, ty) &= (tx)^2 + (ty)^2 - (tx)(ty) \tan \frac{tx}{ty} \\
&= t^2 \left(x^2 + y^2 - xy \tan \frac{x}{y} \right) = t^2 f(x, y).
\end{aligned}
$$

例 2.2　设 $f(x+y, x-y) = 2(x^2 + y^2) e^{x^2 - y^2}$, 求 $f(x,y)$.

解　令 $u = x+y, v = x-y$, 则

$$
\begin{cases}
x = \dfrac{1}{2}(u+v), \\
y = \dfrac{1}{2}(u-v).
\end{cases}
$$

从而有

$$f(u,v) = 2 \left[\left(\frac{u+v}{2} \right)^2 + \left(\frac{u-v}{2} \right)^2 \right] e^{\left(\frac{u+v}{2} \right)^2 - \left(\frac{u-v}{2} \right)^2}$$

$$= \left(u^2 + v^2\right) \mathrm{e}^{uv},$$

即

$$f\left(x, y\right) = \left(x^2 + y^2\right) \mathrm{e}^{xy}.$$

例 2.3　求下列函数的定义域:

(1) $z = \ln \left(y^2 - 2x + 1\right)$;　(2) $z = \dfrac{1}{\sqrt{x+y}} + \dfrac{1}{\sqrt{x-y}}$;

(3) $z = \arccos \left(x^2 + y^2\right) + \dfrac{1}{\ln \left(x^2 + y^2\right)}$.

解　(1) 由 $y^2 - 2x + 1 > 0$, 得 $y^2 > 2x - 1$, 故定义域 D 为

$$D = \{(x, y)\, |y^2 > 2x - 1\}.$$

(2) 由 $x + y > 0, x - y > 0$, 得其定义域 D 为

$$D = \{(x, y)\, |x + y > 0,\ x - y > 0\}.$$

(3) 由

$$\begin{cases} x^2 + y^2 \leqslant 1, \\ x^2 + y^2 > 0, \\ x^2 + y^2 \neq 1. \end{cases}$$

得其定义域 D 为

$$D = \{(x, y)\, |0 < x^2 + y^2 < 1\}.$$

可见定义域是一个圆心在原点的单位圆, 但不包括圆心和圆周.

例 2.4　求下列二元函数的极限:

(1) $\displaystyle\lim_{(x,y)\to(0,1)} \dfrac{1 - xy}{x^2 + y^2}$;　　(2) $\displaystyle\lim_{(x,y)\to(0,0)} \dfrac{1}{x^2 + y^2}$;

(3) $\displaystyle\lim_{(x,y)\to(0,0)} \dfrac{\sin xy}{x}$;　　(4) $\displaystyle\lim_{(x,y)\to(0,0)} \dfrac{2 - \sqrt{xy + 4}}{xy}$;

(5) $\displaystyle\lim_{(x,y)\to(1,0)} \dfrac{\ln \left(x + \mathrm{e}^y\right)}{\sqrt{x^2 + y^2}}$;　(6) $\displaystyle\lim_{\substack{x\to\infty \\ y\to 1}} \left(1 + \dfrac{1}{x}\right)^{\frac{x^2}{x+y}}$.

分析　二元函数极限的计算往往借助一元函数极限计算的各种方法及公式, 但不能直接用 L'Hospital 法则.

解　(1) 由二元初等函数的连续性, 知

$$\lim_{\substack{x\to 0 \\ y\to 1}} \dfrac{1 - xy}{x^2 + y^2} = \dfrac{1 - 0 \times 1}{0^2 + 1^2} = 1.$$

(2) 由无穷小与无穷大的关系, 知

$$\lim_{\substack{x \to 0 \\ y \to 0}} \left(x^2 + y^2\right) = 0,$$

则

$$\lim_{\substack{x \to 0 \\ y \to 0}} \frac{1}{x^2 + y^2} = \infty.$$

(3) $\displaystyle\lim_{\substack{x \to 0 \\ y \to 0}} \frac{\sin xy}{x} = \lim_{\substack{x \to 0 \\ y \to 0}} \frac{\sin xy}{xy} \cdot y$

$\displaystyle\quad\quad\quad\quad = \lim_{\substack{x \to 0 \\ y \to 0}} \frac{\sin xy}{xy} \cdot \lim_{y \to 0} y = 1 \times 0 = 0.$

(4) $\displaystyle\lim_{\substack{x \to 0 \\ y \to 0}} \frac{2 - \sqrt{xy + 4}}{xy} = \lim_{\substack{x \to 0 \\ y \to 0}} \frac{4 - (xy + 4)}{xy \left(2 + \sqrt{xy + 4}\right)}$

$\displaystyle\quad\quad\quad\quad\quad\quad = \lim_{\substack{x \to 0 \\ y \to 0}} \frac{-1}{2 + \sqrt{xy + 4}} = -\frac{1}{4}.$

(5) 由二元初等函数的连续性, 知

$$\lim_{(x,y) \to (1,0)} \frac{\ln \left(x + \mathrm{e}^y\right)}{\sqrt{x^2 + y^2}} = \frac{\ln \left(1 + \mathrm{e}^0\right)}{\sqrt{1^2 + 0^2}} = \ln 2.$$

(6) 因为 $\displaystyle\lim_{x \to \infty} \left(1 + \frac{1}{x}\right)^x = \mathrm{e}, \lim_{\substack{x \to \infty \\ y \to 1}} \frac{x}{x + y} = 1,$ 所以

$$\lim_{\substack{x \to \infty \\ y \to 1}} \left(1 + \frac{1}{x}\right)^{\frac{x^2}{x+y}} = \lim_{\substack{x \to \infty \\ y \to 1}} \left[\left(1 + \frac{1}{x}\right)^x\right]^{\frac{x}{x+y}} = \mathrm{e}.$$

例 2.5 证明: 当 $(x, y) \to (0, 0)$ 时, 函数 $f(x, y) = \dfrac{x + y}{x - y}$ 极限不存在.

分析 证明二重极限不存在的常用方法有以下几种:

(1) 根据极限的唯一性知, 若当 (x, y) 沿着两条不同路径趋于 (x_0, y_0) 时, $f(x, y)$ 趋于不同值, 则可判定当 $(x, y) \to (x_0, y_0)$ 时, 极限 $\displaystyle\lim_{(x,y) \to (x_0, y_0)} f(x, y)$ 不存在;

(2) 当 (x, y) 沿某一路径趋近于 (x_0, y_0) 时, $\displaystyle\lim_{(x,y) \to (x_0, y_0)} f(x, y)$ 不存在.

证明 方法 1 当 (x, y) 沿 $y = kx$ 趋近于 $(0, 0)$ 时, 则

$$\lim_{\substack{x \to 0 \\ y \to 0 \\ y = kx}} f(x, y) = \lim_{x \to 0} \frac{x + kx}{x - kx} = \lim_{x \to 0} \frac{x(1 + k)}{x(1 - k)} = \frac{1 + k}{1 - k}.$$

极限值随 k 取值不同而不同, 由极限唯一性知 $\displaystyle\lim_{\substack{x \to 0 \\ y \to 0}} \frac{x + y}{x - y}$ 不存在.

方法 2　当 (x, y) 沿 $y = x$ 趋近于 $(0,0)$ 时, 因为

$$\lim_{\substack{x \to 0 \\ y=x}} \frac{x-y}{x+y} = \lim_{x \to 0} \frac{0}{2x} = 0,$$

所以

$$\lim_{\substack{x \to 0 \\ y=x}} \frac{x+y}{x-y} = \infty.$$

则 $\displaystyle\lim_{\substack{x \to 0 \\ y \to 0}} \frac{x+y}{x-y}$ 不存在. □

四、疑难问题解答

在一元函数极限中, 有函数在点 x_0 极限存在的充分必要条件是它在点 x_0 处的左、右极限存在且相等, 即 $\displaystyle\lim_{x \to x_0} f(x) = A \Leftrightarrow \lim_{x \to x_0^-} f(x) = \lim_{x \to x_0^+} f(x) = A$. 在二元函数极限中, 当点 $P(x, y)$ 沿着任一直线方向无限趋近于点 $P_0(x_0, y_0)$ 时, 如果 $f(x, y)$ 趋于 A, 能否断言 $\displaystyle\lim_{(x,y) \to (x_0, y_0)} f(x, y) = A$? 为什么?

答　不能. 按照二重极限的定义, 必须当点 $P(x, y)$ 以任何方式趋于定点 $P_0(x_0, y_0)$ 时, $f(x, y)$ 都是以常数 A 为极限, 才有

$$\lim_{(x,y) \to (x_0, y_0)} f(x, y) = A.$$

例如函数 $f(x, y) = \dfrac{xy^2}{x^2 + y^4}$, 当点 $P(x, y)$ 沿着任意一条直线 $y = kx$ 趋于 $P_0(0, 0)$ 时, 都有

$$\lim_{\substack{(x,y) \to (0,0) \\ y=kx}} f(x, y) = \lim_{x \to 0} \frac{k^2 x^3}{x^2 + k^4 x^4} = \lim_{x \to 0} \frac{k^2 x}{1 + k^4 x^2} = 0,$$

但不能断言 $\displaystyle\lim_{(x,y) \to (0,0)} f(x, y) = 0$. 事实上, 当点 $P(x, y)$ 沿抛物线 $y^2 = x$ 趋于 $P_0(0, 0)$ 时, 有

$$\lim_{\substack{(x,y) \to (0,0) \\ y^2=x}} f(x, y) = \lim_{x \to 0} \frac{x^2}{x^2 + x^2} = \frac{1}{2}.$$

因此 $\displaystyle\lim_{(x,y) \to (0,0)} \frac{xy^2}{x^2 + y^4}$ 不存在.

练习 2.1

1. 求下列函数的定义域:

(1) $z = \sqrt{x} + y;$ 　　　　　　　　　　　(2) $z = \sqrt{1 - x^2} + \sqrt{y^2 - 1};$

(3) $z = \sqrt{1 - \dfrac{x^2}{a^2} - \dfrac{y^2}{b^2}};$ 　　　　　　　(4) $z = \dfrac{1}{\sqrt{x^2 + y^2}}.$

2. 试判断 $z_1 = \ln\left[x\left(x - y\right)\right]$ 与 $z_2 = \ln x + \ln\left(x - y\right)$ 是否为同一函数, 为什么?

3. 求下列极限:

(1) $\lim\limits_{(x,y)\to(0,0)} \dfrac{\sin xy}{xy};$ 　　　　(2) $\lim\limits_{(x,y)\to(0,0)} \dfrac{xy}{\sqrt{xy + 1} - 1};$

(3) $\lim\limits_{(x,y)\to(0,0)} \dfrac{x + 1}{x^2 + y^2 + 2};$ 　　(4) $\lim\limits_{(x,y)\to(0,2)} \dfrac{\ln\left(1 + \mathrm{e}^y\right)}{\sqrt{x^2 + y^2}}.$

练习 2.1 参考答案与提示

1. (1) $D = \left\{(x,y)\,\middle|\, x \geqslant 0 \text{ 且 } y \in R\right\};$

(2) $D = \left\{(x,y)\,\middle|\, -1 \leqslant x \leqslant 1 \text{ 且 } y \geqslant 1 \text{ 或 } y \leqslant -1\right\};$

(3) $D = \left\{(x,y)\,\middle|\, \dfrac{x^2}{a^2} + \dfrac{y^2}{b^2} \leqslant 1\right\};$

(4) $D = \left\{(x,y)\,\middle|\, x^2 + y^2 \neq 0\right\}.$

2. 不是. 因为 z_1 与 z_2 的定义域不同.

3. (1) 1; 　　(2) 2; 　　(3) $\dfrac{1}{2};$ 　　(4) $\dfrac{1}{2}\ln 2.$

2.2　偏导数、全微分、多元复合函数与隐函数微分法

一、主要内容

偏导数的概念与计算, 偏导数在经济分析中的应用, 全微分的概念与计算, 全微分在经济中的应用, 多元复合函数微分法, 一阶全微分的形式不变性, 隐函数存在定理.

二、教学要求

1. 理解偏导数的概念, 掌握偏导数的计算方法. 了解偏导数的几何意义, 理解二元函数的连续性与可偏导之间的关系.

2. 了解偏导数在经济分析中的应用.

3. 理解全微分的概念, 掌握全微分的计算方法. 理解二元函数 $z = f(x,y)$ 连续可导 (两个偏导数存在) 与可微三者之间的关系, 如图 2.1 所示.

图　2.1

4. 了解全微分在经济中的应用.

5. 掌握并熟练运用复合函数的微分法则.

(1) 全导数

若 $z = f(x,y)$, 而 $x = \varphi(t), y = \psi(t)$, 则

$$\frac{\mathrm{d}z}{\mathrm{d}t} = \frac{\partial z}{\partial x}\frac{\mathrm{d}x}{\mathrm{d}t} + \frac{\partial z}{\partial y}\frac{\mathrm{d}y}{\mathrm{d}t}.$$

(2) 复合函数的求导法则

若 $z = f(x,y)$, 而 $x = \varphi(t,s)$, $y = \psi(t,s)$, 则

$$\frac{\partial z}{\partial t} = \frac{\partial z}{\partial x}\frac{\partial x}{\partial t} + \frac{\partial z}{\partial y}\frac{\partial y}{\partial t},$$

$$\frac{\partial z}{\partial s} = \frac{\partial z}{\partial x}\frac{\partial x}{\partial s} + \frac{\partial z}{\partial y}\frac{\partial y}{\partial s}.$$

6. 了解一阶全微分的形式不变性.

若 $z = f(u,v)$, 而 $u = u(x,y), v = v(x,y)$, 则

$$\mathrm{d}z = \frac{\partial z}{\partial u}\mathrm{d}u + \frac{\partial z}{\partial v}\mathrm{d}v.$$

7. 理解隐函数存在定理. 记住隐函数的求导公式并能熟练地应用.

由方程 $F(x,y) = 0$ 所确定的 $y = f(x)$, 如果 $F_y' \neq 0$, 则有

$$\frac{\mathrm{d}y}{\mathrm{d}x} = -\frac{F_x'}{F_y'}.$$

对于由方程 $F\left(x,y,z\right)=0$ 所确定的 z 是 x,y 的函数, 如果 $F'_z\neq 0$, 则有

$$\frac{\partial z}{\partial x}=-\frac{F'_x}{F'_z},\quad \frac{\partial z}{\partial y}=-\frac{F'_y}{F'_z}.$$

三、例题选讲

例 2.6 求下列函数的偏导数:

(1) $z=x^y+\ln\left(xy\right)$; (2) $z=\mathrm{e}^{xy}+x^2y$; (3) $z=\ln\sin\left(x-2y\right)$; (4) $u=x^{\frac{y}{z}}$.

解 (1) $\dfrac{\partial z}{\partial x}=yx^{y-1}+\dfrac{y}{xy}=yx^{y-1}+\dfrac{1}{x}$;

$\dfrac{\partial z}{\partial y}=x^y\ln x+\dfrac{x}{xy}=x^y\ln x+\dfrac{1}{y}$.

(2) $\dfrac{\partial z}{\partial x}=y\mathrm{e}^{xy}+2xy$; $\dfrac{\partial z}{\partial y}=x\mathrm{e}^{xy}+x^2$.

(3) $\dfrac{\partial z}{\partial x}=\dfrac{\cos\left(x-2y\right)}{\sin\left(x-2y\right)}=\cot\left(x-2y\right)$;

$\dfrac{\partial z}{\partial y}=\dfrac{-2\cos\left(x-2y\right)}{\sin\left(x-2y\right)}=-2\cot\left(x-2y\right)$.

(4) $\dfrac{\partial u}{\partial x}=\dfrac{y}{z}x^{\frac{y}{z}-1}$;

$\dfrac{\partial u}{\partial y}=x^{\frac{y}{z}}\ln x\cdot\dfrac{1}{z}=\dfrac{1}{z}x^{\frac{y}{z}}\ln x$.

$\dfrac{\partial u}{\partial z}=x^{\frac{y}{z}}\ln x\cdot\left(-\dfrac{y}{z^2}\right)=-\dfrac{y}{z^2}x^{\frac{y}{z}}\ln x$.

例 2.7 设 $f\left(x,y\right)=\ln\left(x+\dfrac{y}{2x}\right)$, 求 $f'_y\left(1,0\right)$.

分析 求二元函数 $f\left(x,y\right)$ 在某一点的偏导数, 应该先求出函数的偏导函数, 然后再将点 $\left(x_0,y_0\right)$ 代入.

解 由 $f'_y\left(x,y\right)=\dfrac{1}{x+\dfrac{y}{2x}}\cdot\dfrac{1}{2x}=\dfrac{1}{2x^2+y}$, 得

$$f'_y\left(1,0\right)=\frac{1}{2\times 1^2+0}=\frac{1}{2}.$$

例 2.8 设 $f\left(x,y,z\right)=\ln\left(xy+z\right)$, 求 $f'_x\left(1,2,0\right)$ 及 $f'_z\left(1,2,0\right)$.

解 由 $f'_x\left(x,y,z\right)=\dfrac{y}{xy+z}$, 得

$$f'_x\left(1,2,0\right)=\frac{2}{1\times 2+0}=1;$$

由 $f'_z(x,y,z) = \dfrac{1}{xy+z}$, 得

$$f'_z(1,2,0) = \frac{1}{1\times 2 + 0} = \frac{1}{2}.$$

例 2.9　某工厂生产 A,B 两种产品, 产量分别为 x 和 y 时, 总成本为

$$C(x,y) = 300 + \frac{1}{2}x^2 + 4xy + \frac{3}{2}y^2.$$

求:(1) $C(x,y)$ 对产量 x 和对产量 y 的边际成本函数;(2) 当 $x=50, y=50$ 时的边际成本, 并解释它们的经济含义.

解　(1) 总成本 $C(x,y)$ 对产量 x 的边际成本函数为

$$\frac{\partial C}{\partial x} = x + 4y;$$

$C(x,y)$ 对产量 y 的边际成本函数为

$$\frac{\partial C}{\partial y} = 4x + 3y.$$

(2) 当 $x=50, y=50$ 时, 总成本 $C(x,y)$ 对 x 的边际成本为

$$C'_x(50,50) = 50 + 4\times 50 = 250,$$

这说明, 当两种产品的产量均为 50 单位时, 再多生产一个单位的 A 产品, 总成本将增加 250 单位; 当 $x=50, y=50$ 时, 总成本 $C(x,y)$ 对 y 的边际成本为

$$C'_y(50,50) = 4\times 50 + 3\times 50 = 350,$$

这说明, 当两种产品的产量均为 50 单位时, 再多生产一个单位的 B 产品, 总成本将增加 350 单位.

例 2.10　设 $z = \mathrm{e}^{-x} - f(x-2y)$, 且当 $y=0$ 时, $z=x^2$, 求 $\dfrac{\partial z}{\partial x}$.

分析　先由题设的条件求出 $f(x-2y)$, 再求 $\dfrac{\partial z}{\partial x}$.

解　因为当 $y=0$ 时, $z=x^2$, 则

$$x^2 = \mathrm{e}^{-x} - f(x),$$

解得 $f(x) = \mathrm{e}^{-x} - x^2$, 从而

$$f(x-2y) = \mathrm{e}^{-(x-2y)} - (x-2y)^2,$$

则

$$z = e^{-x} - e^{-(x-2y)} + (x - 2y)^2.$$

$$\frac{\partial z}{\partial x} = -e^{-x} - e^{-(x-2y)} \cdot (-1) + 2(x - 2y)$$

$$= -e^{-x} + e^{2y-x} + 2(x - 2y).$$

例 2.11 已知 $Q = 700 - 2P + 0.02Y$, 其中价格 $P = 25$, 收入 $Y = 5000$, 求:
(1) 需求 Q 的价格弹性;(2) 需求 Q 的收入弹性.

解 (1) 由于

$$\varepsilon_P = \frac{\partial Q}{\partial P} \frac{P}{Q},$$

而 $\dfrac{\partial Q}{\partial P} = -2, \dfrac{P}{Q} = \dfrac{25}{700 - 2 \times 50 + 0.02 \times 5000} = \dfrac{25}{750}$, 则

$$\varepsilon_P = \frac{-2 \times 75}{750} = -0.067.$$

(2) 由于

$$\varepsilon_Y = \frac{\partial Q}{\partial Y} \frac{Y}{Q},$$

而 $\dfrac{\partial Q}{\partial Y} = 0.02, \dfrac{Y}{Q} = \dfrac{5000}{750}$, 则

$$\varepsilon_Y = \frac{0.02 \times 5000}{750} = 0.133.$$

例 2.12 求下列函数的全微分:
(1) $z = \sqrt{\dfrac{x}{y}}$;   (2) $z = \ln \sqrt{x^2 + y^2}$;   (3) $u = z \cdot \arcsin \dfrac{x}{y}$;
(4) $z = e^{x^2 + y^2}$;   (5) $z = \arctan(xy)$;   (6) $u = \left(\dfrac{x}{y}\right)^z$.

解 (1) 因为

$$\frac{\partial z}{\partial x} = \frac{1}{2\sqrt{\dfrac{x}{y}}} \frac{1}{y} = \frac{\sqrt{xy}}{2xy},$$

$$\frac{\partial z}{\partial y} = \frac{1}{2\sqrt{\dfrac{x}{y}}} \left(-\frac{x}{y^2}\right) = -\frac{\sqrt{xy}}{2y^2},$$

所以

$$dz = \frac{\partial z}{\partial x} dx + \frac{\partial z}{\partial y} dy = \frac{\sqrt{xy}}{2xy} dx - \frac{\sqrt{xy}}{2y^2} dy.$$

(2) 因为 $z = \ln \sqrt{x^2 + y^2} = \dfrac{1}{2} \ln \left(x^2 + y^2 \right)$,

$$\frac{\partial z}{\partial x} = \frac{1}{2} \frac{2x}{x^2 + y^2} = \frac{x}{x^2 + y^2},$$

$$\frac{\partial z}{\partial y} = \frac{1}{2} \frac{2y}{x^2 + y^2} = \frac{y}{x^2 + y^2},$$

所以

$$\mathrm{d}z = \frac{\partial z}{\partial x} \mathrm{d}x + \frac{\partial z}{\partial y} \mathrm{d}y = \frac{x}{x^2 + y^2} \mathrm{d}x + \frac{y}{x^2 + y^2} \mathrm{d}y.$$

(3) 因为

$$\frac{\partial u}{\partial x} = z \cdot \frac{1}{\sqrt{1 - \dfrac{x^2}{y^2}}} \cdot \frac{1}{y} = \frac{|y|\, z}{y \sqrt{y^2 - x^2}},$$

$$\frac{\partial u}{\partial y} = z \cdot \frac{1}{\sqrt{1 - \dfrac{x^2}{y^2}}} \cdot \left(-\frac{x}{y^2} \right) = -\frac{x\,|y|\, z}{y^2 \sqrt{y^2 - x^2}},$$

$$\frac{\partial u}{\partial z} = \arcsin \frac{x}{y},$$

所以

$$\mathrm{d}u = \frac{\partial u}{\partial x} \mathrm{d}x + \frac{\partial u}{\partial y} \mathrm{d}y + \frac{\partial u}{\partial z} \mathrm{d}z$$

$$= \frac{|y|\, z}{y \sqrt{y^2 - x^2}} \mathrm{d}x - \frac{x\,|y|\, z}{y^2 \sqrt{y^2 - x^2}} \mathrm{d}y + \arcsin \frac{x}{y} \mathrm{d}z.$$

(4) 因为

$$\frac{\partial z}{\partial x} = \mathrm{e}^{x^2 + y^2} \cdot 2x, \qquad \frac{\partial z}{\partial y} = \mathrm{e}^{x^2 + y^2} \cdot 2y,$$

所以

$$\mathrm{d}z = \frac{\partial z}{\partial x} \mathrm{d}x + \frac{\partial z}{\partial y} \mathrm{d}y = 2x\mathrm{e}^{x^2 + y^2} \mathrm{d}x + 2y\mathrm{e}^{x^2 + y^2} \mathrm{d}y.$$

(5) 因为

$$\frac{\partial z}{\partial x} = \frac{1}{1 + (xy)^2} \cdot y = \frac{y}{1 + x^2 y^2},$$

$$\frac{\partial z}{\partial y} = \frac{1}{1 + (xy)^2} \cdot x = \frac{x}{1 + x^2 y^2},$$

所以

$$\mathrm{d}z = \frac{\partial z}{\partial x} \mathrm{d}x + \frac{\partial z}{\partial y} \mathrm{d}y = \frac{y}{1 + x^2 y^2} \mathrm{d}x + \frac{x}{1 + x^2 y^2} \mathrm{d}y.$$

(6) 因为

$$\frac{\partial u}{\partial x} = z \left(\frac{x}{y}\right)^{z-1} \cdot \frac{1}{y} = \frac{z}{y} \left(\frac{x}{y}\right)^{z-1},$$

$$\frac{\partial u}{\partial y} = z \left(\frac{x}{y}\right)^{z-1} \cdot \left(-\frac{x}{y^2}\right) = -\frac{xz}{y^2} \left(\frac{x}{y}\right)^{z-1},$$

$$\frac{\partial u}{\partial z} = \left(\frac{x}{y}\right)^{z} \ln \frac{x}{y},$$

所以

$$du = \frac{\partial u}{\partial x} dx + \frac{\partial u}{\partial y} dy + \frac{\partial u}{\partial z} dz$$

$$= \frac{z}{y} \left(\frac{x}{y}\right)^{z-1} dx - \frac{xz}{y^2} \left(\frac{x}{y}\right)^{z-1} dy + \left(\frac{x}{y}\right)^{z} \ln \frac{x}{y} dz$$

$$= \left(\frac{x}{y}\right)^{z-1} \left[\frac{z}{y} dx - \frac{xz}{y^2} dy + \frac{x}{y} \ln \frac{x}{y} dz\right].$$

例 2.13　若 $z = f(x, y) = e^{xy}$, 求 $df(1, 1)$.

解　因为

$$\frac{\partial z}{\partial x} = y e^{xy}, \quad \frac{\partial z}{\partial y} = x e^{xy},$$

而

$$\frac{\partial z}{\partial x} \bigg|_{\substack{x=1 \\ y=1}} = e, \quad \frac{\partial z}{\partial y} \bigg|_{\substack{x=1 \\ y=1}} = e,$$

则

$$df(1, 1) = e dx + e dy = e(dx + dy).$$

例 2.14　若 $f(x, y, z) = \left(\frac{x}{y}\right)^{\frac{1}{z}}$, 求 $df(1, 1, 1)$.

解

$$f'_x(x, y, z) = \frac{1}{z} \left(\frac{x}{y}\right)^{\frac{1}{z}-1} \cdot \frac{1}{y},$$

$$f'_y(x, y, z) = \frac{1}{z} \left(\frac{x}{y}\right)^{\frac{1}{z}-1} \cdot \left(-\frac{x}{y^2}\right),$$

$$f'_z(x, y, z) = \left(\frac{x}{y}\right)^{\frac{1}{z}} \ln \left(\frac{x}{y}\right) \cdot \left(-\frac{1}{z^2}\right),$$

从而

$$f'_x(1, 1, 1) = 1, \quad f'_y(1, 1, 1) = -1, \quad f'_z(1, 1, 1) = 0,$$

即

$$\mathrm{d}f(1,1,1) = \mathrm{d}x - \mathrm{d}y.$$

例 2.15　设 $z = \mathrm{e}^{x+y}$, 而 $x = \tan t, y = \cot t$, 求 $\dfrac{\mathrm{d}z}{\mathrm{d}t}$.

分析　此题属于 $z = f(x,y), x = x(t), y = y(t)$, 即两个中间变量, 一个自变量类型. 复合函数结构图为

全导数

$$\frac{\mathrm{d}z}{\mathrm{d}t} = \frac{\partial z}{\partial x}\frac{\mathrm{d}x}{\mathrm{d}t} + \frac{\partial z}{\partial y}\frac{\mathrm{d}y}{\mathrm{d}t} = f'_x\frac{\mathrm{d}x}{\mathrm{d}t} + f'_y\frac{\mathrm{d}y}{\mathrm{d}t}.$$

求全导数时, 应该注意区别一元函数导数记号 $\dfrac{\mathrm{d}}{\mathrm{d}t}$ 与二元函数的偏导数记号 $\dfrac{\partial}{\partial x}$.

解
$$\begin{aligned}
\frac{\mathrm{d}z}{\mathrm{d}t} &= \frac{\partial z}{\partial x}\frac{\mathrm{d}x}{\mathrm{d}t} + \frac{\partial z}{\partial y}\frac{\mathrm{d}y}{\mathrm{d}t} \\
&= \mathrm{e}^{x+y}\sec^2 t + \mathrm{e}^{x+y}\left(-\csc^2 t\right) \\
&= \mathrm{e}^{\tan t + \cot t}\left(\sec^2 t - \csc^2 t\right).
\end{aligned}$$

例 2.16　设 $z = \arcsin(x-y)$, 而 $x = 3t, y = 4t^3$, 求 $\dfrac{\mathrm{d}z}{\mathrm{d}t}$.

解
$$\begin{aligned}
\frac{\mathrm{d}z}{\mathrm{d}t} &= \frac{\partial z}{\partial x}\frac{\mathrm{d}x}{\mathrm{d}t} + \frac{\partial z}{\partial y}\frac{\mathrm{d}y}{\mathrm{d}t} \\
&= \frac{1}{\sqrt{1-(x-y)^2}}\cdot 3 + \frac{-1}{\sqrt{1-(x-y)^2}}\cdot 12t^2 \\
&= \frac{3-12t^2}{\sqrt{1-(3t-4t^3)^2}}.
\end{aligned}$$

例 2.17　设 $z = \arctan(xy)$, 而 $y = \mathrm{e}^x$, 求 $\dfrac{\mathrm{d}z}{\mathrm{d}x}$.

分析　此题为上例全导数问题的特殊情况, 结构图为

解
$$\begin{aligned}
\frac{\mathrm{d}z}{\mathrm{d}x} &= \frac{\partial z}{\partial x} + \frac{\partial z}{\partial y}\frac{\mathrm{d}y}{\mathrm{d}x} = \frac{y}{1+(xy)^2} + \frac{x}{1+(xy)^2}\mathrm{e}^x \\
&= \frac{y+x\mathrm{e}^x}{1+(xy)^2} = \frac{\mathrm{e}^x(1+x)}{1+x^2\mathrm{e}^{2x}}.
\end{aligned}$$

例 2.18 设 $z = u^2 \ln v$, 而 $u = \dfrac{y}{x}, v = x^2 + y^2$, 求 $\dfrac{\partial z}{\partial x}, \dfrac{\partial z}{\partial y}$.

分析 此题属于 $z = f(u, v), u = u(x, y), v = v(x, y)$, 即两个中间变量, 两个自变量类型. 复合函数结构图为

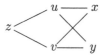

偏导数

$$\frac{\partial z}{\partial x} = \frac{\partial z}{\partial u} \frac{\partial u}{\partial x} + \frac{\partial z}{\partial v} \frac{\partial v}{\partial x},$$
$$\frac{\partial z}{\partial y} = \frac{\partial z}{\partial u} \frac{\partial u}{\partial y} + \frac{\partial z}{\partial v} \frac{\partial v}{\partial y}.$$

解
$$\frac{\partial z}{\partial x} = \frac{\partial z}{\partial u} \frac{\partial u}{\partial x} + \frac{\partial z}{\partial v} \frac{\partial v}{\partial x} = 2u \ln v \left(-\frac{y}{x^2} \right) + \frac{u^2}{v} \cdot 2x$$
$$= -2 \frac{y^2}{x^3} \ln \left(x^2 + y^2 \right) + \frac{2x \cdot \dfrac{y^2}{x^2}}{x^2 + y^2}$$
$$= \frac{2y^2}{x^3} \left[\frac{x^2}{x^2 + y^2} - \ln \left(x^2 + y^2 \right) \right].$$

$$\frac{\partial z}{\partial y} = \frac{\partial z}{\partial u} \frac{\partial u}{\partial y} + \frac{\partial z}{\partial v} \frac{\partial v}{\partial y} = 2u \ln v \frac{1}{x} + \frac{u^2}{v} 2y$$
$$= 2 \frac{y}{x^2} \ln \left(x^2 + y^2 \right) + \frac{2 \dfrac{y^3}{x^2}}{x^2 + y^2}$$
$$= \frac{2y}{x^2} \left[\frac{y^2}{x^2 + y^2} + \ln \left(x^2 + y^2 \right) \right].$$

例 2.19 设 $u = f(s + t, st)$, 且 f 具有一阶连续偏导数, 求 $\dfrac{\partial u}{\partial s}, \dfrac{\partial u}{\partial t}$.

解 设 $x = s + t, y = st$, 则
$$\frac{\partial u}{\partial s} = \frac{\partial u}{\partial x} \frac{\partial x}{\partial s} + \frac{\partial u}{\partial y} \frac{\partial y}{\partial s} = f'_x + t f'_y,$$
$$\frac{\partial u}{\partial t} = \frac{\partial u}{\partial x} \frac{\partial x}{\partial t} + \frac{\partial u}{\partial y} \frac{\partial y}{\partial t} = f'_x + s f'_y.$$

例 2.20 设 $z = \dfrac{y}{f(x^2 - y^2)}$, 其中 f 为可导函数, 求 $\dfrac{\partial z}{\partial x}, \dfrac{\partial z}{\partial y}$.

解
$$\frac{\partial z}{\partial x} = -\frac{yf' \cdot 2x}{f^2} = -\frac{2xyf'}{f^2},$$

$$\frac{\partial z}{\partial y} = \frac{f - yf' \cdot (-2y)}{f^2} = \frac{f + 2y^2 f'}{f^2}.$$

例 2.21　设 $u = f(x, xy)$, 且 f 具有连续偏导数, 求 $\dfrac{\partial u}{\partial x}$.

分析　设 $v = xy$, 则多元复合函数 $u = f(x, xy)$ 的结构图如下:

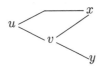

偏导数

$$\frac{\partial u}{\partial x} = \frac{\partial f}{\partial x} + \frac{\partial f}{\partial v} \frac{\partial v}{\partial x}.$$

解　设 $v = xy$, 则

$$\frac{\partial u}{\partial x} = \frac{\partial f}{\partial x} + \frac{\partial f}{\partial v} \frac{\partial v}{\partial x} = \frac{\partial f}{\partial x} + y\frac{\partial f}{\partial v}.$$

注意到 $\dfrac{\partial u}{\partial x}$ 与 $\dfrac{\partial f}{\partial x}$ 的不同. $\dfrac{\partial u}{\partial x}$ 是将 y 看作不变而对 x 求偏导数; $\dfrac{\partial f}{\partial x}$ 是将 $f(x, v)$ 中的 v 看作不变而对 x 求偏导数.

为了表达简便, 可以引入记号:

$$f_1' = \frac{\partial f(x, v)}{\partial x}, \quad f_2' = \frac{\partial f(x, v)}{\partial v}.$$

其中下标 1 表示对第一个变量 x 求偏导数, 下标 2 表示对第二个变量 v 求偏导数. 即

$$\frac{\partial u}{\partial x} = f_1' + f_2' \cdot y.$$

例 2.22　设 $z = f\left(\mathrm{e}^{xy}, x^2 - y^2\right)$, 且 f 具有连续偏导数, 求 $\dfrac{\partial z}{\partial x}, \dfrac{\partial z}{\partial y}$.

分析　若记 $u = \mathrm{e}^{xy}, v = x^2 - y^2$, 则复合函数的结构图为

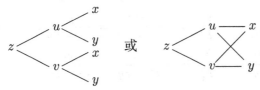

为了表达简便, 可以引入下面记号:

$$f_1' = \frac{\partial f(u, v)}{\partial u}, \quad f_2' \frac{\partial f(u, v)}{\partial v}.$$

其中下标 1 表示对第一个变量 u 求偏导数, 下标 2 表示对第二个变量 v 求偏导数.

解

$$\frac{\partial z}{\partial x} = f_1' \cdot \mathrm{e}^{xy} \cdot y + f_2' \cdot 2x = y\mathrm{e}^{xy}f_1' + 2xf_2',$$

$$\frac{\partial z}{\partial y} = f_1' \cdot \mathrm{e}^{xy} \cdot x + f_2' \cdot (-2y) = x\mathrm{e}^{xy}f_1' - 2yf_2'.$$

例 2.23 求下列函数的导数 $\dfrac{\mathrm{d}y}{\mathrm{d}x}$:

(1) $xy + \ln y - \ln x = 0$;　　(2) $\sin y + \mathrm{e}^x - xy^2 = 0$.

分析 这是由方程 $F(x,y) = 0$ 确定的隐函数的导数问题.

解 (1) 令 $F(x,y) = xy + \ln y - \ln x$, 则 $F_x' = y - \dfrac{1}{x}$, 　$F_y' = x + \dfrac{1}{y}$, 所以

$$\frac{\mathrm{d}y}{\mathrm{d}x} = -\frac{F_x'}{F_y'} = -\frac{y - \dfrac{1}{x}}{x + \dfrac{1}{y}} = -\frac{(xy - 1)\,y}{(xy + 1)\,x}.$$

(2) 令 $F(x,y) = \sin y + \mathrm{e}^x - xy^2$, 则

$$F_x' = \mathrm{e}^x - y^2, \quad F_y' = \cos y - 2xy,$$

所以

$$\frac{\mathrm{d}y}{\mathrm{d}x} = -\frac{F_x'}{F_y'} = \frac{y^2 - \mathrm{e}^x}{\cos y - 2xy}.$$

例 2.24 设 $\mathrm{e}^z = xyz$, 求 $\dfrac{\partial z}{\partial x}, \dfrac{\partial z}{\partial y}$.

解法1 令 $F(x,y,z) = \mathrm{e}^z - xyz$, 则

$$F_x' = -yz, \quad F_y' = -xz, \quad F_z' = \mathrm{e}^z - xy,$$

所以

$$\frac{\partial z}{\partial x} = -\frac{F_x'}{F_z'} = -\frac{-yz}{\mathrm{e}^z - xy} = \frac{yz}{\mathrm{e}^z - xy};$$

$$\frac{\partial z}{\partial y} = -\frac{F_y'}{F_z'} = -\frac{-xz}{\mathrm{e}^z - xy} = \frac{xz}{\mathrm{e}^z - xy}.$$

解法2 把 z 看成 x, y 的函数, 用复合函数的求导法, 对方程 $\mathrm{e}^z = xyz$ 两边同时对 x 求偏导数, 得

$$\mathrm{e}^z \frac{\partial z}{\partial x} = yz + xy\frac{\partial z}{\partial x},$$

从而 $(e^z - xy)\dfrac{\partial z}{\partial x} = yz$, 即 $\dfrac{\partial z}{\partial x} = \dfrac{yz}{e^z - xy}$. 两边同时对 y 求偏导数, 得

$$e^z \frac{\partial z}{\partial y} = xz + xy\frac{\partial z}{\partial y},$$

从而 $(e^z - xy)\dfrac{\partial z}{\partial y} = xz$, 即 $\dfrac{\partial z}{\partial y} = \dfrac{xz}{e^z - xy}$.

例 2.25　设 $x^y = y^x(x \neq y)$, 求 $\dfrac{\mathrm{d}y}{\mathrm{d}x}$.

分析　由方程 $x^y = y^x$ 所确定的隐函数, 求 y 对 x 的导数, 可以用两种方法. 第一种方法是公式法, 第二种方法是复合函数求导法. 在第二种方法中只需注意到 y 是 x 的函数就可以了.

解法1　公式法　$x^y = y^x \Rightarrow y\ln x - x\ln y = 0$.
令 $F(x, y) = y\ln x - x\ln y$, 则

$$F'_x = \frac{y}{x} - \ln y, \quad F'_y = \ln x - \frac{x}{y},$$

所以

$$\frac{\mathrm{d}y}{\mathrm{d}x} = -\frac{F'_x}{F'_y} = -\frac{\dfrac{y}{x} - \ln y}{\ln x - \dfrac{x}{y}} = \frac{y(x\ln y - y)}{x(y\ln x - x)}.$$

解法2　复合函数求导法　$x^y = y^x \Rightarrow y\ln x = x\ln y$.
方程两边同时对 x 求导, 得

$$y'\ln x + \frac{y}{x} = \ln y + \frac{x \cdot y'}{y},$$

$$(xy\ln x)y' + y^2 = xy\ln y + x^2 y',$$

$$(xy\ln x - x^2)y' = xy\ln y - y^2,$$

即

$$y' = \frac{\mathrm{d}y}{\mathrm{d}x} = \frac{y(x\ln y - y)}{x(y\ln x - x)}.$$

例 2.26　设 $x^2 + z^2 = y\varphi\left(\dfrac{z}{y}\right)$, 其中 φ 为可微函数, 求 $\mathrm{d}z$.

分析　由方程 $x^2 + z^2 = y\varphi\left(\dfrac{z}{y}\right)$ 确定的多元隐函数求偏导数, 一般有两种方法:

(1) 把隐函数方程化为 $F(x,y,z) = 0$, 分别求 F 对 x,y 和 z 的偏导数 F_x', F_y', F_z', 再由公式

$$\frac{\partial z}{\partial x} = -\frac{F_x'}{F_z'}, \quad \frac{\partial z}{\partial y} = -\frac{F_y'}{F_z'},$$

得到所求的偏导数. 注意, 在求 F_x' 时要把 y, z 看作常数, 同理求 F_y' 和 F_z' 时分别把 x, z 看作常数和把 x, y 看作常数.

(2) 在方程 $x^2 + z^2 = y\varphi\left(\dfrac{z}{y}\right)$ 的两边同时对 x(或 y) 求偏导数, 这时一定要记住 z 是 x, y 的函数, 最后解出 $\dfrac{\partial z}{\partial x}\left(\text{或} \dfrac{\partial z}{\partial y}\right)$. 代入全微分公式

$$dz = \frac{\partial z}{\partial x}dx + \frac{\partial z}{\partial y}dy.$$

解法1　令 $F(x,y,z) = x^2 + z^2 - y\varphi\left(\dfrac{z}{y}\right)$, 则

$$F_x' = 2x,$$
$$F_y' = -\varphi\left(\frac{z}{y}\right) - y\varphi'\left(\frac{z}{y}\right)\left(-\frac{z}{y^2}\right) = -\varphi\left(\frac{z}{y}\right) + \frac{z}{y}\varphi'\left(\frac{z}{y}\right),$$
$$F_z' = 2z - y\varphi'\left(\frac{z}{y}\right)\frac{1}{y} = 2z - \varphi'\left(\frac{z}{y}\right),$$

故

$$\frac{\partial z}{\partial x} = -\frac{F_x'}{F_z'} = \frac{-2x}{2z - \varphi'\left(\dfrac{z}{y}\right)},$$

$$\frac{\partial z}{\partial y} = -\frac{F_y'}{F_z'} = \frac{y\varphi\left(\dfrac{z}{y}\right) - z\varphi'\left(\dfrac{z}{y}\right)}{2yz - y\varphi'\left(\dfrac{z}{y}\right)},$$

于是

$$dz = \frac{\partial z}{\partial x}dx + \frac{\partial z}{\partial y}dy = \frac{-2x}{2z - \varphi'\left(\dfrac{z}{y}\right)}dx + \frac{y\varphi\left(\dfrac{z}{y}\right) - z\varphi'\left(\dfrac{z}{y}\right)}{2yz - y\varphi'\left(\dfrac{z}{y}\right)}dy.$$

解法2　在方程 $x^2 + z^2 = y\varphi\left(\dfrac{z}{y}\right)$ 两端对 x 求偏导数, 得

$$2x + 2z\frac{\partial z}{\partial x} = y\varphi'\left(\frac{z}{y}\right)\frac{1}{y}\frac{\partial z}{\partial x},$$

从而有

$$\frac{\partial z}{\partial x} = \frac{-2x}{2z - \varphi'\left(\dfrac{z}{y}\right)}.$$

同理在原方程两端对 y 求偏导数, 得

$$2z\frac{\partial z}{\partial y} = \varphi\left(\frac{z}{y}\right) + y\varphi'\left(\frac{z}{y}\right)\left(\frac{y\dfrac{\partial z}{\partial y} - z}{y^2}\right),$$

经整理得

$$\frac{\partial z}{\partial y} = \frac{y\varphi\left(\dfrac{z}{y}\right) - z\varphi'\left(\dfrac{z}{y}\right)}{2yz - y\varphi'\left(\dfrac{z}{y}\right)},$$

于是

$$\mathrm{d}z = \frac{\partial z}{\partial x}\mathrm{d}x + \frac{\partial z}{\partial y}\mathrm{d}y = \frac{-2x}{2z - \varphi'\left(\dfrac{z}{y}\right)}\mathrm{d}x + \frac{y\varphi\left(\dfrac{z}{y}\right) - z\varphi'\left(\dfrac{z}{y}\right)}{2yz - y\varphi'\left(\dfrac{z}{y}\right)}\mathrm{d}y.$$

例 2.27　设 $f(x,y,z) = \mathrm{e}^x yz^2$, 其中 $z = z(x,y)$ 是由 $x + y + z + xyz = 0$ 确定的隐函数, 求 $f_x'(0,1,-1)$.

解　由 $x + y + z + xyz = 0$, 两边对 x 求偏导数, 得

$$1 + \frac{\partial z}{\partial x} + yz + xy\frac{\partial z}{\partial x} = 0,$$

解得

$$\frac{\partial z}{\partial x} = \frac{-(1 + yz)}{1 + xy}.$$

由于 $f(x,y,z) = \mathrm{e}^x yz^2$, 对 x 求偏导数, 得

$$f_x'(x,y,z) = \mathrm{e}^x yz^2 + \mathrm{e}^x y2z\frac{\partial z}{\partial x} = \mathrm{e}^x yz^2 + 2\mathrm{e}^x yz\frac{-(1 + yz)}{1 + xy},$$

从而

$$f_x'(0,1,-1) = \mathrm{e}^0 \times (-1)^2 + 2\mathrm{e}^0 \times (-1) \cdot \frac{-(1 - 1)}{1 + 0} = 1.$$

例 2.28　设 $u = f(x,y,z)$ 有连续的一阶偏导数, 又函数 $y = y(x)$ 及 $z = z(x)$ 分别由下列两式确定: $\mathrm{e}^{xy} - xy = 2$ 和 $\mathrm{e}^x = \displaystyle\int_0^{x-z} \frac{\sin t}{t}\mathrm{d}t$, 求 $\dfrac{\mathrm{d}u}{\mathrm{d}x}$.

分析 结构图如下:

这是求全导数. 由上面复合函数的结构图可以看到

$$\frac{\mathrm{d}u}{\mathrm{d}x} = \frac{\partial u}{\partial x} + \frac{\partial u}{\partial y}\frac{\mathrm{d}y}{\mathrm{d}x} + \frac{\partial u}{\partial z}\frac{\mathrm{d}z}{\mathrm{d}x}.$$

依题意, 在上述两个隐函数方程中可以求解 $\dfrac{\mathrm{d}y}{\mathrm{d}x}, \dfrac{\mathrm{d}z}{\mathrm{d}x}$. 再代入上面公式 $\dfrac{\mathrm{d}u}{\mathrm{d}x}$ 中即可.

解 由 $\mathrm{e}^{xy} - xy = 2$, 两边对 x 求导有

$$\mathrm{e}^{xy}\left(y + x\frac{\mathrm{d}y}{\mathrm{d}x}\right) - y - x\frac{\mathrm{d}y}{\mathrm{d}x} = 0,$$

解得

$$\frac{\mathrm{d}y}{\mathrm{d}x} = -\frac{y}{x}.$$

再由 $\mathrm{e}^x = \displaystyle\int_0^{x-z} \frac{\sin t}{t}\mathrm{d}t$, 两边对 x 求导有

$$\mathrm{e}^x = \frac{\sin(x-z)}{x-z} \cdot \left(1 - \frac{\mathrm{d}z}{\mathrm{d}x}\right),$$

解得

$$\frac{\mathrm{d}z}{\mathrm{d}x} = 1 - \frac{\mathrm{e}^x(x-z)}{\sin(x-z)},$$

从而

$$\begin{aligned}
\frac{\mathrm{d}u}{\mathrm{d}x} &= f'_x + f'_y \cdot \frac{\mathrm{d}y}{\mathrm{d}x} + f'_z \cdot \frac{\mathrm{d}z}{\mathrm{d}x}\\
&= f'_x + f'_y\left(-\frac{y}{x}\right) + f'_z \cdot \left[1 - \frac{\mathrm{e}^x(x-z)}{\sin(x-z)}\right]\\
&= f'_x - \frac{y}{x}f'_y + \left[1 - \frac{\mathrm{e}^x(x-z)}{\sin(x-z)}\right]f'_z.
\end{aligned}$$

例 2.29 设 $f(u)$ 具有二阶连续导数, 且 $g(x,y) = f\left(\dfrac{y}{x}\right) + yf\left(\dfrac{x}{y}\right)$. 求 $x^2\dfrac{\partial^2 g}{\partial x^2} - y^2\dfrac{\partial^2 g}{\partial y^2}$.

解 $\dfrac{\partial g}{\partial x} = f'\left(\dfrac{y}{x}\right) \cdot \left(-\dfrac{y}{x^2}\right) + yf'\left(\dfrac{x}{y}\right) \cdot \left(\dfrac{1}{y}\right)$

$$= -\frac{y}{x^2} f'\left(\frac{y}{x}\right) + f'\left(\frac{x}{y}\right),$$

$$\frac{\partial^2 g}{\partial x^2} = \frac{\partial}{\partial x}\left[-\frac{y}{x^2} f'\left(\frac{y}{x}\right) + f'\left(\frac{x}{y}\right)\right]$$

$$= \frac{2y}{x^3} f'\left(\frac{y}{x}\right) - \frac{y}{x^2} f''\left(\frac{y}{x}\right)\cdot\left(-\frac{y}{x^2}\right) + f''\left(\frac{x}{y}\right)\cdot\left(\frac{1}{y}\right)$$

$$= \frac{2y}{x^3} f'\left(\frac{y}{x}\right) + \frac{y^2}{x^4} f''\left(\frac{y}{x}\right) + \frac{1}{y} f''\left(\frac{x}{y}\right),$$

$$\frac{\partial g}{\partial y} = f'\left(\frac{y}{x}\right)\cdot\left(\frac{1}{x}\right) + f\left(\frac{x}{y}\right) + y f'\left(\frac{x}{y}\right)\cdot\left(-\frac{x}{y^2}\right)$$

$$= \frac{1}{x} f'\left(\frac{y}{x}\right) + f\left(\frac{x}{y}\right) - \frac{x}{y} f'\left(\frac{x}{y}\right),$$

$$\frac{\partial^2 g}{\partial y^2} = \frac{\partial}{\partial y}\left[\frac{1}{x} f'\left(\frac{y}{x}\right) + f\left(\frac{x}{y}\right) - \frac{x}{y} f'\left(\frac{x}{y}\right)\right]$$

$$= \frac{1}{x} f''\left(\frac{y}{x}\right)\cdot\frac{1}{x} + f'\left(\frac{x}{y}\right)\left(-\frac{x}{y^2}\right) + \frac{x}{y^2} f'\left(\frac{x}{y}\right)$$

$$\qquad - \frac{x}{y} f''\left(\frac{x}{y}\right)\left(-\frac{x}{y^2}\right)$$

$$= \frac{1}{x^2} f''\left(\frac{y}{x}\right) + \frac{x^2}{y^3} f''\left(\frac{x}{y}\right),$$

故

$$x^2 \frac{\partial^2 g}{\partial x^2} - y^2 \frac{\partial^2 g}{\partial y^2} = x^2\left[\frac{2y}{x^3} f'\left(\frac{y}{x}\right) + \frac{y^2}{x^4} f''\left(\frac{y}{x}\right) + \frac{1}{y} f''\left(\frac{x}{y}\right)\right]$$

$$\qquad - y^2\left[\frac{1}{x^2} f''\left(\frac{y}{x}\right) + \frac{x^2}{y^3} f''\left(\frac{x}{y}\right)\right]$$

$$= \frac{2y}{x} f'\left(\frac{y}{x}\right).$$

四、疑难问题解答

1. 二元函数存在偏导数与二元函数连续有没有关系?

答　我们知道一元函数可导必连续, 但连续不一定可导. 然而二元函数偏导数存在与连续没有必然的联系. 一方面, 当二元函数在某一点存在偏导数时, 函数在该点未必连续. 如在教材中例 2.2.4 可知函数

$$f(x,y) = \begin{cases} \dfrac{xy}{x^2+y^2}, & x^2+y^2 \neq 0, \\ 0, & x^2+y^2 = 0. \end{cases}$$

在点 $(0,0)$ 处的两个偏导数均存在且等于 0, 但 $f(x,y)$ 在点 $(0,0)$ 处的极限不存在, 从而它在点 $(0,0)$ 处不连续. 另一方面, 二元函数在某点连续, 也不能保证函数在该点偏导数存在.

2. 如果求出了二元函数 $z = f(x,y)$ 的两个偏导数 $\dfrac{\partial f}{\partial x}, \dfrac{\partial f}{\partial y}$, 则 $\dfrac{\partial f}{\partial x}\mathrm{d}x + \dfrac{\partial f}{\partial y}\mathrm{d}y$ 就是函数 $f(x,y)$ 全微分, 对不对? 为什么?

答　不对. 因为求出了偏导数 $\dfrac{\partial f}{\partial x}, \dfrac{\partial f}{\partial y}$, 仅说明函数 $z = f(x,y)$ 的偏导数存在, 而偏导数存在只是 $z = f(x,y)$ 可微的必要条件, 并不是充分条件. 事实上, $\dfrac{\partial f}{\partial x}\mathrm{d}x + \dfrac{\partial f}{\partial y}\mathrm{d}y$ 是全微分的充要条件为

$$\Delta z - \left(\frac{\partial f}{\partial x}\mathrm{d}x + \frac{\partial f}{\partial y}\mathrm{d}y\right) = o\left(\rho\right),$$

其中 $\rho = \sqrt{(\Delta x)^2 + (\Delta y)^2}$.

3. 多元复合函数的复合结构比较繁多, 如何掌握其求导法则?

答　虽然复合结构比较繁多, 求导公式形式各异, 但本质特征是一致的. 掌握了求导公式的本质特征就可以正确地运用这些求导公式. 最典型的几种情形如下:

(1) 全导数　若函数 $z = f(x,y)$, 而 $x = \varphi(t), y = \phi(t)$, 则

$$\frac{\mathrm{d}z}{\mathrm{d}t} = \frac{\partial z}{\partial x}\frac{\mathrm{d}x}{\mathrm{d}t} + \frac{\partial z}{\partial y}\frac{\mathrm{d}y}{\mathrm{d}t}.$$

结构图

(2) 偏导数

若函数 $z = f(u,v)$, 而 $u = \varphi(x,y), v = \psi(x,y)$, 则

$$\frac{\partial z}{\partial x} = \frac{\partial z}{\partial u}\frac{\partial u}{\partial x} + \frac{\partial z}{\partial v}\frac{\partial v}{\partial x},$$

$$\frac{\partial z}{\partial y} = \frac{\partial z}{\partial u}\frac{\partial u}{\partial y} + \frac{\partial z}{\partial v}\frac{\partial v}{\partial y}.$$

结构图

当 "树梢" 只有一个变量 t 时, 是求全导数; 当 "树梢" 有两个变量 x, y (可以更多) 时, 是求偏导数. 求导原则是 "同线相乘, 分线相加".

(3) 特别情况

全导数

设 $z = f(x,y)$, 而 $y = \varphi(x)$, 则

$$\frac{\mathrm{d}z}{\mathrm{d}x} = \frac{\partial z}{\partial x} + \frac{\partial z}{\partial y}\frac{\mathrm{d}y}{\mathrm{d}x}.$$

结构图

偏导数

设 $z = f(u,v)$ 而 $u = \varphi(x), v = \psi(x,y)$，则

$$\frac{\partial z}{\partial x} = \frac{\partial z}{\partial u}\frac{\mathrm{d}u}{\mathrm{d}x} + \frac{\partial z}{\partial v}\frac{\partial v}{\partial x},$$
$$\frac{\partial z}{\partial y} = \frac{\partial z}{\partial v}\frac{\partial v}{\partial y}.$$

结构图

练习 2.2

1. 求下列函数的偏导数:

(1) $z = x^2 y^2$;

(2) $z = \ln\dfrac{y}{x}$;

(3) $z = xy\sqrt{a^2 - x^2 - y^2}$;

(4) $z = \dfrac{x}{\sqrt{x^2 + y^2}}$;

(5) $z = \mathrm{e}^{\sin x}\cos y$;

(6) $u = \sqrt{x^2 + y^2 + z^2}$;

(7) $z = x\ln(x + y)$;

(8) $z = \mathrm{e}^{2x^2 + y^2}$;

(9) $z = \arctan(xy^2)$;

(10) $u = \ln(x^2 + y^2 + z^2)$.

2. 设 $f(x,y) = \mathrm{e}^{x^2 y}$, 求 $f'_x(1,1), f'_y(1,1)$.

3. 求下列函数的全微分:

(1) $z = 2xy + \dfrac{y}{x}$;   (2) $z = \sin x\cos y$;   (3) $z = \mathrm{e}^{\frac{y}{x}}$;   (4) $u = x^{yz}$.

4. 若 $f(x,y) = x^y$, 则 $\mathrm{d}f(2,1)$.

5. 设 $z = \dfrac{y}{x}$, 而 $x = \mathrm{e}^t, y = 1 - \mathrm{e}^{2t}$, 求 $\dfrac{\mathrm{d}z}{\mathrm{d}t}$.

6. 设 $z = \dfrac{x^2 - y}{x + y}$, 而 $y = 2x - 3$, 求 $\dfrac{\mathrm{d}z}{\mathrm{d}x}$.

7. 设函数 $z = \arctan\dfrac{u}{v}$, 而 $u = x + y, v = x - y$, 求 $\dfrac{\partial z}{\partial x}, \dfrac{\partial z}{\partial y}$.

8. 设 $z = f(s - t, st)$, 且 f 具有一阶连续偏导数, 求 $\dfrac{\partial z}{\partial s}, \dfrac{\partial z}{\partial t}$.

9. 设 $z = f[x + \varphi(y)]$, 其中 f 是一阶可微函数, φ 可导, 求 $\dfrac{\partial z}{\partial x}, \dfrac{\partial z}{\partial y}$.

10. 设 $z = f\left(x^2 y, \dfrac{y}{x}\right)$, 其中 f 一阶可微, 求 $\dfrac{\partial z}{\partial x}, \dfrac{\partial z}{\partial y}$.

11. 设 $xy + x + y = 1$, 求 $\dfrac{\mathrm{d}y}{\mathrm{d}x}$.

12. 设 $z^3 - 3xyz = 0$, 求 $\dfrac{\partial z}{\partial x}, \dfrac{\partial z}{\partial y}$.

13. 方程 $F\left(x + y + z, x^2 + y^2 + z^2\right) = 0$ 所确定的函数 $z = f(x, y)$, 求 $\dfrac{\partial z}{\partial x}, \dfrac{\partial z}{\partial y}$.

14. 设 $z = f\left(x^2 + y^2\right)$, f 是可微函数, 求证: $y\dfrac{\partial z}{\partial x} - x\dfrac{\partial z}{\partial y} = 0$.

15. 方程 $f\left(\dfrac{y}{z}, \dfrac{z}{x}\right) = 0$ 确定 z 是 x, y 的函数, $f'_v(u, v) \neq 0$, 求证: $x\dfrac{\partial z}{\partial x} + y\dfrac{\partial z}{\partial y} = z$.

练习 2.2 参考答案与提示

1. (1) $\dfrac{\partial z}{\partial x} = 2xy^2, \dfrac{\partial z}{\partial y} = 2x^2 y$;

(2) $\dfrac{\partial z}{\partial x} = -\dfrac{1}{x}, \dfrac{\partial z}{\partial y} = \dfrac{1}{y}$;

(3) $\dfrac{\partial z}{\partial x} = y\sqrt{a^2 - x^2 - y^2} - \dfrac{x^2 y}{\sqrt{a^2 - x^2 - y^2}} = \dfrac{y\left(a^2 - 2x^2 - y^2\right)}{\sqrt{a^2 - x^2 - y^2}},$

$\dfrac{\partial z}{\partial y} = \dfrac{x\left(a^2 - x^2 - 2y^2\right)}{\sqrt{a^2 - x^2 - y^2}}$;

(4) $\dfrac{\partial z}{\partial x} = \dfrac{y^2}{\left(x^2 + y^2\right)^{\frac{3}{2}}}, \dfrac{\partial z}{\partial y} = \dfrac{-xy}{\left(x^2 + y^2\right)^{\frac{3}{2}}}$;

(5) $\dfrac{\partial z}{\partial x} = \mathrm{e}^{\sin x} \cos x \cos y, \dfrac{\partial z}{\partial y} = -\mathrm{e}^{\sin x} \sin y$;

(6) $\dfrac{\partial u}{\partial x} = \dfrac{x}{\sqrt{x^2 + y^2 + z^2}}, \dfrac{\partial u}{\partial y} = \dfrac{y}{\sqrt{x^2 + y^2 + z^2}}, \dfrac{\partial u}{\partial z} = \dfrac{z}{\sqrt{x^2 + y^2 + z^2}}$;

(7) $\dfrac{\partial z}{\partial x} = \ln(x + y) + \dfrac{x}{x + y}, \dfrac{\partial z}{\partial y} = \dfrac{x}{x + y}$;

(8) $\dfrac{\partial z}{\partial x} = 4x\mathrm{e}^{2x^2 + y^2}, \dfrac{\partial z}{\partial y} = 2y\mathrm{e}^{x^2 + y^2}$;

(9) $\dfrac{\partial z}{\partial x} = \dfrac{y^2}{1 + x^2 y^4}, \dfrac{\partial z}{\partial y} = \dfrac{2xy}{1 + x^2 y^4}$;

(10) $\dfrac{\partial u}{\partial x} = \dfrac{2x}{x^2 + y^2 + z^2}, \dfrac{\partial u}{\partial y} = \dfrac{2y}{x^2 + y^2 + z^2}, \dfrac{\partial u}{\partial z} = \dfrac{2z}{x^2 + y^2 + z^2}$.

2. $f'_x(1, 1) = 2\mathrm{e}, f'_y(1, 1) = \mathrm{e}$.

3. (1) $\mathrm{d}z = \dfrac{1}{x^2}\left(2x^2 y - y\right)\mathrm{d}x + \dfrac{1}{x}\left(2x^2 + 1\right)\mathrm{d}y$;

(2) $\mathrm{d}z = \cos x \cos y \mathrm{d}x - \sin x \sin y \mathrm{d}y$;

(3) $\mathrm{d}z = -\dfrac{y}{x^2}\mathrm{e}^{\frac{y}{x}}\mathrm{d}x + \dfrac{1}{x}\mathrm{e}^{\frac{y}{x}}\mathrm{d}y$;

(4) $\mathrm{d}u = yzx^{yz-1}\mathrm{d}x + zx^{yz}\ln x\mathrm{d}y + yx^{yz} \cdot \ln x\mathrm{d}z$.

4. $\mathrm{d}f(2,1) = \mathrm{d}x + 2\ln 2\mathrm{d}y$.

5. $\dfrac{\mathrm{d}z}{\mathrm{d}t} = -\left(\mathrm{e}^{-t} + \mathrm{e}^{t}\right)$.

6. $\dfrac{\mathrm{d}z}{\mathrm{d}x} = \dfrac{\partial z}{\partial x} + \dfrac{\partial z}{\partial y}\dfrac{\mathrm{d}y}{\mathrm{d}x} = \dfrac{x^2 - 2x - 1}{3\left(x - 1\right)^2}$.

7. $\dfrac{\partial z}{\partial x} = \dfrac{x - y - 1}{2\left(x^2 + y^2\right)}, \dfrac{\partial z}{\partial y} = \dfrac{x - y + 1}{2\left(x^2 + y^2\right)}$.

8. $\dfrac{\partial z}{\partial s} = f_1' + tf_2', \dfrac{\partial z}{\partial t} = -f_1' + sf_2'$.

9. $\dfrac{\partial z}{\partial x} = f', \dfrac{\partial z}{\partial y} = f' \cdot \varphi'$.

10. $\dfrac{\partial z}{\partial x} = 2xyf_1' - \dfrac{y}{x^2}f_2', \dfrac{\partial z}{\partial y} = x^2 f_1' + \dfrac{1}{x}f_2'$.

11. $\dfrac{\mathrm{d}y}{\mathrm{d}x} = -\dfrac{y + 1}{x + 1}$.

12. $\dfrac{\partial z}{\partial x} = \dfrac{yz}{z^2 - xy}, \dfrac{\partial z}{\partial y} = \dfrac{xz}{z^2 - xy}$.

13. $\dfrac{\partial z}{\partial x} = -\dfrac{F_x'}{F_z'} = -\dfrac{F_1' + 2xF_2'}{F_1' + 2zF_2}$,

$\dfrac{\partial z}{\partial y} = -\dfrac{F_y'}{F_z'} = -\dfrac{F_1' + 2yF_2'}{F_1' + 2zF_2}$.

14. 略.

15. 提示: 设 $u = \dfrac{y}{z}, v = \dfrac{z}{x}$, 用复合函数导数, 计算出 $\dfrac{\partial z}{\partial x}, \dfrac{\partial z}{\partial y}$, 再代入原方程.

2.3　高阶偏导数　多元函数的极值

一、主要内容

二元函数的二阶偏导数, 二元函数的极值, 二元函数的最值, 条件极值.

二、教学要求

1. 掌握二元函数的二阶偏导数的计算方法.

2. 会求二元函数的混合偏导数.

3. 了解二元函数的极值、最值, 掌握最值问题的经济应用. 掌握条件极值问题, 即 Lagrange 乘数法.

三、例题选讲

例 2.30 求 $z = \sin(xy)$ 的二阶偏导数 $\dfrac{\partial^2 z}{\partial x^2}, \dfrac{\partial^2 z}{\partial y^2}$.

解 $\dfrac{\partial z}{\partial x} = \cos(xy) \cdot y = y\cos(xy),$

$\dfrac{\partial z}{\partial y} = \cos(xy) \cdot x = x\cos(xy),$

$\dfrac{\partial^2 z}{\partial x^2} = \dfrac{\partial}{\partial x}(y\cos(xy)) = -y\sin(xy) \cdot y = -y^2 \sin(xy),$

$\dfrac{\partial^2 z}{\partial y^2} = \dfrac{\partial}{\partial y}(x \cdot \cos(xy)) = -x\sin(xy) \cdot x = -x^2 \sin(xy).$

例 2.31 设 $z = x\ln(x + y^2)$, 求 $\dfrac{\partial^2 z}{\partial x^2}, \dfrac{\partial^2 z}{\partial y^2}$.

解 $\dfrac{\partial z}{\partial x} = \ln(x + y^2) + \dfrac{x}{x + y^2},$

$\dfrac{\partial z}{\partial y} = \dfrac{2xy}{x + y^2},$

$\dfrac{\partial^2 z}{\partial x^2} = \dfrac{\partial}{\partial x}\left[\ln(x + y^2) + \dfrac{x}{x + y^2} \right]$

$\quad = \dfrac{1}{x + y^2} + \dfrac{x + y^2 - x}{(x + y^2)^2} = \dfrac{x + 2y^2}{(x + y^2)^2},$

$\dfrac{\partial^2 z}{\partial y^2} = \dfrac{\partial}{\partial y}\left(\dfrac{2xy}{x + y^2} \right)$

$\quad = \dfrac{2x(x + y^2) - 2xy \cdot 2y}{(x + y^2)^2} = \dfrac{2x(x - y^2)}{(x + y^2)^2}.$

例 2.32 设 $z = \arctan \dfrac{x + y}{1 - xy}$, 求 $\dfrac{\partial^2 z}{\partial x^2}, \dfrac{\partial^2 z}{\partial y^2}, \dfrac{\partial^2 z}{\partial x \partial y}$.

解 $\dfrac{\partial z}{\partial x} = \dfrac{1}{1 + \left(\dfrac{x + y}{1 - xy} \right)^2} \cdot \dfrac{(1 - xy) - (x + y) \cdot (-y)}{(1 - xy)^2} = \dfrac{1}{1 + x^2},$

$\dfrac{\partial^2 z}{\partial x^2} = -\dfrac{2x}{(1 + x^2)^2},$

$\dfrac{\partial z}{\partial y} = \dfrac{1}{1 + \left(\dfrac{x + y}{1 - xy} \right)^2} \cdot \dfrac{(1 - xy) - (x + y) \cdot (-x)}{(1 - xy)^2} = \dfrac{1}{1 + y^2},$

$\dfrac{\partial^2 z}{\partial y^2} = -\dfrac{2y}{(1 + y^2)^2},$

$\dfrac{\partial^2 z}{\partial x \partial y} = \dfrac{\partial}{\partial y}\left(\dfrac{1}{1 + x^2} \right) = 0.$

例 2.33　设 $u = \displaystyle\int_0^{\sqrt{xy}} \mathrm{e}^{-t^2}\mathrm{d}t$，求 $\dfrac{\partial^2 u}{\partial x^2}, \dfrac{\partial^2 u}{\partial y^2}, \dfrac{\partial^2 u}{\partial x \partial y}$.

解　$\dfrac{\partial u}{\partial x} = \mathrm{e}^{-xy} \cdot \dfrac{1}{2\sqrt{xy}} \cdot y = \dfrac{1}{2}\sqrt{\dfrac{y}{x}} \cdot \mathrm{e}^{-xy}$,

$$\frac{\partial^2 u}{\partial x^2} = \frac{\partial}{\partial x}\left(\frac{1}{2}\sqrt{\frac{y}{x}} \cdot \mathrm{e}^{-xy}\right) = \frac{\sqrt{y}}{2} \frac{\partial}{\partial x}\left(\frac{1}{\sqrt{x}} \cdot \mathrm{e}^{-xy}\right)$$

$$= \frac{\sqrt{y}}{2}\left[-\frac{1}{2x\sqrt{x}}\mathrm{e}^{-xy} + \frac{1}{\sqrt{x}}\mathrm{e}^{-xy} \cdot (-y)\right]$$

$$= -\frac{1}{2}\sqrt{\frac{y}{x}} \cdot \mathrm{e}^{-xy}\left(\frac{1}{2x} + y\right),$$

$$\frac{\partial u}{\partial y} = \mathrm{e}^{-xy} \cdot \frac{1}{2\sqrt{xy}} \cdot x = \frac{1}{2}\sqrt{\frac{x}{y}} \cdot \mathrm{e}^{-xy},$$

$$\frac{\partial^2 u}{\partial y^2} = \frac{\partial}{\partial y}\left(\frac{1}{2}\sqrt{\frac{x}{y}} \cdot \mathrm{e}^{-xy}\right) = \frac{\sqrt{x}}{2} \cdot \frac{\partial}{\partial y}\left(\frac{1}{\sqrt{y}} \cdot \mathrm{e}^{-xy}\right)$$

$$= \frac{\sqrt{x}}{2}\left[-\frac{1}{2y\sqrt{y}}\mathrm{e}^{-xy} + \frac{1}{\sqrt{y}}\mathrm{e}^{-xy}(-x)\right]$$

$$= -\frac{1}{2}\sqrt{\frac{x}{y}}\mathrm{e}^{-xy}\left(\frac{1}{2y} + x\right),$$

$$\frac{\partial^2 u}{\partial x \partial y} = \frac{\partial}{\partial y}\left(\frac{1}{2}\sqrt{\frac{y}{x}}\mathrm{e}^{-xy}\right) = \frac{1}{2\sqrt{x}} \frac{\partial}{\partial y}\left(\sqrt{y}\mathrm{e}^{-xy}\right)$$

$$= \frac{1}{2\sqrt{x}}\left[\frac{1}{2\sqrt{y}}\mathrm{e}^{-xy} + \sqrt{y}\mathrm{e}^{-xy}(-x)\right]$$

$$= \mathrm{e}^{-xy}\left(\frac{1}{4\sqrt{xy}} - \frac{\sqrt{xy}}{2}\right).$$

例 2.34　设 $z = f\left(x, \dfrac{x}{y}\right)$，其中 f 具有二阶连续偏导数，求 $\dfrac{\partial z}{\partial x}, \dfrac{\partial^2 z}{\partial y^2},$ $\dfrac{\partial^2 z}{\partial x \partial y}$.

解　$\dfrac{\partial z}{\partial x} = f_1' + f_2' \cdot \dfrac{1}{y}$,

$$\frac{\partial z}{\partial y} = f_1' \cdot 0 + f_2'\left(-\frac{x}{y^2}\right) = -\frac{x}{y^2}f_2',$$

$$\frac{\partial^2 z}{\partial y^2} = \frac{\partial}{\partial y}\left(-\frac{x}{y^2}f_2'\right) = -x\frac{\partial}{\partial y}\left(\frac{1}{y^2}f_2'\right)$$

$$= -x\left(-\frac{2}{y^3}f_2' + \frac{1}{y^2}f_{22}''\left(-\frac{x}{y^2}\right)\right)$$

$$= \frac{2x}{y^3}f_2' + \frac{x^2}{y^4}f_{22}'',$$

$$\frac{\partial^2 z}{\partial x \partial y} = \frac{\partial}{\partial y}\left(f_1' + \frac{1}{y}f_2'\right) = f_{12}''\left(-\frac{x}{y^2}\right) + \frac{\partial}{\partial y}\left(\frac{1}{y}f_2'\right)$$

$$= -\frac{x}{y^2}f_{12}'' - \frac{1}{y^2}f_2' + \frac{1}{y}f_{22}''\left(-\frac{x}{y^2}\right)$$

$$= -\frac{x}{y^2}f_{12}'' - \frac{1}{y^2}f_2' - \frac{x}{y^3}f_{22}''.$$

例 2.35　设 $z = f(2x - y) + g(x, xy)$，且 $f(t)$ 二阶可导，$g(u, v)$ 具有二阶连续偏导数，求 $\dfrac{\partial^2 z}{\partial x \partial y}$.

解　$\dfrac{\partial z}{\partial x} = f' \cdot 2 + (g_1' + g_2' \cdot y) = 2f' + g_1' + y \cdot g_2',$

$$\frac{\partial^2 z}{\partial x \partial y} = \frac{\partial}{\partial y}\left(2f' + g_1' + y \cdot g_2'\right)$$

$$= 2f'' \cdot (-1) + (g_{11}'' \cdot 0 + g_{12}'' \cdot x) + g_2' + y(g_{21}'' \cdot 0 + g_{22}'' \cdot x)$$

$$= -2f'' + xg_{12}'' + xyg_{22}'' + g_2'.$$

例 2.36　设函数 $z = f(x, y)$ 由方程 $\dfrac{x}{z} = \ln\dfrac{z}{y}$ 所确定，求 $\dfrac{\partial^2 z}{\partial x \partial y}$.

解法1　先化简后利用一阶微分形式的不变性求一阶偏导数.

$$\frac{x}{z} = \ln z - \ln y,$$

$$\frac{z\mathrm{d}x - x\mathrm{d}z}{z^2} = \frac{\mathrm{d}z}{z} - \frac{\mathrm{d}y}{y},$$

整理, 得

$$\left(\frac{1}{z} + \frac{x}{z^2}\right)\mathrm{d}z = \frac{1}{z}\mathrm{d}x + \frac{1}{y}\mathrm{d}y,$$

$$\mathrm{d}z = \frac{z}{z + x}\mathrm{d}x + \frac{z^2}{y(z + x)}\mathrm{d}y.$$

所以

$$\frac{\partial z}{\partial x} = \frac{z}{z + x}, \quad \frac{\partial z}{\partial y} = \frac{z^2}{y(z + x)},$$

$$\frac{\partial^2 z}{\partial x \partial y} = \frac{\partial}{\partial y}\left(\frac{z}{z + x}\right) = \frac{\dfrac{\partial z}{\partial y}(z + x) - z\dfrac{\partial z}{\partial y}}{(z + x)^2}$$

$$= \frac{\dfrac{z^2(z + x)}{y(z + x)} - \dfrac{z^3}{y(z + x)}}{(z + x)^2} = \frac{xz^2}{y(z + x)^3}.$$

解法2 设 $F(x, y, z) = z(\ln z - \ln y) - x,$

$$F'_x = -1, \quad F'_y = -\frac{z}{y},$$

$$F'_z = \ln z - \ln y + z\left(\frac{1}{z}\right) = \ln z - \ln y + 1 = 1 + \ln\frac{z}{y}$$

$$= 1 + \frac{x}{z} = \frac{x+z}{z},$$

所以

$$\frac{\partial z}{\partial x} = -\frac{F'_x}{F_z} = -\frac{-z}{x+z} = \frac{z}{x+z},$$

$$\frac{\partial z}{\partial y} = -\frac{F'_y}{F_z} = -\frac{-z^2}{(x+z)y} = \frac{z^2}{y(x+z)},$$

求 $\dfrac{\partial^2 z}{\partial x \partial y}$ 的方法与方法 1 相同.

例 2.37 设函数 $g(r)$ 有二阶导数

$$f(x, y) = g(r), \quad r = \sqrt{x^2 + y^2},$$

求证: $\dfrac{\partial^2 f}{\partial x^2} + \dfrac{\partial^2 f}{\partial y^2} = g''(r) + \dfrac{1}{r}g'(r), \quad (x, y) \neq (0, 0).$

证明 计算 $\dfrac{\partial^2 f}{\partial x^2}$ 和 $\dfrac{\partial^2 f}{\partial y^2}$.

$$\frac{\partial f}{\partial x} = g'(r)\frac{\partial r}{\partial x} = g'(r)\frac{x}{\sqrt{x^2 + y^2}} = g'(r)\frac{x}{r},$$

$$\frac{\partial^2 f}{\partial x^2} = g''(r)\frac{\partial r}{\partial x}\frac{x}{r} + g'(r)\frac{r - x\dfrac{\partial r}{\partial x}}{r^2}$$

$$= g''(r)\frac{x^2}{r^2} + g'(r)\frac{r^2 - x^2}{r^3}$$

$$= g''(r)\frac{x^2}{r^2} + g'(r)\frac{y^2}{r^3}.$$

同理

$$\frac{\partial^2 f}{\partial y^2} = g''(r)\frac{y^2}{r^2} + g'(r)\frac{x^2}{r^3},$$

即

$$\frac{\partial^2 f}{\partial x^2} + \frac{\partial^2 f}{\partial y^2} = g''(r) + \frac{1}{r}g'(r). \qquad \square$$

例 2.38 求函数 $f(x,y) = x^2 - xy + y^2 + 9x - 6y + 20$ 的极值.

解 由

$$\begin{cases} f'_x = 2x - y + 9 = 0, \\ f'_y = -x + 2y - 6 = 0 \end{cases}$$

得驻点 $(-4, 1)$. 因为

$$f''_{xx}(-4, 1) = 2, \quad f''_{xy}(-4, 1) = -1, \quad f''_{yy}(-4, 1) = 2,$$

有

$$B^2 - AC = 1 - 2 \times 2 = -3 < 0,$$

且 $A = f''_{xx}(-4, 1) = 2 > 0$, 所以

$$f(-4, 1) = -1$$

为函数 $f(x, y)$ 的极小值.

例 2.39 求函数 $f(x, y) = 4(x - y) - x^2 - y^2$ 的极值.

解 由

$$\begin{cases} f'_x = 4 - 2x = 0, \\ f'_y = -4 - 2y = 0 \end{cases}$$

得驻点 $(2, -2)$, 因为

$$f''_{xx}(2, -2) = -2, \quad f''_{xy}(2, -2) = 0, \quad f''_{yy}(2, -2) = -2,$$

有

$$B^2 - AC = 0 - 4 = -4 < 0,$$

且 $A = f''_{xx}(2, -2) = -2 < 0$, 所以函数 $f(x, y)$ 在点 $(2, -2)$ 处有极大值, 极大值为 $f(2, -2) = 8$.

例 2.40 欲围一个面积为 60m^2 的矩形场地, 正面围墙所用材料每米造价 10 元, 其余三面围墙每米造价 5 元. 求场地长、宽各多少米时, 所用材料费最少?

解 设场地长、宽各为 x, y 米, 由题意知

$$xy = 60,$$

所用材料费为

$$l = 10y + 5(2x + y) = 15y + 10x.$$

则问题化为在条件

$$xy - 60 = 0$$

下 l 的最小值问题, 即构造 Lagrange 函数

$$L(x, y, \lambda) = 15y + 10x + \lambda(xy - 60),$$

故有

$$\begin{cases} L_x' = 10 + \lambda y = 0, \\ L_y' = 15 + \lambda x = 0, \\ xy - 60 = 0, \end{cases}$$

解得

$$x = 9.486, \quad y = 6.325.$$

根据实际问题知最小值一定存在, 故当正面宽为 6.325m, 长为 9.486m 时, 所需材料费最省. 且最小材料费为

$$l = 15 \times 6.325 + 10 \times 9.486 = 189.74 元.$$

例 2.41　求 $f(x, y) = x^2 - y^2 + 2$ 在椭圆域 $D = \left\{ (x, y) \mid x^2 + \dfrac{y^2}{4} \leqslant 1 \right\}$ 上的最大值和最小值.

解法1　因为

$$f_x' = 2x,$$
$$f_y' = -2y,$$

所以, 令 $\begin{cases} f_x' = 0, \\ f_y' = 0 \end{cases}$ 解得 $\begin{cases} x = 0, \\ y = 0. \end{cases}$ 即点 $(0, 0)$ 为 $f(x, y) = x^2 - y^2 + 2$ 在椭圆域 D 内的唯一驻点, $f(0, 0) = 2$.

在椭圆 $x^2 + \dfrac{y^2}{4} = 1$ 上,

$$f(x, y) = x^2 - 4(1 - x^2) + 2 = 5x^2 - 2, \quad -1 \leqslant x \leqslant 1.$$

记 $g(x) = 5x^2 - 2$, 则令

$$g'(x) = 10x = 0,$$

解得

$$x = 0, \quad g(0) = -2.$$

则
$$f(0,\pm 2) = -2.$$

当 $x = \pm 1$ 时,$g(x) = 3$,
$$f(\pm 1, 0) = 3.$$

所以,$f(x, y)$ 在椭圆域 D 上取得最大值 3 和最小值 -2.

解法2　由于
$$\begin{cases} f'_x = 2x = 0, \\ f'_y = 2y = 0, \end{cases}$$

解得点 $(0,0)$ 为 $f(x, y)$ 在 $x^2 + \dfrac{y^2}{4} < 1$ 内的唯一驻点.

又因为
$$A = f''_{xx}(0,0) = 2, \quad B = f''_{xy}(0,0) = 0,$$
$$C = f''_{yy}(0,0) = -2,$$
$$B^2 - AC = 4 > 0,$$

因此, 点 $(0,0)$ 不是 $f(x, y)$ 的极值点. 故 $f(x, y)$ 在 D 上的最大值、最小值只能在边界上取得.

当 $x^2 + \dfrac{y^2}{4} = 1$ 时,
$$f(x, y) = x^2 - 4(1 - x^2) = 5x^2 - 2 \quad (-1 \leqslant x \leqslant 1),$$

记
$$g(x) = 5x^2 - 2 \quad (-1 \leqslant x \leqslant 1),$$

令 $g'(x) = 10x = 0$, 得唯一驻点 $x = 0$. $g''(x) = 10 > 0$, 故 $g(0)$ 为极小值, 也是最小值, $g(0) = -2$; $g(\pm 1) = 3$ 为最大值. 因此 $f(x, y)$ 在椭圆域 D 上的最大值为 3, 最小值为 -2.

解法3　用 Lagrange 乘数法

在 D: $x^2 + \dfrac{y^2}{4} < 1$ 内同方法 2.

在 $x^2 + \dfrac{y^2}{4} = 1$ 上, 设
$$L(x, y, \lambda) = x^2 - y^2 + 2 + \lambda \left(x^2 + \frac{y^2}{4} - 1 \right),$$

令
$$\begin{cases} L'_x = 2x + 2\lambda x = 0, \\ L'_y = -2y + \dfrac{\lambda}{2} y = 0, \\ x^2 + \dfrac{y^2}{4} = 1, \end{cases}$$

解得

$$\begin{cases} x_1 = 0, \\ y_1 = 2, \end{cases} \quad \begin{cases} x_2 = 0, \\ y_2 = -2, \end{cases} \quad \begin{cases} x_3 = 1, \\ y_3 = 0, \end{cases} \quad \begin{cases} x_4 = -1, \\ y_4 = 0. \end{cases}$$

即可能的极值点为

$$M_1(0,2), \ M_2(0,-2), \ M_3(1,0), \ M_4(-1,0).$$

又

$$f(0,2) = f(0,-2) = -2, \quad f(1,0) = f(-1,0) = 3,$$

得 $f(x,y)$ 在椭圆域 D 上的最大值为 3, 最小值为 -2.

例 2.42　某厂家生产的一种产品同时在两个市场销售, 售价分别为 P_1 和 P_2; 销售量分别为 Q_1 和 Q_2; 需求函数分别为

$$Q_1 = 24 - 0.2P_1, \quad Q_2 = 10 - 0.05P_2;$$

总成本函数 $C = 35 + 40(Q_1 + Q_2)$. 试问: 厂家如何确定两个市场的售价, 能使其获得的总利润最大? 最大总利润为多少?

分析　首先要把目标函数, 即总利润与两个市场的售价 (或销售量) 之间的函数关系建立起来, 总利润是总收入减去总成本; 其次利用多元函数求无条件极值的一般方法求解.

解法1　总收入函数为

$$\begin{aligned} R &= P_1 Q_1 + P_2 Q_2 = P_1(24 - 0.2P_1) + P_2(10 - 0.05P_2) \\ &= 24P_1 - 0.2P_1^2 + 10P_2 - 0.05P_2^2, \end{aligned}$$

总利润函数为

$$\begin{aligned} L &= R - C = P_1 Q_1 + P_2 Q_2 - [35 + 40(Q_1 + Q_2)] \\ &= 32P_1 - 0.2P_1^2 + 12P_2 - 0.05P_2^2 - 1395. \end{aligned}$$

由极值存在的必要条件, 得方程组

$$\begin{cases} L'_{P_1} = 32 - 0.4P_1 = 0, \\ L'_{P_2} = 12 - 0.1P_2 = 0, \end{cases}$$

解得 $P_1 = 80, P_2 = 120$. 由问题的实际意义知道最大总利润是存在的, 因而, 当 $P_1 = 80, P_2 = 120$ 时, 厂家所获得的总利润最多, 最大总利润为

$$L\big|_{\substack{P_1 = 80 \\ P_2 = 120}} = 605.$$

解法2 也可以用销售量作为自变量建立总利润函数.

由需求函数得到价格函数分别为

$$P_1 = 120 - 5Q_1 \quad 和 \quad P_2 = 200 - 20Q_2,$$

所以总收入函数为

$$
\begin{aligned}
R &= P_1 Q_1 + P_2 Q_2 \\
&= (120 - 5Q_1) Q_1 + (200 - 20Q_2) Q_2 \\
&= 120Q_1 - 5Q_1^2 + 200Q_2 - 20Q_2^2;
\end{aligned}
$$

总利润函数为

$$
\begin{aligned}
L &= R - C = P_1 Q_1 + P_2 Q_2 - [35 + 40 (Q_1 + Q_2)] \\
&= 80Q_1 - 5Q_1^2 + 160Q_2 - 20Q_2^2 - 35.
\end{aligned}
$$

由极值存在的必要条件, 得方程组为

$$
\begin{cases}
L'_{Q_1} = 80 - 10Q_1 = 0, \\
L'_{Q_2} = 160 - 40Q_2 = 0,
\end{cases}
$$

解得 $Q_1 = 8, Q_2 = 4$. 代入价格函数得到 $P_1 = 80, P_2 = 120$, 即为所求解.

例 2.43 设生产某种产品必须投入两种要素, x_1 和 x_2 分别为两要素的投入量, Q 为产出量, 生产函数为 $Q = 2x_1^\alpha x_2^\beta$, 其中 α, β 为正常数, 且 $\alpha + \beta = 1$. 假设两种要素的价格分别为 P_1 和 P_2, 试问: 当产出量为 12 时, 两要素各投入多少可以使得投入总费用最小.

分析 产出量为 Q, 需要在产出量为 $2x_1^\alpha x_2^\beta = 12$ 的条件下, 求总费用 $P_1 x_1 + P_2 x_2$ 的最小值.

解 作 Lagrange 函数

$$L(x_1, x_2, \lambda) = P_1 x_1 + P_2 x_2 + \lambda \left(12 - 2x_1^\alpha x_2^\beta\right).$$

令

$$
\begin{cases}
\dfrac{\partial L}{\partial x_1} = P_1 - 2\lambda\alpha x_1^{\alpha-1} x_2^\beta = 0, & (1) \\[2mm]
\dfrac{\partial L}{\partial x_2} = P_2 - 2\lambda\beta x_1^\alpha x_2^{\beta-1} = 0, & (2) \\[2mm]
2x_1^\alpha x_2^\beta = 12. & (3)
\end{cases}
$$

由式 (1) $\times \beta x_1 -$ 式 (2)$\times \alpha x_2$ 得

$$\beta x_1 P_1 - P_2 \alpha x_2 = 0,$$

即

$$x_1 = \frac{P_2 \alpha}{P_1 \beta} x_2,$$

将 x_1 代入式 (3), 得

$$x_2 = 6 \left(\frac{P_1 \beta}{P_2 \alpha} \right)^{\alpha}, \quad x_1 = 6 \left(\frac{P_2 \alpha}{P_1 \beta} \right)^{\beta} \qquad (\text{为唯一驻点}).$$

因为实际问题存在最小值, 且有唯一驻点, 故计算结果说明 $x_1 = 6 \left(\dfrac{P_2 \alpha}{P_1 \beta} \right)^{\beta}$, $x_2 = 6 \left(\dfrac{P_1 \beta}{P_2 \alpha} \right)^{\alpha}$ 时投入总费用最小.

例 2.44 某公司可通过电台及报纸两种方式做销售某种商品的广告, 根据统计资料, 销售收入 R(万元) 与电台广告费用 x_1(万元) 及报纸广告费用 x_2 (万元) 之间的关系有如下的经验公式:

$$R = 15 + 14x_1 + 32x_2 - 8x_1 x_2 - 2x_1^2 - 10x_2^2.$$

(1) 在广告费用不限的情况下, 求最优广告策略;

(2) 若提供的广告费用为 1.5 万元, 求相应的最优广告策略.

分析 (1) 是无条件极值问题. 最优广告策略即是求投入广告费用为多少时, 能使利润最大. (2) 是条件极值问题, 用 Lagrange 乘数法求解.

解 (1) 利润函数为

$$\begin{aligned} F &= R - (x_1 + x_2) \\ &= 15 + 13x_1 + 31x_2 - 8x_1 x_2 - 2x_1^2 - 10x_2^2. \end{aligned}$$

由极值存在的必要条件, 得方程组

$$\begin{cases} \dfrac{\partial F}{\partial x_1} = 13 - 8x_2 - 4x_1 = 0, \\ \dfrac{\partial F}{\partial x_2} = 31 - 8x_1 - 20x_2 = 0, \end{cases}$$

其解为 $x_1 = 0.75$(万元), $x_2 = 1.25$(万元). 又

$$A = \frac{\partial^2 F}{\partial x_1^2} = -4, \quad B = \frac{\partial^2 F}{\partial x_1 \partial x_2} = -8, \quad C = \frac{\partial^2 F}{\partial x_2^2} = -20.$$

由 $B^2 - AC = (-8)^2 - (-4) \times (-20) = -16 < 0$, 及 $A = -4 < 0$, 知利润函数 F 在 $x_1 = 0.75$ 和 $x_2 = 1.25$ 处达到极大值, 亦即最大值. 所以最优广告策略是电台广告费投入 0.75(万元), 报纸广告费投入 1.25(万元).

(2) 当广告费用限定为 $x_1 + x_2 = 1.5$(万元) 时, 问题化为求利润函数 F 在约束条件 $x_1 + x_2 = 1.5$ 下的极值. 由 Lagrange 乘数法, 有

$$
\begin{aligned}
L(x_1, x_2, \lambda) &= F + \lambda(x_1 + x_2 - 1.5) \\
&= 15 + 13x_1 + 31x_2 - 8x_1x_2 - 2x_1^2 - 10x_2^2 \\
&\quad + \lambda(x_1 + x_2 - 1.5).
\end{aligned}
$$

由必要条件得方程组

$$
\begin{cases}
\dfrac{\partial L}{\partial x_1} = 13 - 8x_2 - 4x_1 + \lambda = 0, \\[2mm]
\dfrac{\partial L}{\partial x_2} = 31 - 8x_1 - 20x_2 + \lambda = 0, \\[2mm]
\dfrac{\partial L}{\partial \lambda} = x_1 + x_2 - 1.5 = 0,
\end{cases}
$$

其解为 $x_1 = 0, x_2 = 1.5$. 由此问题的实际意义知, $x_1 = 0, x_2 = 1.5$ 是 L 的最大值点, 即表明把全部的广告费 1.5 万元都投入报纸广告是最优策略.

例 2.45 某工厂的同一种产品分销两个市场, 其总成本和价格函数分别为

$$
C = 12(Q_1 + Q_2) + 4, \quad P_1 = 60 - 3Q_1, \quad P_2 = 20 - 2Q_2.
$$

工厂追求最大利润, 求投放每个市场上的产量及此时产品的价格和需求价格弹性.

解 利润函数

$$
\begin{aligned}
L &= (60 - 3Q_1)Q_1 + (20 - 2Q_2)Q_2 - [12(Q_1 + Q_2) + 4] \\
&= 48Q_1 + 8Q_2 - 3Q_1^2 - 2Q_2^2 - 4,
\end{aligned}
$$

令

$$
\begin{cases}
\dfrac{\partial L}{\partial Q_1} = 48 - 6Q_1 = 0, \\[2mm]
\dfrac{\partial L}{\partial Q_2} = 8 - 4Q_2 = 0,
\end{cases}
$$

解得

$$
Q_1 = 8, \quad Q_2 = 2.
$$

当投放两市场的产量分别为 $Q_1 = 8, Q_2 = 2$ 时, 工厂的利润最大, 此时的价格分别为 $P_1 = 36, P_2 = 16$.

需求价格弹性分别为

$$\eta_1 = P_1 \cdot \frac{f_1'(P_1)}{f_1(P_1)} = P_1 \left.\frac{-\dfrac{1}{3}}{\dfrac{1}{3}(60 - P_1)}\right|_{P_1 = 36} = -\frac{3}{2}.$$

$$\eta_2 = P_2 \cdot \frac{f_2'(P_2)}{f_2(P_2)} = P_2 \left.\frac{-\dfrac{1}{2}}{\dfrac{1}{2}(20 - P_2)}\right|_{P_2 = 16} = 16 \times \frac{-\dfrac{1}{2}}{\dfrac{1}{2}(20 - 16)} = -4.$$

注　*需求函数* $Q = f(P)$, $f_1(P_1) = \dfrac{1}{3}(60 - P_1)$, $f_2(P_2) = \dfrac{1}{2}(20 - P_2)$ *是单调减少函数.*

练习 2.3

1. 选择题

(1) 使 $\dfrac{\partial^2 u}{\partial x \partial y} = 2x - y$ 成立的函数是 (　　).

(A) $u = x^2 y - \dfrac{1}{2}xy^2$ 　　　　　　　　(B) $x^2 y - \dfrac{1}{2}xy^2 - 5xy$

(C) $u = x^2 y - \dfrac{1}{2}xy^2 + \mathrm{e}^x + x\mathrm{e}^y - 5$　(D) $u = x^2 y - \dfrac{1}{2}xy^2 + \mathrm{e}^{x+y} + 5$

(2) 点 (　　)是二元函数 $z = x^3 - y^3 + 3x^2 + 3y^2 - 9x$ 的极小值点.

(A) $(-3, 0)$　　(B) $(-3, 2)$　　(C) $(1, 0)$　　(D) $(1, 2)$

(3) 点 (　　)是二元函数 $z = x^3 - y^3 + 3x^2 + 3y^2 - 9x$ 的极大值点.

(A) $(-3, 0)$　　(B) $(-3, 2)$　　(C) $(1, 0)$　　(D) $(1, 2)$

(4) 点 (x_0, y_0) 使 $f_x'(x, y) = 0$, 且 $f_y'(x, y) = 0$ 成立, 则 (　　).

(A) (x_0, y_0) 是 $f(x, y)$ 的最小值点

(B) (x_0, y_0) 是 $f(x, y)$ 的最大值点

(C) (x_0, y_0) 是 $f(x, y)$ 的极值点

(D) (x_0, y_0) 可能是 $f(x, y)$ 的极值点

2. 求下列函数的 $\dfrac{\partial^2 z}{\partial x^2}, \dfrac{\partial^2 z}{\partial y^2}, \dfrac{\partial^2 z}{\partial x \partial y}$:

(1) $z = x^4 + y^4 - x^2 y^2$;　　　　　　(2) $z = \arctan \dfrac{y}{x}$;

(3) $z = \cos(x + 2y)$;　　　　　　　　(4) $z = x^y$.

3. 设 $z = f(xy, x^2 + y^2)$, 且 f 具有二阶连续偏导数, 求 $\dfrac{\partial^2 z}{\partial x^2}, \dfrac{\partial^2 z}{\partial x \partial y}$.

4. 设 $z = \ln\sqrt{(x-a)^2 + (y-b)^2}(a, b$ 均为常数), 求证 $\dfrac{\partial^2 z}{\partial x^2} + \dfrac{\partial^2 z}{\partial y^2} = 0.$

5. 设函数 $f(x)$ 有二阶导数, $g(x)$ 有一阶导数, 且

$$F(x, y) = f[x + g(y)],$$

求证

$$\frac{\partial F}{\partial x}\frac{\partial^2 F}{\partial x \partial y} = \frac{\partial F}{\partial y}\frac{\partial^2 F}{\partial x^2}.$$

6. 设 $z = (x^2 + y^2)\,\mathrm{e}^{-\arctan\frac{y}{x}}$, 求 $\dfrac{\partial^2 z}{\partial x \partial y}.$

7. 设 $z^3 - 3xyz = a^3$, 求 $\dfrac{\partial^2 z}{\partial x \partial y}.$

8. 用 a 元购料, 建造一个宽与深相同的长方体水池, 已知四周的单位面积材料费为底面单位面积材料费的 1.2 倍, 求水池长与宽 (深) 各多少, 才能使容积最大?

9. 设生产某种产品的数量与所用两种原料 A, B 的数量 x, y 间有关系式 $p(x, y) = 0.005x^2 y$, 欲用 150 元购料, 已知 A, B 原料的单价分别为 1 元,2 元, 问购进两种原料各多少, 可使生产的数量最多?

10. 求抛物线 $y^2 = 4x$ 上的点, 使它与直线 $x - y + 4 = 0$ 相距最近.

练习 2.3 参考答案与提示

1. (1) (A).　　(2) (C).　　(3) (B).　　(4) (D).

2. (1) $\dfrac{\partial^2 z}{\partial x^2} = 12x^2 - 2y^2$, 　$\dfrac{\partial^2 z}{\partial y^2} = 12y^2 - 2x^2$, 　$\dfrac{\partial^2 z}{\partial x \partial y} = -4xy$;

(2) $\dfrac{\partial^2 z}{\partial x^2} = \dfrac{2xy}{(x^2 + y^2)^2}$, $\dfrac{\partial^2 z}{\partial y^2} = -\dfrac{2xy}{(x^2 + y^2)^2}$, $\dfrac{\partial^2 z}{\partial x \partial y} = \dfrac{y^2 - x^2}{(x^2 + y^2)^2}$;

(3) $\dfrac{\partial^2 z}{\partial x^2} = -\cos(x + 2y)$, $\dfrac{\partial^2 z}{\partial y^2} = -4\cos(x + 2y)$, $\dfrac{\partial^2 z}{\partial x \partial y} = -2\cos(x + 2y)$;

(4) $\dfrac{\partial^2 z}{\partial x^2} = y(y-1)x^{y-2}$, 　$\dfrac{\partial^2 z}{\partial y^2} = x^y \cdot \ln^2 x$, 　$\dfrac{\partial^2 z}{\partial x \partial y} = x^{y-1}(1 + y\ln x).$

3. $\dfrac{\partial^2 z}{\partial x^2} = y^2 f_{11}'' + 4xy f_{12}'' + 2f_2' + 4x^2 f_{22}''.$

$\dfrac{\partial^2 z}{\partial x \partial y} = f_1' + xy f_{11}'' + 2(x^2 + y^2)f_{12}'' + 4xy f_{22}''.$

5. $\dfrac{\partial F}{\partial x} = f'[x + g(y)]$, $\dfrac{\partial^2 F}{\partial x^2} = f''[x + g(y)]$,

$\dfrac{\partial^2 F}{\partial x \partial y} = f''[x + g(y)] \cdot g'(y).$

6. $\dfrac{\partial z}{\partial x} = (2x + y)\,\mathrm{e}^{-\arctan\frac{y}{x}}$, $\dfrac{\partial^2 z}{\partial x \partial y} = \left[2x - \dfrac{(2x + y)\,x}{x^2 + y^2}\right]\mathrm{e}^{-\arctan\frac{y}{x}}$.

7. $\dfrac{\partial^2 z}{\partial x \partial y} = \dfrac{z\left(z^4 - 2xyz^2 - x^2 y^2\right)}{\left(z^2 - xy\right)^3}$.

8. 设水池的长、宽分别为 x, y, 底面每平方米材料为 m 元. 则问题化为

$$u = xy^2$$

在条件:

$$a = xy \cdot m + \left(2y^2 + 2xy\right) \cdot 1.2m$$

下的极大值问题, 用 Lagrange 乘数法. 水池的长宽分别为 $\dfrac{1}{6}\sqrt{\dfrac{5a}{m}}$, $\dfrac{4}{17}\sqrt{\dfrac{5a}{m}}$ 时水池的容积最大.

9. 用 Lagrange 乘数法, 问题化为求函数

$$p\left(x, y\right) = 0.005x^2 y$$

在条件

$$x + 2y = 150$$

下的最大值问题. 可得当购进材料 A, B 分别为 $100, 25$ 时生产的数量最多.

10. 用点到直线的距离公式

$$d = \frac{|x - y + 4|}{\sqrt{1 + 1}} = \frac{1}{\sqrt{2}}\,|x - y + 4|,$$

即 $d^2 = \dfrac{1}{2}\left(x^2 + y^2 + 8x - 2xy - 8y + 16\right)$. 用 Lagrange 乘数法, 问题化为求上述函数在条件:

$$y^2 = 4x$$

下的最小值问题. 可得抛物线 $y^2 = 4x$ 上的点 $(1, 2)$ 距直线 $x - y + 4 = 0$ 最近.

综合练习 2

1. 填空题

(1) 设函数 $f\left(x, y\right) = x^2 + y^2 - \dfrac{1}{4}xy$, 则 $\dfrac{\partial f}{\partial y} = $ _____.

(2) 设函数 $z = xy\mathrm{e}^{\arctan\frac{1}{x}}$, 则 $\mathrm{d}z = $ _____.

(3) 已知函数 $f\left(x + y, x - y\right)$, 则 $\dfrac{\partial f\left(x, y\right)}{\partial x} + \dfrac{\partial f\left(x, y\right)}{\partial y} = $ _____.

(4) 设 $\mathrm{e}^z = xyz - 2$, 则 $\dfrac{\partial z}{\partial x} = $ _____.

(5) 设 $z = \mathrm{e}^{2u-v}$, 而 $u = \sin x, v = x^2$, 则 $\dfrac{\mathrm{d}z}{\mathrm{d}x} = $ _____.

2. 选择题

(1) 设 $u = f(xyz)$, 其中 f 可微, 则 $\dfrac{\partial u}{\partial x} = $ (　　).

(A) $\dfrac{\mathrm{d}f}{\mathrm{d}x}$ 　　(B) $f'_x(xyz)$ 　　(C) $f'(xyz) \cdot yz$ 　　(D) $\dfrac{\mathrm{d}f}{\mathrm{d}x} \cdot yz$

(2) 设 $z = \ln \sqrt{1 + x^2 + y^2}$, 则 $\mathrm{d}z|_{(1,1)} = $ (　　).

(A) $\dfrac{1}{3}(\mathrm{d}x + \mathrm{d}y)$ 　(B) $\mathrm{d}x + \mathrm{d}y$ 　(C) $\sqrt{3}(\mathrm{d}x + \mathrm{d}y)$ 　(D) $\dfrac{1}{2}(\mathrm{d}x + \mathrm{d}y)$

(3) 设 $\varphi(x - az, y - bz) = 0$, 则 $a\dfrac{\partial z}{\partial x} + b\dfrac{\partial z}{\partial y} = $ (　　).

(A) a 　　　　(B) b 　　　　(C) -1 　　　　(D) 1

(4) 函数 $f(x, y) = x^3 - 12xy + 8y^3$ 在驻点 $(2, 1)$ 处 (　　).

(A) 取得极大值

(B) 取得极小值

(C) 不取得极值

(D) 无法判断是否取得极值

3. (1) 求函数 $z = \mathrm{e}^{2x} + x^2 y^3$ 的偏导数 $\dfrac{\partial z}{\partial x}, \dfrac{\partial z}{\partial y}$.

(2) 求函数 $z = \mathrm{e}^{\frac{y}{x}}$, 且 $x = t^2$, $y = \sin t$ 的全导数 $\dfrac{\mathrm{d}z}{\mathrm{d}t}$.

(3) 设 $u = f(x + y, \mathrm{e}^{xy})$, 其中 f 具有一阶连续偏导数, 求 $\dfrac{\partial u}{\partial x}, \dfrac{\partial u}{\partial y}$.

(4) 设 $z = f\left(x, \dfrac{y}{x}\right)$, 其中 f 具有二阶连续偏导数, 求 $\dfrac{\partial^2 z}{\partial x^2}, \dfrac{\partial^2 z}{\partial x \partial y}$.

(5) 设 $\mathrm{e}^z - 2xyz = 0$, 求 $\dfrac{\partial z}{\partial x}$.

(6) 假设生产某种产品需要 A、B、C 三种原料, 该产品的产量 Q 与三种原料 A、B、C 的用量 x, y, z 之间有如下关系: $Q = 0.005x^2 yz$, 已知三种原料的价格分别为 1 元, 2 元, 3 元. 现在用 2400 元购买原料, 问三种原料各购进多少, 可以使该产品的产量最大?

综合练习 2 参考答案与提示

1. (1) $2y - \dfrac{1}{4}x$. 　(2) $\mathrm{d}z = \mathrm{e}^{\arctan \frac{1}{x}}\left[y\left(1 - \dfrac{x}{x^2 + 1}\right)\mathrm{d}x + x\mathrm{d}y\right]$. 　(3) $x + y$.

(4) $\dfrac{yz}{\mathrm{e}^z - xy}$. 　(5) $2\mathrm{e}^{2\sin x - x^2}(\cos x - x)$.

2. (1) (C); 　　(2) (A); 　　(3) (D); 　　(4) (B).

3. (1) $\dfrac{\partial z}{\partial x} = 2\mathrm{e}^{2x} + 2xy^3, \dfrac{\partial z}{\partial y} = 3x^2y^2$.

(2) $\dfrac{\mathrm{d}z}{\mathrm{d}t} = \mathrm{e}^{\frac{\sin t}{t^2}} \left[-\dfrac{2\sin t}{t^3} + \dfrac{\cos t}{t^2} \right]$.

(3) $\dfrac{\partial u}{\partial x} = f_1' + y\mathrm{e}^{xy}f_2', \qquad \dfrac{\partial u}{\partial y} = f_1' + x\mathrm{e}^{xy}f_2'$.

(4) $\dfrac{\partial^2 z}{\partial x^2} = f_{11}'' - \dfrac{2y}{x^2}f_{12}'' + \dfrac{2y}{x^3}f_2' + \dfrac{y^2}{x^4}f_{22}'', \dfrac{\partial^2 z}{\partial x \partial y} = \dfrac{1}{x}f_{12}'' - \dfrac{f_2'}{x^2} - \dfrac{y}{x^3}f_{22}''$.

(5) $\dfrac{\partial z}{\partial x} = \dfrac{2yz}{\mathrm{e}^z - 2xy}$.

(6) $Q = 0.005x^2yz, x + 2y + 3z = 2400$.

设 $L(x,y,z,\lambda) = 0.005x^2yz + \lambda(x + 2y + 3z - 2400)$,

并令 $\begin{cases} \dfrac{\partial L}{\partial x} = 0, \\[2mm] \dfrac{\partial L}{\partial y} = 0, \\[2mm] \dfrac{\partial L}{\partial z} = 0, \\[2mm] \dfrac{\partial L}{\partial \lambda} = 0, \end{cases}$

解得 $x = 1200, y = 300, z = 200$. 即如果三种原料分别购进 $1200, 300$ 和 200(单位)时, 可使产量最大.

第 3 章　重积分

3.1　二重积分

重积分是定积分的推广和发展, 是多元函数微积分学的重要组成部分.

本章主要内容是重积分的概念、性质和计算. 本章的重点要求是掌握二重积分的计算方法 (直角坐标、极坐标), 会计算三重积分 (直角坐标、柱面坐标、球面坐标).

一、主要内容

二重积分的概念和性质, 二重积分的计算方法, 二重积分的应用.

二、教学要求

1. 了解二重积分的概念和基本性质.

2. 掌握二重积分在直角坐标系下的计算方法:

设函数 $f(x,y)$ 在平面有界闭区域 D 上连续.

(1) 如果 D 为 x 型域: $\varphi_1(x) \leqslant y \leqslant \varphi_2(x), a \leqslant x \leqslant b$, 其中 $\varphi_1(x), \varphi_2(x)$ 在 $[a,b]$ 上连续, 则

$$\iint\limits_{D} f(x,y)\,\mathrm{d}x\mathrm{d}y = \int_a^b \mathrm{d}x \int_{\varphi_1(x)}^{\varphi_2(x)} f(x,y)\,\mathrm{d}y.$$

(2) 如果 D 为 y 型域: $\psi_1(y) \leqslant x \leqslant \psi_2(y), c \leqslant y \leqslant d$, 其中 $\psi_1(y), \psi_2(y)$ 在 $[c,d]$ 上连续, 则

$$\iint\limits_{D} f(x,y)\,\mathrm{d}x\mathrm{d}y = \int_c^d \mathrm{d}y \int_{\psi_1(y)}^{\psi_2(y)} f(x,y)\,\mathrm{d}x.$$

3. 掌握二重积分在极坐标系下的计算方法:

设 $f(x,y)$ 在 D 上连续, 如果在极坐标系下 D 可以表示为: $r_1(\theta) \leqslant r \leqslant r_2(\theta), \alpha \leqslant \theta \leqslant \beta$, 其中 $r_1(\theta), r_2(\theta)$ 在 $[\alpha,\beta]$ 上连续, 则

$$\iint\limits_{D} f(x,y)\,\mathrm{d}x\mathrm{d}y = \int_\alpha^\beta \mathrm{d}\theta \int_{r_1(\theta)}^{r_2(\theta)} f(r\cos\theta, r\sin\theta)\,r\mathrm{d}r.$$

4. 会用二重积分求平面图形的面积、立体的体积.

三、例题选讲

1. 二重积分的概念和性质

例 3.1 估计二重积分 $\iint\limits_{D} \sin^2 x \sin^2 y \mathrm{d}\sigma$ 的值, 其中 D: $0 \leqslant x \leqslant \pi, 0 \leqslant y \leqslant \pi$.

解 在区域 D 上 $0 \leqslant \sin^2 x \sin^2 y \leqslant 1$, 而 D 的面积 $\sigma = \pi^2$, 根据二重积分的性质, 知

$$0 \leqslant \iint\limits_{D} \sin^2 x \sin^2 y \mathrm{d}\sigma \leqslant \pi^2.$$

例 3.2 设平面区域 D: $x^2 + y^2 \leqslant 1$, $M = \iint\limits_{D} (x+y)^3 \mathrm{d}\sigma$, $N = \iint\limits_{D} \cos x^2 \sin y^2 \mathrm{d}\sigma$, $P = \iint\limits_{D} \left[\mathrm{e}^{-(x^2+y^2)} - 1 \right] \mathrm{d}\sigma$, 则有 ( ).

(A) $M > N > P$ (B) $N > M > P$ (C) $M > P > N$ (D) $N > P > M$

答 应选 (B). 因为区域 D 关于坐标原点对称, 即当 $(x,y) \in D$ 时有 $(-x,-y) \in D$, 并且对 $f(x,y) = (x+y)^3$, 有 $f(-x,-y) = -f(x,y)$, 所以

$$M = \iint\limits_{D} (x+y)^3 \mathrm{d}\sigma = 0.$$

又因为在 D 上 $\cos x^2 \sin y^2 \geqslant 0, \mathrm{e}^{-(x^2+y^2)-1} \leqslant 0$, 并且都不恒为零, 所以

$$N = \iint\limits_{D} \cos x^2 \sin y^2 \mathrm{d}\sigma > 0, P = \iint\limits_{D} \left[\mathrm{e}^{-(x^2+y^2)} - 1 \right] \mathrm{d}\sigma < 0.$$

从而 $N > M > P$.

例 3.3 下列等式是否正确, 并说明理由.

(1) $\iint\limits_{D} x \ln (x^2 + y^2 + 1) \mathrm{d}\sigma = 0$;

(2) $\iint\limits_{D} \sqrt{1 - x^2 - y^2} \mathrm{d}\sigma = 4 \iint\limits_{D_1} \sqrt{1 - x^2 - y^2} \mathrm{d}\sigma$;

(3) $\iint\limits_{D} xy \mathrm{d}\sigma = 4 \iint\limits_{D_1} xy \mathrm{d}\sigma$.

其中 $D = \{(x,y) \,|\, x^2 + y^2 \leqslant 1\}, D_1 = \{(x,y) \,|\, x^2 + y^2 \leqslant 1, x \geqslant 0, y \geqslant 0\}$.

解 (1) 积分区域 D 关于 y 轴对称, 即当 $(x,y) \in D$ 时, $(-x,y) \in D$, 并且对 $f(x,y) = x \ln (x^2 + y^2 + 1)$, 有 $f(-x,y) = -f(x,y)$, 即 $f(x,y)$ 关于变量 x 为奇函数, 所以积分为零, 结论正确.

(2) 积分区域 D 关于 y 轴对称, 并且对 $f(x, y) = \sqrt{1 - x^2 - y^2}$, 有 $f(-x, y) = f(x, y)$, 即 $f(x, y)$ 关于变量 x 为偶函数; 又 D 关于 x 轴也对称, $f(x, y)$ 关于 y 为偶函数, 所以结论正确.

(3) 等式左端, 由于 D 关于 y 轴对称, $f(x, y) = xy$ 关于 x 为奇函数, 所以 $\iint\limits_{D} xy\mathrm{d}\sigma = 0$. 等式右端, 由于在 D_1 上 $xy \geqslant 0$, 且不恒为零, 所以 $\iint\limits_{D_1} xy\mathrm{d}\sigma > 0$. 结论不正确.

小结　利用对称性常常可以简化二重积分的计算.

(1) 如果 D 关于 y 轴对称, $f(x, y)$ 在 D 上关于 x 有奇偶性, 则

$$\iint\limits_{D} f(x, y)\, \mathrm{d}\sigma = \begin{cases} 0, & f(-x, y) = -f(x, y), \\ 2\iint\limits_{D_1} f(x, y)\, \mathrm{d}\sigma, & f(-x, y) = f(x, y), \end{cases}$$

其中 D_1 为 D 在右半平面的部分.

(2) 如果 D 关于 x 轴对称, $f(x, y)$ 在 D 上关于 y 有奇偶性, 则

$$\iint\limits_{D} f(x, y)\, \mathrm{d}\sigma = \begin{cases} 0, & f(x, -y) = -f(x, y), \\ 2\iint\limits_{D_1} f(x, y)\, \mathrm{d}\sigma, & f(x, -y) = f(x, y), \end{cases}$$

其中 D_1 为 D 在上半平面的部分.

(3) 如果 D 关于原点对称, 则

$$\iint\limits_{D} f(x, y)\, \mathrm{d}\sigma = \begin{cases} 0, & f(-x, -y) = -f(x, y), \\ 2\iint\limits_{D_1} f(x, y)\, \mathrm{d}\sigma, & f(-x, -y) = f(x, y), \end{cases}$$

其中 D_1 是 D 在右半平面或上半平面的部分.

(4) 如果 D 关于直线 $y = x$ 对称 (即当 $(x, y) \in D$ 时, 有 $(y, x) \in D$, 又称关于变量 x 和 y 有互换对称性), 则

$$\iint\limits_{D} f(x, y)\, \mathrm{d}\sigma = \iint\limits_{D} f(y, x)\, \mathrm{d}\sigma.$$

例 3.4　计算 $I = \iint\limits_{D} \dfrac{\sin xy}{x}\mathrm{d}x\mathrm{d}y$, 其中 D 的左、右边界分别为 $x = y^2$ 与 $x = 1 + \sqrt{1 - y^2}$.

解　积分区域如图 3.1 所示. 由于 D 关于 x 轴对称, 而被积函数关于 y 是奇函数, 所以

$$I = 0.$$

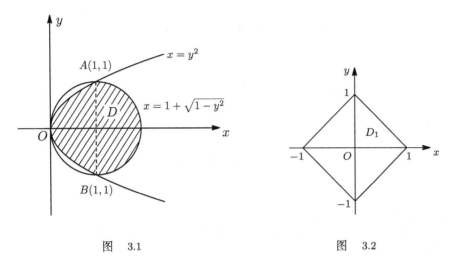

图　3.1　　　　　　　　　　图　3.2

例 3.5　求积分 $\displaystyle\iint\limits_{D}(|x|+|y|)\,\mathrm{d}x\mathrm{d}y$, 其中 D : $|x|+|y|\leqslant 1$.

解　积分区域 D 如图 3.2 所示, 取 D_1 为 D 在第一象限部分. 由于 D 既关于 x 轴对称, 又关于 y 轴对称, 被积函数关于 x 和关于 y 都是偶函数, 有

$$I = \iint\limits_{D}(|x|+|y|)\,\mathrm{d}x\mathrm{d}y = 4\iint\limits_{D_1}(x+y)\,\mathrm{d}x\mathrm{d}y.$$

又 D_1 关于变量 x 和 y 有互换对称性, 所以

$$I = 4\iint\limits_{D_1} x\,\mathrm{d}x\mathrm{d}y + 4\iint\limits_{D_1} y\,\mathrm{d}x\mathrm{d}y$$

$$= 8\iint\limits_{D_1} x\,\mathrm{d}x\mathrm{d}y = 8\int_0^1 x\,\mathrm{d}x\int_0^{1-x}\mathrm{d}y$$

$$= 8\int_0^1 x\,(1-x)\,\mathrm{d}x = \frac{4}{3}.$$

2. 在直角坐标系下计算二重积分

例 3.6　在直角坐标系下, 将二重积分 $\displaystyle\iint\limits_{D} f(x,y)\,\mathrm{d}x\mathrm{d}y$ 化为二次积分 (两种次序都要写出). 其中 D 为如下平面区域:

(1) 由直线 $x+y=1, x-y=1$ 及 $x=0$ 围成;

(2) 由两条抛物线 $y=x^2$ 及 $y=4-x^2$ 围成.

解 (1) 积分区域如图 3.3 所示. 作为 x 型域, 可以表示为

$$D: \quad x-1 \leqslant y \leqslant 1-x, \quad 0 \leqslant x \leqslant 1.$$

从而

$$\iint\limits_D f(x,y)\,\mathrm{d}x\mathrm{d}y = \int_0^1 \mathrm{d}x \int_{x-1}^{1-x} f(x,y)\,\mathrm{d}y.$$

作为 y 型域, D 可分成两个子区域

$$D_1: \ 0 \leqslant x \leqslant 1+y, \ -1 \leqslant y \leqslant 0 \quad \text{和} \quad D_2: \ 0 \leqslant x \leqslant 1-y, \ 0 \leqslant y \leqslant 1,$$

从而

$$\iint\limits_D f(x,y)\,\mathrm{d}x\mathrm{d}y = \int_{-1}^0 \mathrm{d}y \int_0^{1+y} f(x,y)\,\mathrm{d}x + \int_0^1 \mathrm{d}y \int_0^{1-y} f(x,y)\,\mathrm{d}x.$$

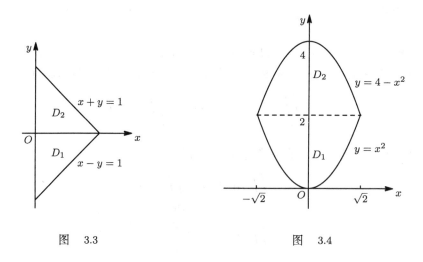

图　3.3　　　　　　　　　图　3.4

(2) 积分区域如图 3.4 所示. 作为 x 型域, D 可以表示出

$$D: \quad x^2 \leqslant y \leqslant 4-x^2, \quad -\sqrt{2} \leqslant x \leqslant \sqrt{2},$$

从而

$$\iint\limits_D f(x,y)\,\mathrm{d}x\mathrm{d}y = \int_{-\sqrt{2}}^{\sqrt{2}} \mathrm{d}x \int_{x^2}^{4-x^2} f(x,y)\,\mathrm{d}y.$$

作为 y 型域, D 可分为

$$D_1：-\sqrt{y}\leqslant x\leqslant\sqrt{y},\ 0\leqslant y\leqslant 2\quad\text{和}\quad D_2：-\sqrt{4-y}\leqslant x\leqslant\sqrt{4-y},\ 2\leqslant y\leqslant 4,$$

从而

$$\iint\limits_{D}f\left(x,y\right)\mathrm{d}x\mathrm{d}y=\int_0^2\mathrm{d}y\int_{-\sqrt{y}}^{\sqrt{y}}f\left(x,y\right)\mathrm{d}x+\int_2^4\mathrm{d}y\int_{-\sqrt{4-y}}^{\sqrt{4-y}}f\left(x,y\right)\mathrm{d}x.$$

例 3.7　改变二次积分 $\displaystyle\int_0^1\mathrm{d}y\int_{\sqrt{y}}^{\sqrt{2-y^2}}f\left(x,y\right)\mathrm{d}x$ 的积分次序.

解　这是 y 型域

$$D：\sqrt{y}\leqslant x\leqslant\sqrt{2-y},\quad 0\leqslant y\leqslant 1$$

上的二重积分化成的二次积分. 作为 x 型域 D 可分为 (如图 3.5)

$$D_1：0\leqslant y\leqslant x^2,\ 0\leqslant x\leqslant 1\quad\text{和}\quad D_2：0\leqslant y\leqslant\sqrt{2-x^2},\ 1\leqslant x\leqslant\sqrt{2},$$

从而

$$\int_0^1\mathrm{d}y\int_{\sqrt{y}}^{\sqrt{2-y^2}}f\left(x,y\right)\mathrm{d}x=\int_0^1\mathrm{d}x\int_0^{x^2}f\left(x,y\right)\mathrm{d}y+\int_1^{\sqrt{2}}\mathrm{d}x\int_0^{\sqrt{2-x^2}}f\left(x,y\right)\mathrm{d}y.$$

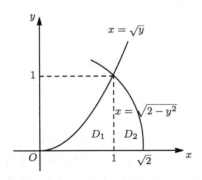

图　3.5

例 3.8　计算二重积分 $\displaystyle\iint\limits_{D}x^2y\mathrm{d}x\mathrm{d}y$, 其中 D 是由双曲线 $x^2-y^2=1$ 及直线 $y=0,y=1$ 所围成的平面区域.

分析　积分区域 D 如图 3.6 所示, 将此二重积分化为先对 x 后对 y 的二次积分会使计算简便.

解

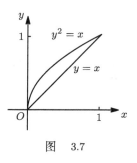

$$\iint\limits_D x^2 y \mathrm{d}x\mathrm{d}y = \int_0^1 \mathrm{d}y \int_{-\sqrt{1+y^2}}^{\sqrt{1+y^2}} x^2 y \mathrm{d}x$$

$$= \frac{2}{3} \int_0^1 y \left(1+y^2\right)^{\frac{3}{2}} \mathrm{d}y$$

$$= \frac{1}{3} \int_0^1 \left(1+y^2\right)^{\frac{3}{2}} \mathrm{d}(1+y^2)$$

$$= \frac{2}{15} \left(1+y^2\right)^{\frac{5}{2}} \Big|_0^1$$

$$= \frac{2}{15} \left(4\sqrt{2}-1\right).$$

图　3.6

例 3.9　计算二重积分 $\iint\limits_D \dfrac{\sin y}{y} \mathrm{d}x\mathrm{d}y$, 其中 D 是由直线 $y = x$ 及抛物线 $y^2 = x$ 所围成的平面区域.

分析　积分区域如图 3.7 所示, 它既是 x 型域又是 y 型域. 由于先对 y 积分时被积函数 $\dfrac{\sin y}{y}$ 的原函数不能用初等函数表示, 因此应先对 x 积分.

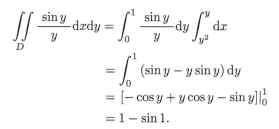

$$\iint\limits_D \frac{\sin y}{y} \mathrm{d}x\mathrm{d}y = \int_0^1 \frac{\sin y}{y} \mathrm{d}y \int_{y^2}^y \mathrm{d}x$$

$$= \int_0^1 (\sin y - y \sin y) \, \mathrm{d}y$$

$$= [-\cos y + y \cos y - \sin y]|_0^1$$

$$= 1 - \sin 1.$$

图　3.7

小结　计算二重积分时, 一般应按以下步骤进行:

(1) 画出积分区域 D 的图形, 主要是画好围成区域的几条边界曲线.

(2) 判断积分区域 D 的类型 (x 型域或 y 型域), 并结合被积函数的特性决定二次积分的次序.

(3) 根据积分区域 D 的边界曲线的方程写出 D 的不等式表示形式, 进而确定二次积分的积分限.

这里适当地选择二次积分的积分次序十分关键. 不同的积分顺序可能影响计算的繁简, 甚至影响能否把积分积出来.

例 3.10　计算二次积分 $\displaystyle\int_0^1 x^2\mathrm{d}x \int_x^1 \mathrm{e}^{-y^2}\mathrm{d}y$.

分析　由于 e^{-y^2} 关于变量 y 的原函数不能用初等函数表示, 因此必须改换这个二次积分的积分次序.

解　$\displaystyle\int_0^1 x^2\mathrm{d}x \int_x^1 \mathrm{e}^{-y^2}\mathrm{d}y = \int_0^1 \mathrm{e}^{-y^2}\mathrm{d}y \int_0^y x^2\mathrm{d}x$

$$= \frac{1}{3}\int_0^1 y^3 \mathrm{e}^{-y^2}\mathrm{d}y$$

$$= \frac{1}{6}\int_0^1 y^2 \mathrm{e}^{-y^2}\mathrm{d}(y^2)$$

$$\xrightarrow{y^2=t} \frac{1}{6}\int_0^1 t\mathrm{e}^{-t}\mathrm{d}t$$

$$= -\frac{1}{6}(t+1)\,\mathrm{e}^{-t}\Big|_0^1$$

$$= \frac{1}{6}\left(1 - 2\mathrm{e}^{-1}\right).$$

例 3.11　计算 $\displaystyle\int_{\frac{1}{4}}^{\frac{1}{2}} \mathrm{d}y \int_{\frac{1}{2}}^{\sqrt{y}} \mathrm{e}^{\frac{y}{x}}\mathrm{d}x + \int_{\frac{1}{2}}^1 \mathrm{d}y \int_y^{\sqrt{y}} \mathrm{e}^{\frac{y}{x}}\mathrm{d}x$.

解　对应的二重积分的积分区域如图 3.8 阴影部分所示. 交换积分次序, 有

$$\int_{\frac{1}{4}}^{\frac{1}{2}} \mathrm{d}y \int_{\frac{1}{2}}^{\sqrt{y}} \mathrm{e}^{\frac{y}{x}}\mathrm{d}x + \int_{\frac{1}{2}}^1 \mathrm{d}y \int_y^{\sqrt{y}} \mathrm{e}^{\frac{y}{x}}\mathrm{d}x$$

$$= \int_{\frac{1}{2}}^1 \mathrm{d}x \int_{x^2}^x \mathrm{e}^{\frac{y}{x}}\mathrm{d}y$$

$$= \int_{\frac{1}{2}}^1 x\mathrm{e}^{\frac{y}{x}}\Big|_{x^2}^x \mathrm{d}x$$

$$= \int_{\frac{1}{2}}^1 x\left(\mathrm{e} - \mathrm{e}^x\right)\mathrm{d}x$$

$$= \left[\frac{1}{2}\mathrm{e}x^2 - (x-1)\mathrm{e}^x\right]_{\frac{1}{2}}^1$$

$$= \frac{3}{8}\mathrm{e} - \frac{1}{2}\mathrm{e}^{\frac{1}{2}}.$$

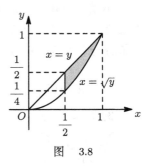

图　3.8

例 3.12 计算 $\iint\limits_{D} \sqrt{|y - x^2|}\mathrm{d}x\mathrm{d}y$, 其中 $D: 0 \leqslant x \leqslant 1, 0 \leqslant y \leqslant 2$.

解 用抛物线 $y = x^2$ 将积分区域 D 分成 D_1 和 D_2 两部分 (图 3.9).

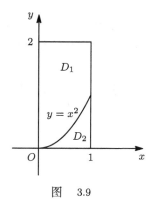

图　3.9

$$\iint\limits_{D} \sqrt{|y - x^2|}\mathrm{d}x\mathrm{d}y$$

$$= \iint\limits_{D_1} \sqrt{y - x^2}\mathrm{d}x\mathrm{d}y + \iint\limits_{D_2} \sqrt{x^2 - y^2}\mathrm{d}x\mathrm{d}y$$

$$= \int_0^1 \mathrm{d}x \int_{x^2}^2 \sqrt{y - x^2}\mathrm{d}y + \int_0^1 \mathrm{d}x \int_0^{x^2} \sqrt{x^2 - y}\mathrm{d}y$$

$$= \frac{2}{3} \int_0^1 \left(y - x^2\right)^{\frac{3}{2}} \Big|_{x^2}^2 \mathrm{d}x - \frac{2}{3} \int_0^1 \left(x^2 - y\right)^{\frac{3}{2}} \Big|_0^{x^2} \mathrm{d}x$$

$$= \frac{2}{3} \int_0^1 \left(2 - x^2\right)^{\frac{3}{2}} \mathrm{d}x + \frac{2}{3} \int_0^1 x^3 \mathrm{d}x$$

$$\underline{\underline{x = \sqrt{2}\sin t}} \ \frac{2}{3} \int_0^{\frac{\pi}{4}} 4\cos^4 t \mathrm{d}t + \frac{1}{6}$$

$$= \frac{2}{3} \int_0^{\frac{\pi}{4}} \left(\frac{3}{2} + 2\cos 2t + \frac{1}{2}\cos 4t\right) \mathrm{d}t + \frac{1}{6}$$

$$= \frac{\pi}{4} + \frac{5}{6}.$$

小结 当被积函数带有绝对值符号时, 要将积分区域 D 分成若干个子区域, 使在每个子区域上被积函数保持同一符号, 从而可以去掉绝对值符号. 再利用二重积分对积分区域的可加性计算出在区域 D 上的二重积分.

3. 在极坐标系下计算二重积分

例 3.13 设 $f(u)$ 为连续函数, 将下列积分化为极坐标系下的二次积分:

(1) $\displaystyle\int_0^a \mathrm{d}x \int_0^{\sqrt{a^2 - x^2}} f\left(x^2 + y^2\right) \mathrm{d}y \ (a > 0)$;

(2) $\displaystyle\int_0^{2a} \mathrm{d}y \int_{-\sqrt{2ay - y^2}}^{\sqrt{2ay - y^2}} f\left(\sqrt{x^2 + y^2}\right) \mathrm{d}y \ (a > 0)$;

(3) $\displaystyle\iint\limits_{D} f\left(\arctan\frac{y}{x}\right) \mathrm{d}x\mathrm{d}y$, D 由直线 $y = 0, x = 1$ 及 $y = x$ 所围成.

解 (1) 对应的积分区域 D 位于第一象限, 由圆 $x^2 + y^2 = a^2$ 及两个坐标轴

所围成 (图 3.10). 圆 $x^2 + y^2 = a^2$ 的极坐标方程为 $r = a$, 因此

$$\int_0^a \mathrm{d}x \int_0^{\sqrt{a^2-x^2}} f\left(x^2 + y^2\right) \mathrm{d}y = \int_0^{\frac{\pi}{2}} \mathrm{d}\theta \int_0^a f\left(r\right) r\mathrm{d}r.$$

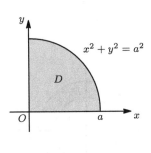

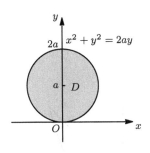

图　3.10　　　　　　　　　　　　图　3.11

(2) 对应的积分区域由圆 $x^2 + y^2 = 2ay$ 所围成 (图 3.11). 该圆的极坐标方程为 $r = 2a\sin\theta$, 因此

$$\int_0^{2a} \mathrm{d}y \int_{-\sqrt{2ay-y^2}}^{\sqrt{2ay-y^2}} f\left(\sqrt{x^2 + y^2}\right) \mathrm{d}x = \int_0^{\pi} \mathrm{d}\theta \int_0^{2a\sin\theta} f\left(r\right) r\mathrm{d}r.$$

(3) 积分区域 D 如图 3.12 所示, 其中直线 $x = 1$ 的极坐标方程为 $r\cos\theta = 1$, 因此

$$\iint\limits_{D} f\left(\arctan\frac{y}{x}\right) \mathrm{d}x\mathrm{d}y$$

$$= \int_0^{\frac{\pi}{4}} \int_0^{\sec\theta} f\left[\arctan\left(\tan\theta\right)\right] r\mathrm{d}r$$

$$= \int_0^{\frac{\pi}{4}} \mathrm{d}\theta \int_0^{\sec\theta} f\left(\theta\right) r\mathrm{d}r.$$

图　3.12

例 3.14 利用极坐标计算积分 $\iint\limits_{D} \sqrt{x^2 + y^2}\mathrm{d}x\mathrm{d}y$, 其中 D 是由直线 $y = x$ 及曲线 $y = x^4$ 所围成的区域.

解　积分区域 D 如图 3.13 所示. 曲线 $y = x^4$ 的极坐标方程为 $r^3 = \dfrac{\sin\theta}{\cos^4\theta}$, 从而

$$\iint\limits_{D} \sqrt{x^2 + y^2}\mathrm{d}x\mathrm{d}y = \int_0^{\frac{\pi}{4}} \int_0^{\left(\frac{\sin\theta}{\cos^4\theta}\right)^{\frac{1}{3}}} r^2\mathrm{d}r$$

$$= \frac{1}{3} \int_0^{\frac{\pi}{4}} \frac{\sin \theta}{\cos^4 \theta} \mathrm{d}\theta$$

$$= -\frac{1}{3} \int_0^{\frac{\pi}{4}} \frac{\mathrm{d}\cos \theta}{\cos^4 \theta}$$

$$= \frac{1}{9} \left. \frac{1}{\cos^3 \theta} \right|_0^{\frac{\pi}{4}} = \frac{1}{9} \left(2\sqrt{2} - 1 \right).$$

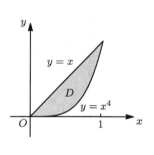

图　3.13

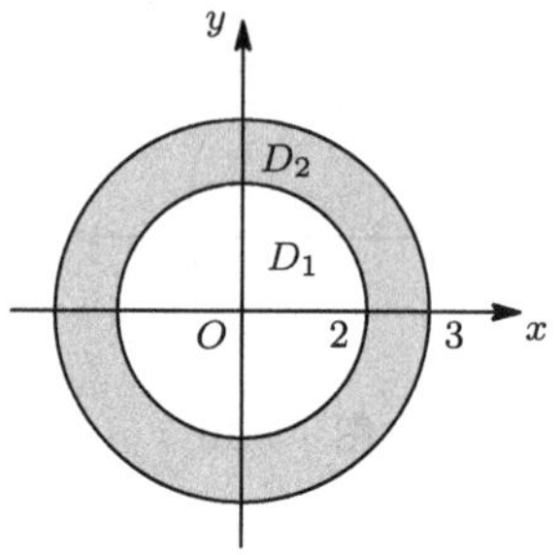

图　3.14

例 3.15 计算积分 $\iint\limits_{D} \left| x^2 + y^2 - 4 \right| \mathrm{d}x\mathrm{d}y$, 其中 $D = \{(x,y) \,|\, x^2 + y^2 \leqslant 9\}$.

分析　当 $x^2 + y^2 \leqslant 4$ 时,$\left| x^2 + y^2 - 4 \right| = 4 - x^2 - y^2$, 当 $4 \leqslant x^2 + y^2 \leqslant 9$ 时,$\left| x^2 + y^2 - 4 \right| = x^2 + y^2 - 4$. 因此可用圆 $x^2 + y^2 = 4$ 将 D 分成 D_1 和 D_2 两部分 (图 3.14), 在 D_1 和 D_2 上分别积分, 再利用二重积分关于积分区域的可加性得到 D 上的积分.

解　　　$\iint\limits_{D} \left| x^2 + y^2 - 4 \right| \mathrm{d}x\mathrm{d}y$

$$= \iint\limits_{D_1} \left| x^2 + y^2 - 4 \right| \mathrm{d}x\mathrm{d}y + \iint\limits_{D_2} \left| x^2 + y^2 - 4 \right| \mathrm{d}x\mathrm{d}y$$

$$= \iint\limits_{D_1} \left(4 - x^2 - y^2 \right) \mathrm{d}x\mathrm{d}y + \iint\limits_{D_2} \left(x^2 + y^2 - 4 \right) \mathrm{d}x\mathrm{d}y$$

$$= \int_0^{2\pi} \mathrm{d}\theta \int_0^2 \left(4 - r^2 \right) r\mathrm{d}r + \int_0^{2\pi} \mathrm{d}\theta \int_2^3 \left(r^2 - 4 \right) r\mathrm{d}r$$

$$= 2\pi \left[2r^2 - \frac{r^4}{4} \right]_0^2 + 2\pi \left[\frac{r^4}{4} - 2r^2 \right]_2^3$$

$$= \frac{41}{2}\pi.$$

小结 在计算二重积分时, 如果出现以下情况, 则利用极坐标计算二重积分往往比较方便.

(1) 积分区域 D 是圆域或其一部分, 或者 D 的边界曲线的极坐标方程比较简单;

(2) 被积函数在极坐标系中形式也比较简单, 比如被积函数是 $x^2 + y^2$ 的函数 $f\left(x^2 + y^2\right)$ 等.

4. 二重积分的应用

例 3.16 在一个形如旋转抛物面 $z = x^2 + y^2$ 的容器内盛有 $8\pi \text{cm}^3$ 的水, 问水面高度为多少厘米?

解 设水面高度为 h, 则容积

$$V = \pi \left(\sqrt{h}\right)^2 h - \iint\limits_{x^2 + y^2 \leqslant h} \left(x^2 + y^2\right) \mathrm{d}x\mathrm{d}y$$

$$= \pi h^2 - \int_0^{2\pi} \mathrm{d}\theta \int_0^{\sqrt{h}} r^3 \mathrm{d}r$$

$$= \pi h^2 - \frac{1}{2}\pi h^2$$

$$= \frac{1}{2}\pi h^2.$$

由 $V = 8\pi$, 知 $h = 4(\text{cm})$.

例 3.17 一曲顶柱体, 以双曲抛物面 $z = xy$ 为顶, 以 xOy 坐标面上区域 $D = \{(x,y) \mid 1 \leqslant x^2 + y^2 \leqslant 2x, y \geqslant 0\}$ 为底. 求该柱体的体积.

解 区域 D 如图 3.15 所示. 曲线 $x^2 + y^2 = 1$ 和 $x^2 + y^2 = 2x$ 的极坐标方程分别为

$$r = 1, \quad r = 2\cos\theta.$$

联立上两式, 解得交点处 $\theta = \frac{\pi}{3}$, 从而

$$V = \iint\limits_{D} xy\mathrm{d}x\mathrm{d}y = \int_0^{\frac{\pi}{3}} \mathrm{d}\theta \int_1^{2\cos\theta} r^3 \cos\theta \sin\theta \mathrm{d}r$$

$$= \int_0^{\frac{\pi}{3}} \cos\theta \sin\theta \mathrm{d}\theta \int_1^{2\cos\theta} r^3 \mathrm{d}r$$

$$= \frac{1}{4} \int_0^{\frac{\pi}{3}} \cos\theta \sin\theta \left(16\cos^4\theta - 1\right) \mathrm{d}\theta$$

$$= 4 \int_0^{\frac{\pi}{3}} \cos^5 \theta \sin \theta \mathrm{d}\theta - \frac{1}{4} \int_0^{\frac{\pi}{3}} \cos \theta \sin \theta \mathrm{d}\theta$$

$$= \frac{9}{16}.$$

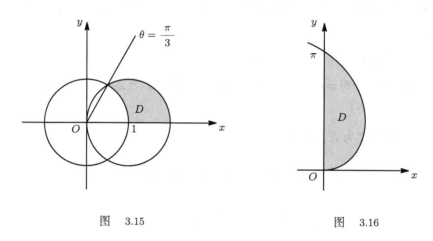

图　3.15　　　　　　　　　　　　图　3.16

例 3.18　由螺线 $r = 2\theta$ 与直线 $\theta = \dfrac{\pi}{2}$ 围成一平面薄片 D, 它的面密度 $\rho\,(r, \theta) = r^2$, 求它的质量.

分析　对于 xOy 坐标面上的平面薄片 D, 如果其上任意点 (x, y) 处的面密度为 $\rho(x, y)$, 其中 $\rho(x, y)$ 在 D 上连续且 $\rho(x, y) > 0$, 则此平面薄片的质量 $M = \displaystyle\iint\limits_D \rho(x, y)\mathrm{d}x\mathrm{d}y.$

解　区域 D 如图 3.16 所示, 所求质量

$$M = \iint\limits_D \rho\,(x, y)\,\mathrm{d}x\mathrm{d}y = \iint\limits_D r^3 \mathrm{d}r\mathrm{d}\theta$$

$$= \int_0^{\frac{\pi}{2}} \mathrm{d}\theta \int_0^{2\theta} r^3 \mathrm{d}r = \int_0^{\frac{\pi}{2}} \frac{r^4}{4} \bigg|_0^{2\theta} \mathrm{d}\theta$$

$$= 4 \int_0^{\frac{\pi}{2}} \theta^4 \mathrm{d}\theta$$

$$= \frac{1}{40} \pi^5.$$

四、疑难问题解答

1. 在直角坐标系下将二重积分化为二次积分, 应当如何选择积分次序、确定积分限?

答　(1) 积分区域的基本类型为

$$x \text{ 型域 } D：\varphi_1(x) \leqslant y \leqslant \varphi_2(x), \quad a \leqslant x \leqslant b,$$

$$y \text{ 型域 } D：\psi_1(y) \leqslant x \leqslant \psi_2(y), \quad c \leqslant y \leqslant d.$$

其共同特点是: 平行于坐标轴且穿过 D 的直线与 D 的边界曲线至多交于两点 (图 3.17). 两类区域上的二重积分可化为两种不同次序的二次积分:

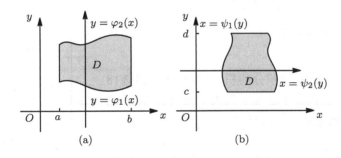

图　　3.17

$$\iint\limits_D f(x,y)\,\mathrm{d}x\mathrm{d}y = \int_a^b \mathrm{d}x \int_{\varphi_1(x)}^{\varphi_2(x)} f(x,y)\,\mathrm{d}y \quad \text{(先对 } y \text{ 后对 } x \text{ 积分)},$$

或

$$\iint\limits_D f(x,y)\,\mathrm{d}x\mathrm{d}y = \int_c^d \mathrm{d}y \int_{\psi_1(y)}^{\psi_2(y)} f(x,y)\,\mathrm{d}x \quad \text{(先对 } x \text{ 后对 } y \text{ 积分)}.$$

(2) 选择积分次序要综合考虑积分区域的形状和被积函数的形式, 其原则是:

① 对 D 划分的子区域越少越好. 比如例 3.6 中的积分 $\int_0^1 \mathrm{d}x \int_{x-1}^{1-x} f(x,y)\,\mathrm{d}y$, 作为 x 型域只须作一个二次积分, 若作为 y 型域则需要求两个二次积分, 比较麻烦.

② 先作的第一次积分比较容易, 并且能为后作的第二次积分创造有利条件.

比如例 3.9, 例 3.10 中的积分 $\iint\limits_{D} \dfrac{\sin y}{y}\mathrm{d}x\mathrm{d}y$, $\iint\limits_{D} \mathrm{e}^{-y^2}\mathrm{d}x\mathrm{d}y$, 由于被积函数关于变量 y 的原函数不能用初等函数表示, 因此只能选择先对 x 后对 y 的积分次序.

(3) 确定积分上、下限的步骤是:

① 后作的积分先确定上下限, 积分的上下限均为常数.

② 若先对 y 积分, 则由下向上作平行于 y 轴的直线穿过积分区域 D, 将穿入时碰到的曲线 $y = \varphi_1(x)$ 作为对 y 积分的下限, 将穿出时碰到的曲线 $y = \varphi_2(x)$ 作为对 y 积分的上限. 这种平行穿线法也适用于先对 x 的积分.

2. 由二重积分化成二次积分, 其积分上限能否小于下限?

答　在定积分中, 积分上限未必一定大于下限. 而重积分不同, 由二重积分化成的二次积分中, 其上限一定不能小于下限.

例如, 交换二次积分 $\displaystyle\int_{-1}^{0} \mathrm{d}y \int_{2}^{1-y} f(x,y)\,\mathrm{d}x$ 的积分次序.

这里, 对应的二重积分的积分区域 D 如图 3.18 所示, 所给二次积分中出现下限大于上限的情况, 先将上下限颠倒过来, 再改变积分次序.

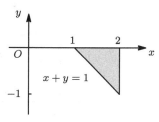

图　3.18

$$I = -\int_{-1}^{0} \mathrm{d}y \int_{1-y}^{2} f(x,y)\,\mathrm{d}x = -\int_{1}^{2} \mathrm{d}x \int_{1-x}^{0} f(x,y)\,\mathrm{d}y.$$

3. 怎样利用积分区域和被积函数的对称性来简化二重积分的计算?

答　在运用对称性计算二重积分时, 要兼顾积分区域和被积函数两个方面, 两个方面的对称性要匹配, 主要有以下几种情况 (详见例 3.3 后的小结):

(1) 积分区域 D 关于 y 轴对称, 被积函数 $f(x,y)$ 关于 x 有奇偶性.

(2) 积分区域 D 关于 x 轴对称, 被积函数 $f(x,y)$ 关于 y 有奇偶性.

(3) 积分区域 D 关于原点对称, 被积函数 $f(x,y)$ 在点 (x,y) 与 $(-x,-y)$ 处函数值相同或互为相反数.

这三种情况类似于奇偶函数在对称区间上的定积分的情况.

(4) 积分区域 D 关于直线 $y = x$ 对称 (或称区域 D 关于变量 x 和 y 有互换对称性), 则 $\iint\limits_{D} f(x,y)\,\mathrm{d}\sigma = \iint\limits_{D} f(y,x)\,\mathrm{d}\sigma$.

例如, 计算积分 $\iint\limits_{D} xy\mathrm{d}x\mathrm{d}y$, 其中 D 是由下列双纽线围成的区域:

(1) $\left(x^2 + y^2\right)^2 = x^2 - y^2$;　　　　(2) $\left(x^2 + y^2\right)^2 = 2xy$.

这里, 两种双纽线的极坐标方程分别为 $r^2 = \cos 2\theta$ 和 $r^2 = \sin 2\theta$, 积分区域 D 如图 3.19 所示.

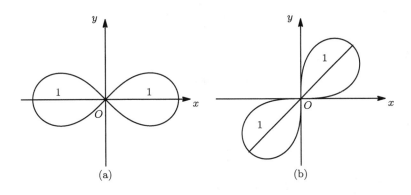

图   3.19

由于 $\left(x^2 + y^2\right)^2 = x^2 - y^2$ 围成的区域 D 对称于 y 轴, 被积函数 $f(x, y) = xy$ 关于 x 是奇函数, 所以 $I_1 = \iint\limits_{D} xy\mathrm{d}x\mathrm{d}y = 0$.

由于 $\left(x^2 + y^2\right)^2 = 2xy$ 围成的区域 D 对称于原点, 而对被积函数 $f(x, y) = xy$, 有 $f(-x, -y) = f(x, y)$, 所以

$$I_2 = \iint\limits_{D} xy\mathrm{d}x\mathrm{d}y = 2\int_0^{\frac{\pi}{2}} \mathrm{d}\theta \int_0^{\sqrt{\sin 2\theta}} r^3 \cos\theta \sin\theta\mathrm{d}\theta$$

$$= \frac{1}{2}\int_0^{\frac{\pi}{2}} \cos\theta \sin\theta \sin^2 2\theta\mathrm{d}\theta = \frac{1}{4}\int_0^{\frac{\pi}{2}} \sin^3 2\theta\mathrm{d}\theta$$

$$\xrightarrow{2\theta = t} \frac{1}{8}\int_0^{\pi} \sin^3 t\mathrm{d}t = \frac{1}{4}\int_0^{\frac{\pi}{2}} \sin^3 t\mathrm{d}t$$

$$= \frac{1}{4} \times \frac{2}{3} = \frac{1}{6}.$$

再如, 计算 $I = \iint\limits_{D} \left(x^2 + x + y + 2\right)\mathrm{d}x\mathrm{d}y$, 其中 $D: x^2 + y^2 \leqslant a^2$.

这里, 积分区域 D 关于 y 轴对称, $\iint\limits_{D} x\mathrm{d}x\mathrm{d}y = 0$; D 关于 x 轴对称, $\iint\limits_{D} y\mathrm{d}x\mathrm{d}y = 0$; D 关于变量 x 和 y 有互换对称性, 所以

$$\iint\limits_{D} x^2 \mathrm{d}x\mathrm{d}y = \iint\limits_{D} y^2 \mathrm{d}x\mathrm{d}y = \frac{1}{2}\iint\limits_{D}\left(x^2 + y^2\right)\mathrm{d}x\mathrm{d}y$$

$$= \frac{1}{2}\int_0^{2\pi}\mathrm{d}\theta\int_0^a r^3\mathrm{d}r = \frac{1}{4}\pi a^4.$$

又

$$\iint\limits_{D} 2\mathrm{d}x\mathrm{d}y = 2\pi a^2,$$

所以

$$I = \frac{1}{4}\pi a^4 + 2\pi a^2.$$

4. 哪些二重积分适合于在极坐标系下计算?

答 选择坐标系也要综合考虑积分区域的形状和被积函数的形式.

由于在极坐标变换 $x = r\cos\theta, y = r\sin\theta$ 下 $x^2 + y^2 = r^2$, 所以当积分区域 D 为圆域或其部分区域, 被积函数形如 $f\left(x^2 + y^2\right)$ 时, 一般选择在极坐标系下计算.

此外, 当 D 的边界曲线的极坐标方程比较简单, 或者被积函数虽不是 $f\left(x^2 + y^2\right)$ 的形式, 但在极坐标中形式相对比较简单时, 利用极坐标计算二重积分往往也比较简单.

例如, 例 3.18 中的二重积分, 积分区域由 $r = 2\theta$ 和 $\theta = \frac{\pi}{2}$ 围成, 被积函数为 $\rho\left(r,\theta\right) = r^2$ 就是这种情况.

再如, 求心形线 $r = a\left(1 + \cos\theta\right)\left(a > 0\right)$ 所围成图形的面积.

这里, 积分区域 D 如图 3.20 所示, 由对称性知面积为

$$A = 2\iint\limits_{D_1} \mathrm{d}x\mathrm{d}y$$

$$= 2\int_0^{\pi}\mathrm{d}\theta\int_0^{a(1+\cos\theta)} r\mathrm{d}r$$

$$= a^2\int_0^{\pi}\left(1 + \cos\theta\right)^2\mathrm{d}\theta$$

$$= a^2\int_0^{\pi}\left(1 + 2\cos\theta + \cos^2\theta\right)\mathrm{d}\theta$$

$$= \frac{3}{2}\pi a^2.$$

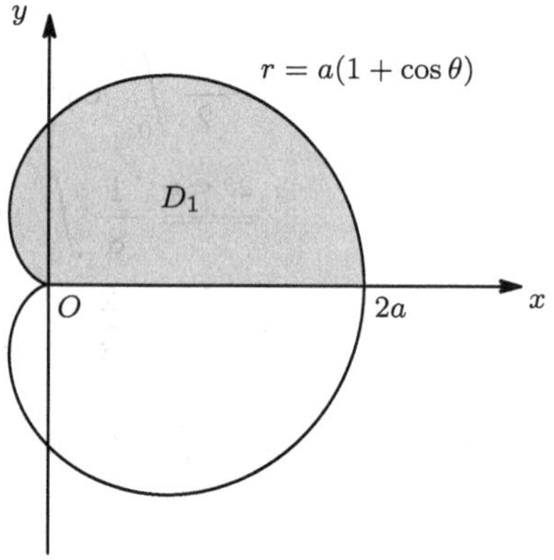

图 3.20

又如, 计算 $\iint\limits_{D}\arctan\frac{y}{x}\mathrm{d}x\mathrm{d}y, \ D = \{(x,y)\,|\,1 \leqslant x^2 + y^2 \leqslant 4, 0 \leqslant y \leqslant x\}.$

这里, 积分区域 D 是圆域的一部分, 如图 3.21 所示. 在极坐标系下 $\arctan \dfrac{y}{x} = \arctan(\tan\theta) = \theta$, 从而

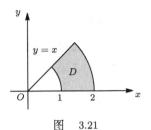

$$\iint\limits_{D} \arctan \frac{y}{x}\,\mathrm{d}x\mathrm{d}y = \int_0^{\frac{\pi}{4}} \theta\mathrm{d}\theta \int_1^2 r\mathrm{d}r = \frac{3}{64}\pi^2.$$

5. 在极坐标系下将二重积分化为二次积分, 应当如何确定积分上下限.

图　3.21

答　在极坐标系下计算二重积分, 一般是化为先 r 后 θ 的二次积分

$$\iint\limits_{D} f(x,y)\,\mathrm{d}x\mathrm{d}y = \int_\alpha^\beta \mathrm{d}\theta \int_{r_1(\theta)}^{r_2(\theta)} f(r\cos\theta, r\sin\theta)\,r\mathrm{d}r.$$

确定积分上下限的步骤是:

(1) 先确定 θ 的取值范围 $\alpha \leqslant \theta \leqslant \beta$, 则 α 和 β 分别是对 θ 积分的下限和上限.

(2) 再从极点出发作射线穿过 D, 则穿入时碰到的曲线 $r = r_1(\theta)$ 是对 r 积分的下限, 穿出时碰到的曲线 $r = r_2(\theta)$ 是对 r 积分的上限 (如图 3.22).

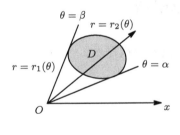

图　3.22

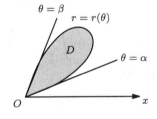

图　3.23

特别地, 对如图 3.23 所示的区域 D (极点在 D 的边界曲线上), 有

$$\iint\limits_{D} f(x,y)\,\mathrm{d}x\mathrm{d}y = \int_\alpha^\beta \mathrm{d}\theta \int_0^{r(\theta)} f(r\cos\theta, r\sin\theta)\,r\mathrm{d}r.$$

对如图 3.24 所示的区域 D(极点在 D 的内部), 有

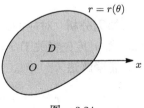

图　3.24

$$\iint\limits_{D} f(x,y)\,\mathrm{d}x\mathrm{d}y = \int_0^{2\pi} \mathrm{d}\theta \int_0^{r(\theta)} f(r\cos\theta, r\sin\theta)\,r\mathrm{d}r.$$

例如, 求双纽线 $\left(x^2 + y^2\right)^2 = 2a^2\left(x^2 - y^2\right)$ 所围图形在圆 $x^2 + y^2 = a^2$ 外部的面积 (图 3.25).

这里, 圆和双纽线的极坐标方程分别为

$$r = a, \quad r^2 = 2a^2 \cos 2\theta.$$

它们在第一象限的交点处 $\theta = \dfrac{\pi}{6}$. 由对称性, 可知面积为

$$A = 4 \iint\limits_{D_1} \mathrm{d}x\mathrm{d}y$$

$$= 4 \int_0^{\frac{\pi}{6}} \mathrm{d}\theta \int_a^{\sqrt{2a^2 \cos 2\theta}} r\mathrm{d}r$$

$$= 2a^2 \int_0^{\frac{\pi}{6}} \left(2\cos 2\theta - 1\right) \mathrm{d}\theta$$

$$= a^2 \left(\sqrt{3} - \frac{\pi}{3}\right).$$

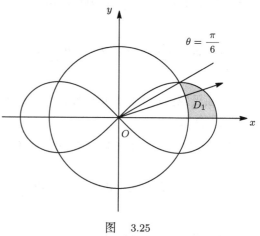

图　3.25

五、常见错误类型分析

1. 交换二次积分 $\displaystyle\int_{-\frac{\pi}{4}}^{\frac{\pi}{4}} \mathrm{d}x \int_0^{\tan x} f(x,y)\,\mathrm{d}y$ 的积分次序.

错误解法

$$\int_{-\frac{\pi}{4}}^{\frac{\pi}{4}} \mathrm{d}x \int_0^{\tan x} f(x,y)\,\mathrm{d}y$$

$$= \int_{-1}^0 \mathrm{d}y \int_{-\frac{\pi}{4}}^{\arctan y} f(x,y)\,\mathrm{d}x + \int_0^1 \mathrm{d}y \int_{\arctan y}^{\frac{\pi}{4}} f(x,y)\,\mathrm{d}x.$$

错因分析　对应的二重积分的积分区域如图 3.26 所示, 问题在于在 D_1 上 $\tan x \leqslant 0$, 应先将关于 x 的积分上下限颠倒过来.

正确解法

$$\int_{-\frac{\pi}{4}}^{\frac{\pi}{4}} \mathrm{d}x \int_0^{\tan x} f(x,y)\,\mathrm{d}y$$

$$= -\int_{-\frac{\pi}{4}}^0 \mathrm{d}x \int_{\tan x}^0 f(x,y)\,\mathrm{d}y + \int_0^{\frac{\pi}{4}} \mathrm{d}x \int_0^{\tan x} f(x,y)\,\mathrm{d}y$$

$$= -\int_{-1}^{0} \mathrm{d}y \int_{-\frac{\pi}{4}}^{\arctan y} f(x,y)\,\mathrm{d}x + \int_{0}^{1} \mathrm{d}y \int_{\arctan y}^{\frac{\pi}{4}} f(x,y)\,\mathrm{d}x.$$

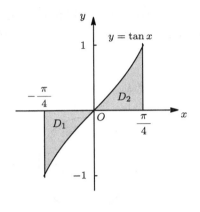

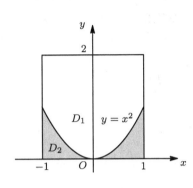

图　3.26　　　　　　　　　　　　　　　图　3.27

2. 求 $I = \iint\limits_{D} \sqrt{|y - x^2|}\mathrm{d}x\mathrm{d}y$, 其中 $D = \{(x,y)\,|\,|x| \leqslant 1, 0 \leqslant y \leqslant 2\}$.

错误解法　用曲线 $y = x^2$ 将 D 分成 D_1, D_2 两部分 (图 3.27). 则

$$I = \iint\limits_{D_1} \sqrt{y - x^2}\mathrm{d}x\mathrm{d}y + \iint\limits_{D_2} \sqrt{x^2 - y}\mathrm{d}x\mathrm{d}y$$

$$= \int_{-1}^{1} \mathrm{d}x \int_{x^2}^{2} \sqrt{y - x^2}\mathrm{d}y + \int_{-1}^{1} \mathrm{d}x \int_{0}^{x^2} \sqrt{x^2 - y}\mathrm{d}y$$

$$= \frac{2}{3} \int_{-1}^{1} \left(y - x^2\right)^{\frac{3}{2}}\Big|_{x^2}^{2} \mathrm{d}x - \frac{2}{3} \int_{-1}^{1} \left(x^2 - y\right)^{\frac{3}{2}}\Big|_{0}^{x^2} \mathrm{d}x$$

$$= \frac{2}{3} \int_{-1}^{1} \left(2 - x^2\right)^{\frac{3}{2}} \mathrm{d}x + \frac{2}{3} \int_{-1}^{1} x^3 \mathrm{d}x$$

$$= \frac{4}{3} \int_{0}^{1} \left(2 - x^2\right)^{\frac{3}{2}} \mathrm{d}x + 0$$

$$\xlongequal{x = \sqrt{2}\sin t} \frac{4}{3} \int_{0}^{\frac{\pi}{4}} 4\cos^4 t\,\mathrm{d}t = \frac{\pi}{2} + \frac{4}{3}.$$

错因分析　计算过程中有一个明显的错误结果: 在 D_2 内 $\sqrt{x^2 - y} > 0$, 应

有 $\iint\limits_{D_2} \sqrt{x^2 - y}\mathrm{d}x\mathrm{d}y > 0$, 而不是为零. 问题出在 $\left(x^2\right)^{\frac{3}{2}} \neq x^3$, 而是 $\left(x^2\right)^{\frac{3}{2}} = |x|^3$.

本题可以利用对称性计算. 由于区域 D 关于 y 轴对称, 且 $\sqrt{|y - x^2|}$ 关于

x 为偶函数, 设 D^* 为 D 的右半部分, 则 $I = 2\displaystyle\iint\limits_{D^*} \sqrt{|y - x^2|}\mathrm{d}x\mathrm{d}y$. 计算可得

$I = \dfrac{\pi}{2} + \dfrac{5}{3}$.

3. 求由平面 $z = x - y$, $z = 0$ 与柱面 $x^2 + y^2 = ax$ 所围成的体积 $(a > 0)$.

错误解法　立体在 xOy 面上的投影区域 D 如图 3.28 所示, 其边界曲线 $x^2 + y^2 = ax$ 的极坐标方程为 $r = a\cos\theta$, 从而

$$\begin{aligned}
V &= \iint\limits_{D} (x - y)\,\mathrm{d}x\mathrm{d}y \\
&= \int_{-\frac{\pi}{2}}^{\frac{\pi}{2}} (\cos\theta - \sin\theta)\,\mathrm{d}\theta \int_0^{a\cos\theta} r^2\mathrm{d}r \\
&= \frac{a^3}{3} \int_{-\frac{\pi}{2}}^{\frac{\pi}{2}} (\cos\theta - \sin\theta)\cos^3\theta\mathrm{d}\theta \\
&= \frac{a^3}{3} \int_{-\frac{\pi}{2}}^{\frac{\pi}{2}} \cos^4\theta\mathrm{d}\theta \\
&= \frac{a^3}{3} \times 2 \times \frac{3 \times 1}{4 \times 2} \times \frac{\pi}{2} = \frac{1}{8}\pi a^3.
\end{aligned}$$

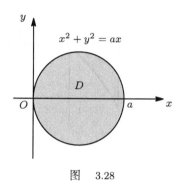

图　　3.28

错因分析　问题在于 $f(x,y) = x - y$ 不是 D 上的非负函数, 应当用 $\displaystyle\iint\limits_{D} |f(x,y)|\mathrm{d}x\mathrm{d}y$ 求体积.

正确解法

$$\begin{aligned}
V &= \iint\limits_{D} |x - y|\,\mathrm{d}x\mathrm{d}y = \int_{-\frac{\pi}{2}}^{\frac{\pi}{2}} |\cos x - \sin x|\,\mathrm{d}\theta \int_0^{a\cos\theta} r^2\mathrm{d}r \\
&= \frac{a^3}{3} \int_{-\frac{\pi}{2}}^{\frac{\pi}{2}} |\cos\theta - \sin\theta|\cos^3\theta\mathrm{d}\theta \\
&= \frac{a^3}{3} \left[\int_{-\frac{\pi}{2}}^{\frac{\pi}{4}} (\cos\theta - \sin\theta)\cos^3\theta\mathrm{d}\theta + \int_{\frac{\pi}{4}}^{\frac{\pi}{2}} (\sin\theta - \cos\theta)\cos^3\theta\mathrm{d}\theta \right] \\
&= \frac{a^3}{12} \left[\frac{3}{2}\theta + \sin 2\theta + \frac{1}{8}\sin 4\theta + \cos^4\theta \right]_{-\frac{\pi}{2}}^{\frac{\pi}{4}} \\
&\quad - \frac{a^3}{12} \left[\frac{3}{2}\theta + \sin 2\theta + \frac{1}{8}\sin 4\theta + \cos^4\theta \right]_{\frac{\pi}{4}}^{\frac{\pi}{2}} \\
&= \frac{a^3}{48} (3\pi + 10).
\end{aligned}$$

练习 3.1

1. 利用二重积分的几何意义, 确定下列积分的值:

(1) $\iint\limits_{D} \left(2 - \sqrt{x^2 + y^2}\right) \mathrm{d}x\mathrm{d}y$, 其中 D : $x^2 + y^2 \leqslant 4$;

(2) $\iint\limits_{D} \sqrt{a^2 - x^2 - y^2}\mathrm{d}x\mathrm{d}y$, 其中 D : $x^2 + y^2 \leqslant a^2, x \geqslant 0, y \geqslant 0 (a > 0)$.

2. 比较下列各组二重积分的大小:

(1) $I_1 = \iint\limits_{D} (x+y)^2 \mathrm{d}x\mathrm{d}y$, $\quad I_2 = \iint\limits_{D} (x+y)^3 \mathrm{d}x\mathrm{d}y$, 其中 D : $(x-2)^2 + (y-1)^2 \leqslant 1$;

(2) $I_1 = \iint\limits_{D} \ln^3 (x+y) \mathrm{d}x\mathrm{d}y$, $I_2 = \iint\limits_{D} (x+y)^3 \mathrm{d}x\mathrm{d}y$, $I_3 = \iint\limits_{D} \sin^3 (x+y) \mathrm{d}x\mathrm{d}y$,

其中 D : $x \geqslant 0, y \geqslant 0, \dfrac{1}{2} \leqslant x + y \leqslant 1$.

3. 利用二重积分的性质确定下列积分的值:

(1) $\iint\limits_{D} (x+y+1) \sqrt{x^2 + y^2}\mathrm{d}x\mathrm{d}y$, 其中 D : $x^2 + y^2 \leqslant a^2$;

(2) $\iint\limits_{D} (x^2 \sin y - y^2 \sin x) \mathrm{d}x\mathrm{d}y$, 其中 D : $(x-1)^2 + (y-1)^2 \leqslant 4$.

4. 设 $f(x, y)$ 为连续函数, 交换下列二次积分的积分次序:

(1) $\displaystyle\int_{-1}^{1} \mathrm{d}x \int_{0}^{\sqrt{1-x^2}} f(x, y) \mathrm{d}y$;

(2) $\displaystyle\int_{-1}^{0} \mathrm{d}x \int_{0}^{1+x} f(x, y) \mathrm{d}y + \int_{0}^{1} \mathrm{d}x \int_{0}^{1-x} f(x, y) \mathrm{d}y$;

(3) $\displaystyle\int_{0}^{2a} \mathrm{d}x \int_{\sqrt{2ax-x^2}}^{\sqrt{2ax}} f(x, y) \mathrm{d}y\ (a > 0)$.

5. 计算下列二重积分:

(1) $\iint\limits_{D} x\mathrm{e}^{xy}\mathrm{d}x\mathrm{d}y$, 其中 D : $0 \leqslant x \leqslant 1, -1 \leqslant y \leqslant 0$;

(2) $\iint\limits_{D} \dfrac{\ln y}{x}\mathrm{d}x\mathrm{d}y$, 其中 D 是由直线 $y = 1, y = x$ 与 $x = 2$ 所围成的区域;

(3) $\iint\limits_{D} \dfrac{x \sin y}{y}\mathrm{d}x\mathrm{d}y$, 其中 D 是由 $y = x^2$ 和 $y = x$ 所围成的区域.

6. 化下列积分为极坐标系下的二次积分:

(1) $\displaystyle\int_0^{2a} \mathrm{d}y \int_0^{\sqrt{2ay-y^2}} f\left(x^2 + y^2\right) \mathrm{d}x \ (a > 0)$;

(2) $\displaystyle\int_0^a \mathrm{d}x \int_0^x f\left(x^2 + y^2\right) \mathrm{d}y \ (a > 0)$;

(3) $\displaystyle\iint\limits_D f\left(\sqrt{x^2 + y^2}\right) \mathrm{d}x\mathrm{d}y$, 其中 D : $x + y \leqslant 1, x \geqslant 0, y \geqslant 0$.

7. 利用极坐标计算下列二重积分:

(1) $\displaystyle\iint\limits_D \sin\sqrt{x^2 + y^2}\mathrm{d}x\mathrm{d}y$, 其中 D : $\pi^2 \leqslant x^2 + y^2 \leqslant 4\pi^2$;

(2) $\displaystyle\iint\limits_D \mathrm{e}^{-\left(x^2+y^2\right)}\mathrm{d}x\mathrm{d}y$, 其中 D : $x^2 + y^2 \leqslant a^2$;

(3) $\displaystyle\iint\limits_D \left(\sqrt{x^2 + y^2 - 2xy} + 2\right)\mathrm{d}x\mathrm{d}y$, 其中 D : $x^2 + y^2 \leqslant 1, x \geqslant 0, y \geqslant 0$.

8. 设 $f(x, y)$ 为连续函数, 求

$$\lim_{r \to 0^+} \frac{1}{\pi r^2} \iint\limits_D f(x, y) \, \mathrm{d}x\mathrm{d}y,$$

其中 D : $x^2 + y^2 \leqslant r^2$.

9. 求以 xOy 面上圆域 D : $x^2 + y^2 \leqslant 2ax \, (a > 0)$ 为底, 以旋转抛物面 $z = x^2 + y^2$ 为顶的曲顶柱体的体积.

练习 3.1 参考答案与提示

1. (1) 原积分表示由平面 $z = 2$ 和锥面 $z = \sqrt{x^2 + y^2}$ 所围圆锥体的体积 V. 圆锥的高为 2, 底半径也为 2, 故 $V = \dfrac{8}{3}\pi$;

(2) 原积分表示球体 $x^2 + y^2 + z^2 \leqslant a^2$ 在第一卦限部分的体积, $V = \dfrac{1}{6}\pi a^3$.

2. (1) 在 D 上 $x + y > 1, (x + y)^2 < (x + y)^3$, 所以 $I_1 < I_2$;

(2) 在 D 上 $x + y \leqslant 1, I_1 = \displaystyle\iint\limits_D \ln^3(x + y) \, \mathrm{d}x\mathrm{d}y \leqslant 0$. 又 $0 \leqslant \sin^3(x + y) \leqslant (x + y)^3$, 所以 $I_1 \leqslant I_3 \leqslant I_2$.

3. (1) 由对称性知

$$\iint\limits_D x\sqrt{x^2 + y^2}\mathrm{d}x\mathrm{d}y = 0, \qquad \iint\limits_D y\sqrt{x^2 + y^2}\mathrm{d}x\mathrm{d}y = 0,$$

再由二重积分的几何意义知

$$原式 = \iint\limits_{D} \sqrt{x^2 + y^2}\mathrm{d}x\mathrm{d}y = \pi a^3 - \frac{1}{3}\pi a^3 = \frac{2}{3}\pi a^3.$$

(2) 积分区域 D 关于变量 x 和 y 有互换对称性, 所以

$$\iint\limits_{D} x^2 \sin y\mathrm{d}x\mathrm{d}y = \iint\limits_{D} y^2 \sin x\mathrm{d}x\mathrm{d}y, 原式 = 0.$$

4. (1) $\displaystyle\int_0^1 \mathrm{d}y \int_{-\sqrt{1-y^2}}^{\sqrt{1-y^2}} f(x, y)\,\mathrm{d}x$;

(2) $\displaystyle\int_0^1 \mathrm{d}y \int_{1-y}^{y-1} f(x, y)\,\mathrm{d}x$;

(3) $\displaystyle\int_0^a \mathrm{d}y \int_{\frac{y^2}{2a}}^{a-\sqrt{a^2-y^2}} f(x, y)\,\mathrm{d}x + \int_0^a \mathrm{d}y \int_{a+\sqrt{a^2-y^2}}^{2a} f(x, y)\,\mathrm{d}x$

$\qquad + \displaystyle\int_a^{2a} \mathrm{d}y \int_{\frac{y^2}{2a}}^{2a} f(x, y)\,\mathrm{d}x.$

5. (1) $\displaystyle\int_0^1 \mathrm{d}x \int_{-1}^0 x\mathrm{e}^{xy}\mathrm{d}y = \mathrm{e}^{-1}$;

(2) $\displaystyle\int_1^2 \mathrm{d}x \int_1^x \frac{\ln y}{x}\mathrm{d}y = 3\ln 2 - 2$;

(3) $\displaystyle\int_0^1 \mathrm{d}y \int_y^{\sqrt{y}} \frac{x\sin y}{y}\mathrm{d}x = \frac{1}{2}(1 - \sin 1).$

6. (1) $\displaystyle\int_0^{\frac{\pi}{2}} \mathrm{d}\theta \int_0^{2a\sin\theta} f(r^2)\,r\mathrm{d}r$;

(2) $\displaystyle\int_0^{\frac{\pi}{4}} \mathrm{d}\theta \int_0^{a\sec\theta} f(r^2)\,r\mathrm{d}r$;

(3) $\displaystyle\int_0^{\frac{\pi}{2}} \mathrm{d}\theta \int_0^{\frac{1}{\cos\theta+\sin\theta}} f(r)\,r\mathrm{d}r.$

7. (1) $\displaystyle\int_0^{2\pi} \mathrm{d}\theta \int_\pi^{2\pi} r\sin r\mathrm{d}r = -6\pi^2$;

(2) $\displaystyle\int_0^{2\pi} \mathrm{d}\theta \int_0^a r\mathrm{e}^{-r^2}\mathrm{d}r = \pi\left(1 - \mathrm{e}^{-a^2}\right)$;

(3) $I = \displaystyle\iint\limits_{D}(|x-y|+2)\,\mathrm{d}x\mathrm{d}y = 2\int_0^{\frac{\pi}{4}} \mathrm{d}\theta \int_0^1 (r\cos\theta - r\sin\theta)\,r\mathrm{d}r + \frac{\pi}{2} =$

$\dfrac{2}{3}\left(\sqrt{2} - 1\right) + \dfrac{\pi}{2}.$

8. 利用积分中值定理和 $f(x, y)$ 的连续性, 原式 $= f(0, 0)$.

9. $V = \displaystyle\iint\limits_{D}(x^2 + y^2)\,\mathrm{d}x\mathrm{d}y = \int_{-\frac{\pi}{2}}^{\frac{\pi}{2}} \mathrm{d}\theta \int_0^{2a\cos\theta} r^3\mathrm{d}r = \frac{3}{2}\pi a^4.$

3.2 三重积分

一、主要内容

三重积分的概念和性质, 三重积分的计算 (直角坐标、柱面坐标、球面坐标).

二、教学要求

1. 了解三重积分的概念和基本性质.

2. 会利用直角坐标计算三重积分.

设函数 $f(x, y, z)$ 在空间有界闭区域 Ω 上连续.

(1) (先一后二法) 如果 Ω 可以表示为

$$z_1(x, y) \leqslant z \leqslant z_2(x, y), \ (x, y) \in D_{xy},$$

其中 D_{xy} 为 Ω 在 xOy 面上的投影区域, $z_1(x, y), z_2(x, y)$ 在 D 上连续, 则

$$\iiint\limits_{\Omega} f(x, y, z)\,\mathrm{d}x\mathrm{d}y\mathrm{d}z = \iint\limits_{D_{xy}} \mathrm{d}x\mathrm{d}y \int_{z_1(x,y)}^{z_2(x,y)} f(x, y, z)\,\mathrm{d}z.$$

进一步, 如果 D_{xy} 为 x 型域: $y_1(x) \leqslant y \leqslant y_2(x), a \leqslant x \leqslant b$, 其中 $y_1(x), y_2(x)$ 在 $[a, b]$ 上连续, 则

$$\iiint\limits_{\Omega} f(x, y, z)\,\mathrm{d}x\mathrm{d}y\mathrm{d}z = \int_a^b \mathrm{d}x \int_{y_1(x)}^{y_2(x)} \mathrm{d}y \int_{z_1(x,y)}^{z_2(x,y)} f(x, y, z)\,\mathrm{d}z.$$

(2) (先二后一法) 如果 Ω 可以表示为

$$(x, y) \in D_z, \quad c_1 \leqslant z \leqslant c_2,$$

其中 D_z 是过 z 轴上点 $z \in [c_1, c_2]$ 且平行于 xOy 面的平面截 Ω 所得的平面区域, 则

$$\iiint\limits_{\Omega} f(x, y, z)\,\mathrm{d}x\mathrm{d}y\mathrm{d}z = \int_{c_1}^{c_2} \mathrm{d}z \iint\limits_{D_z} f(x, y, z)\,\mathrm{d}x\mathrm{d}y.$$

3. 会利用柱面坐标计算三重积分.

设 $f(x, y, z)$ 在 Ω 上连续, 如果在柱面坐标下 Ω 可以表示为

$$z_1(r, \theta) \leqslant z_2(r, \theta), \ r_1(\theta) \leqslant r \leqslant r_2(\theta), \ \alpha \leqslant \theta \leqslant \beta,$$

其中 $z_1(r,\theta), z_2(r,\theta), r_1(\theta), r_2(\theta)$ 都是连续函数, 则

$$\iiint\limits_{\Omega} f(x,y,z)\,\mathrm{d}x\mathrm{d}y\mathrm{d}z = \int_{\alpha}^{\beta} \mathrm{d}\theta \int_{r_1(\theta)}^{r_2(\theta)} \mathrm{d}r \int_{z_1(r,\theta)}^{z_2(r,\theta)} f(r\cos\theta, r\sin\theta, z)\,r\mathrm{d}r.$$

4. 会利用球面坐标计算三重积分.

设 $f(x,y,z)$ 在 Ω 上连续, 如果在球面坐标下 Ω 可以表示为

$$r_1(\theta,\varphi) \leqslant r \leqslant r_2(\theta,\varphi), \quad \varphi_1(\theta) \leqslant \varphi \leqslant \varphi_2(\theta), \quad \alpha \leqslant \theta \leqslant \beta,$$

其中 $r_1(\theta,\varphi), r_2(\theta,\varphi), \varphi_1(\theta), \varphi_2(\theta)$ 都是连续函数, 则

$$\iiint\limits_{\Omega} f(x,y,z)\,\mathrm{d}x\mathrm{d}y\mathrm{d}z$$
$$= \int_{\alpha}^{\beta} \mathrm{d}\theta \int_{\varphi_1(\theta)}^{\varphi_2(\theta)} \mathrm{d}\varphi \int_{r_1(\theta,\varphi)}^{r_2(\theta,\varphi)} f(r\sin\varphi\cos\theta, r\sin\varphi\sin\theta, r\cos\varphi)r^2\sin\varphi\mathrm{d}r.$$

三、例题选讲

1. 三重积分的概念和性质

例 3.19 设有空间区域 Ω_1: $x^2+y^2+z^2 \leqslant R^2, z \geqslant 0$ 及 Ω_2: $x^2+y^2+z^2 \leqslant R^2, x \geqslant 0, y \geqslant 0, z \geqslant 0$, 则 (　　).

(A) $\iiint\limits_{\Omega_1} x\mathrm{d}V = 4 \iiint\limits_{\Omega_2} x\mathrm{d}V$ 　　　(B) $\iiint\limits_{\Omega_1} y\mathrm{d}V = 4 \iiint\limits_{\Omega_2} y\mathrm{d}V$

(C) $\iiint\limits_{\Omega_1} z\mathrm{d}V = 4 \iiint\limits_{\Omega_2} z\mathrm{d}V$ 　　　(D) $\iiint\limits_{\Omega_1} xyz\mathrm{d}V = 4 \iiint\limits_{\Omega_2} xyz\mathrm{d}V$

答 应选 (C). 区域 Ω_1 关于 yOz 面和 zOx 面都对称, 被积函数 $f(x,y,z) = z$ 关于变量 x 和 y 都是偶函数, 所以

$$\iiint\limits_{\Omega_1} z\mathrm{d}V = 4 \iiint\limits_{\Omega_2} z\mathrm{d}V.$$

根据同样道理,(A)、(B)、(D) 三项中左端积分值等于零, 而由积分性质, 右端积分值为正数, 不正确.

例 3.20 计算 $\iiint\limits_{\Omega} \left(\dfrac{x^2}{a^2} + \dfrac{y^2}{b^2} + \dfrac{z^2}{c^2} \right) \mathrm{d}V$, 其中 Ω: $x^2+y^2+z^2 \leqslant R^2$ $(R>0)$.

解　由于积分区域 Ω 关于变量 x, y, z 有轮换对称性, 所以

$$\iiint\limits_{\Omega} x^2 \mathrm{d}V = \iiint\limits_{\Omega} y^2 \mathrm{d}V = \iiint\limits_{\Omega} z^2 \mathrm{d}V = \frac{1}{3} \iiint\limits_{\Omega} \left(x^2 + y^2 + z^2\right) \mathrm{d}V$$

$$= \frac{1}{3} \int_0^{2\pi} \mathrm{d}\theta \int_0^{\pi} \mathrm{d}\varphi \int_0^R r^2 \cdot r^2 \sin y \mathrm{d}r$$

$$= \frac{1}{3} \int_0^{2\pi} \mathrm{d}\theta \int_0^{\pi} \sin \varphi \mathrm{d}\varphi \int_0^R r^4 \mathrm{d}r$$

$$= \frac{4}{15} \pi R^5.$$

根据积分性质, 有

$$\iiint\limits_{\Omega} \left(\frac{x^2}{a^2} + \frac{y^2}{b^2} + \frac{z^2}{c^2}\right) \mathrm{d}V$$

$$= \frac{1}{a^2} \iiint\limits_{\Omega} x^2 \mathrm{d}V + \frac{1}{b^2} \iiint\limits_{\Omega} y^2 \mathrm{d}V + \frac{1}{c^2} \iiint\limits_{\Omega} z^2 \mathrm{d}V$$

$$= \frac{4}{15} \pi R^5 \left(\frac{1}{a^2} + \frac{1}{b^2} + \frac{1}{c^2}\right).$$

小结　与二重积分相似, 利用对称性常常可以简化三重积分的计算.

(1) 如果 Ω 关于 xOy 坐标面对称, $f(x, y, z)$ 在 Ω 上关于 z 有奇偶性, 则

$$\iiint\limits_{\Omega} f(x, y, z) \mathrm{d}V = \begin{cases} 0, & f(x, y, -z) = -f(x, y, z), \\ 2 \iiint\limits_{\Omega_1} f(x, y, z) \mathrm{d}V, & f(x, y, -z) = f(x, y, z), \end{cases}$$

其中 Ω_1 为 Ω 在 xOy 面的上半部分区域.

如果 Ω 关于 yOz 面或 zOx 面对称, $f(x, y, z)$ 在 Ω 上关于 x 或关于 y 有奇偶性, 也可以得到类似的结果.

(2) 如果 Ω 关于原点对称, 则

$$\iiint\limits_{\Omega} f(x, y, z) \mathrm{d}V = \begin{cases} 0, & f(-x, -y, -z) = -f(x, y, z), \\ 2 \iiint\limits_{\Omega_1} f(x, y, z) \mathrm{d}V, & f(-x, -y, -z) = f(x, y, z), \end{cases}$$

其中 Ω_1 是 Ω 中关于原点对称的一半区域.

(3) 如果 Ω 的边界曲面方程中 x, y, z 依次轮换方程的形式不变, 称 Ω 关于变量 x, y, z 有轮换对称性, 此时

$$\iiint\limits_{\Omega} f(x, y, z) \mathrm{d}V = \iiint\limits_{\Omega} f(y, z, x) \mathrm{d}V = \iiint\limits_{\Omega} f(z, x, y) \mathrm{d}V.$$

2. 在直角坐标系下计算三重积分

例 3.21　计算 $\iiint\limits_{\Omega} x\mathrm{d}V$, 其中 Ω 是由平面 $x = 0$,
$y = 0, z = 0$ 及 $\dfrac{x}{a} + \dfrac{y}{b} + \dfrac{z}{c} = 1\ (a > 0, b > 0, c > 0)$
所围成的区域.

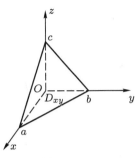

图　3.29

解　积分区域 Ω 如图 3.29 所示, 可以表示为

$$\Omega:\ 0 \leqslant z \leqslant c\left(1 - \frac{x}{a} - \frac{y}{b}\right),\quad (x, y) \in D_{xy},$$

其中 D_{xy} 是 xOy 面上的 x 型域,

$$D_{xy}:\ 0 \leqslant y \leqslant b\left(1 - \frac{x}{a}\right),\quad 0 \leqslant x \leqslant a,$$

从而

$$\iiint\limits_{\Omega} x\mathrm{d}V = \iint\limits_{D_{xy}} \mathrm{d}x\mathrm{d}y \int_0^{c\left(1 - \frac{x}{a} - \frac{y}{b}\right)} x\mathrm{d}z = \int_0^a x\mathrm{d}x \int_0^{b\left(1 - \frac{x}{a}\right)} \mathrm{d}y \int_0^{c\left(1 - \frac{x}{a} - \frac{y}{b}\right)} \mathrm{d}z$$

$$= c\int_0^a x\mathrm{d}x \int_0^{b\left(1 - \frac{x}{a}\right)} \left(1 - \frac{x}{a} - \frac{y}{b}\right)\mathrm{d}y$$

$$= \frac{1}{2}bc \int_0^a x\left(1 - \frac{x}{a}\right)^2 \mathrm{d}x = \frac{1}{24}a^2bc.$$

例 3.22　计算 $\iiint\limits_{\Omega} (x + y + z)\,\mathrm{d}V$, 其中 Ω 与例 3.24 相同.

分析　$\iiint\limits_{\Omega} (x + y + z)\,\mathrm{d}V = \iiint\limits_{\Omega} x\mathrm{d}V + \iiint\limits_{\Omega} y\mathrm{d}V + \iiint\limits_{\Omega} z\mathrm{d}V.$

其中 $\iiint\limits_{\Omega} x\mathrm{d}V = \dfrac{1}{24}a^2bc.$ 将 Ω 分别投影到 yOz 面及 zOx 面上同样可得

$$\iiint\limits_{\Omega} y\mathrm{d}V = \frac{1}{24}ab^2c,\qquad \iiint\limits_{\Omega} z\mathrm{d}V = \frac{1}{24}abc^2.$$

于是

$$\iiint\limits_{\Omega} (x + y + z)\,\mathrm{d}V = \frac{1}{24}abc\,(a + b + c).$$

例 3.23　计算 $I = \iiint\limits_{\Omega} z\left(x^2 + y^2\right)\mathrm{d}V$, 其中 Ω 是由旋转抛物面 $z = x^2 + y^2$,
圆柱面 $x^2 + y^2 = 1$ 及平面 $z = 0$ 所围成的区域.

解 积分区域 Ω 如图 3.30 所示, 可表示为

$$\Omega : \ 0 \leqslant z \leqslant x^2 + y^2, \quad (x,y) \in D_{xy},$$
$$D_{xy} : \ x^2 + y^2 \leqslant 1.$$

从而

$$I = \iiint\limits_{\Omega} z\left(x^2 + y^2\right) \mathrm{d}V$$

$$= \iint\limits_{D_{xy}} \left(x^2 + y^2\right) \mathrm{d}x\mathrm{d}y \int_0^{x^2+y^2} z\mathrm{d}z = \frac{1}{2} \iint\limits_{D_{xy}} \left(x^2 + y^2\right)^3 \mathrm{d}x\mathrm{d}y.$$

这个二重积分用极坐标计算比较简捷, 有

$$I = \frac{1}{2} \int_0^{2\pi} \mathrm{d}\theta \int_0^1 r^6 \cdot r\mathrm{d}r = \frac{\pi}{8}.$$

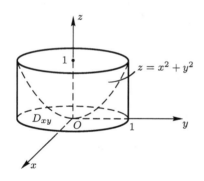

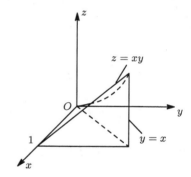

图　3.30　　　　　　　　　　　　　　　　　图　3.31

例 3.24 计算 $\displaystyle\iiint\limits_{\Omega} xy^2 z^3 \mathrm{d}V$, 其中 Ω 是由曲面 $z = xy$ 与平面 $y = x, x = 1$ 和 $z = 0$ 所围成的区域.

解 积分区域 Ω 如图 3.31 所示, 可表示为

$$\Omega : \ 0 \leqslant z \leqslant xy, \quad (x,y) \in D_{xy},$$
$$D_{xy} : \ 0 \leqslant y \leqslant x, \quad 0 \leqslant x \leqslant 1.$$

从而

$$\iiint\limits_{\Omega} xy^2 z^3 \mathrm{d}V = \int_0^1 x\mathrm{d}x \int_0^x y^2 \mathrm{d}y \int_0^{xy} z^3 \mathrm{d}z$$

$$= \int_0^1 x \mathrm{d}x \int_0^x y^2 \left[\frac{z^4}{4} \right]_0^{xy} \mathrm{d}y$$

$$= \frac{1}{4} \int_0^1 x^5 \mathrm{d}x \int_0^x y^6 \mathrm{d}y$$

$$= \frac{1}{28} \int_0^1 x^{12} \mathrm{d}x = \frac{1}{364}.$$

小结　在直角坐标系下计算三重积分, 先一后二法是最基本的方法, 若先对 z 积分, 则由下向上作平行于 z 轴的直线穿过积分区域 Ω, 将穿入时碰到的曲面 $z = z_1(x, y)$ 作为对 z 积分的下限, 将穿出时碰到的曲面 $z = z_2(x, y)$ 作为对 z 积分的上限. 然后根据 Ω 在 xOy 面上的投影区域 D_{xy} 确定 x 与 y 的积分上下限. 这种 "平行穿线法" 完全适用于先对 x 或先对 y 的积分.

例 3.25　计算 $\iiint\limits_{\Omega} (x^2 + y^2) \mathrm{d}V$, 其中 Ω 是由单叶双曲面 $x^2 + y^2 - (z-1)^2 = 1$ 与平面 $z = 0, z = 2$ 所围成的区域.

解　用先二后一法. 积分区域 Ω 如图 3.32 所示, 可表示为

$$\Omega : \ (x, y) \in D_z, \quad 0 \leqslant z \leqslant 2,$$

$$D_z : \ x^2 + y^2 \leqslant 1 + (z-1)^2, \quad 0 \leqslant z \leqslant 2,$$

从而

$$\iiint\limits_{\Omega} (x^2 + y^2) \mathrm{d}V = \int_0^2 \mathrm{d}z \iint\limits_{D_z} (x^2 + y^2) \mathrm{d}x\mathrm{d}y$$

$$= \int_0^2 \mathrm{d}z \int_0^{2\pi} \mathrm{d}\theta \int_0^{\sqrt{1+(z-1)^2}} r^3 \mathrm{d}r$$

$$= \frac{\pi}{2} \int_0^2 \left[1 + (z-1)^2 \right]^2 \mathrm{d}z = \frac{28}{15}\pi.$$

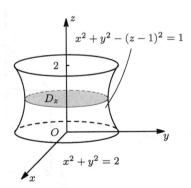

图　3.32

小结 用先二后一法计算三重积分时, 要根据被积函数的特点和积分区域的形状确定对哪两个变量作"先二"重积分, 对哪个变量作"后一"定积分. 若后对 z 积分, 应先确定 Ω 在 z 轴上的投影区间 $[c_1, c_2]$, 再对 $z \in [c_1, c_2]$ 作平行于 xOy 面的平面截 Ω 得平面区域 D_z. 当 $\displaystyle\iint_{D_z} f(x, y, z)\,dx dy$ 比较容易计算时, 用先二后一法往往来得简便些.

3. 在柱面坐标系、球面坐标系下计算三重积分

例 3.26 计算 $\displaystyle\iiint_{\Omega} z\mathrm{d}V$, 其中 Ω 是由曲面 $z = x^2 + y^2$ 及 $z = \sqrt{2 - x^2 - y^2}$ 所围成的区域.

解 积分区域如图 3.33 所示, 联立两曲面方程, 知 Ω 在 xOy 面上的投影为圆域:$x^2 + y^2 \leqslant 1$. 从而在柱面坐标系下 Ω 可表示为

$$\Omega: \quad r^2 \leqslant z \leqslant \sqrt{2 - r^2}, \quad 0 \leqslant r \leqslant 1, \quad 0 \leqslant \theta \leqslant 2\pi,$$

于是

$$\iiint_{\Omega} z\mathrm{d}V = \int_0^{2\pi} \mathrm{d}\theta \int_0^1 \mathrm{d}r \int_{r^2}^{\sqrt{2-r^2}} zr\mathrm{d}z$$

$$= 2\pi \int_0^1 r \cdot \frac{1}{2} \left[(2 - r^2) - r^4 \right] \mathrm{d}r$$

$$= \frac{7}{12}\pi.$$

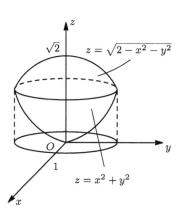

图　3.33

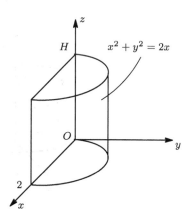

图　3.34

例 3.27　计算 $\iiint\limits_{\Omega} \sqrt{x^2+y^2}z\mathrm{d}V$, 其中 Ω 是圆柱面 $x^2+y^2=2x$ 与平面 $z=0, z=H$ 在第一卦限内所围成的区域.

解　积分区域 Ω 如图 3.34 所示, 在柱面坐标系下圆柱面 $x^2+y^2=2x$ 的方程为 $r=2\cos\theta$, 从而

$$\iiint\limits_{\Omega} \sqrt{x^2+y^2}z\mathrm{d}V = \int_0^{\frac{\pi}{2}}\mathrm{d}\theta\int_0^{2\cos\theta}\mathrm{d}r\int_0^H r^2z\mathrm{d}z$$

$$= \frac{H^2}{2}\int_0^{\frac{\pi}{2}}\mathrm{d}\theta\int_0^{2\cos\theta} r^2\mathrm{d}r$$

$$= \frac{4}{3}H^2\int_0^{\frac{\pi}{2}}\cos^3\theta\mathrm{d}\theta$$

$$= \frac{8}{9}H^2.$$

小结　与利用极坐标计算二重积分类似, 在三重积分中若积分区域 Ω 的边界曲面方程或被积函数中含有表达式 x^2+y^2, 则利用柱面坐标计算往往比较方便.

例 3.28　计算 $\iiint\limits_{\Omega} \sqrt{x^2+y^2+z^2}\mathrm{d}V$, 其中 Ω: $x^2+y^2+z^2 \leqslant z$.

解　积分区域 Ω 如图 3.35 所示, 在球面坐标系下球面 $x^2+y^2+z^2=z$ 的方程为 $r=\cos\varphi$, 从而

$$\iiint\limits_{\Omega} \sqrt{x^2+y^2+z^2}\mathrm{d}V = \int_0^{2\pi}\mathrm{d}\theta\int_0^{\frac{\pi}{2}}\mathrm{d}\varphi\int_0^{\cos\varphi} r^3\sin\varphi\mathrm{d}r$$

$$= 2\pi\int_0^{\frac{\pi}{2}}\sin\varphi\mathrm{d}\varphi\int_0^{\cos\varphi} r^3\mathrm{d}r$$

$$= \frac{\pi}{2}\int_0^{\frac{\pi}{2}}\sin\varphi\cos^4\varphi\mathrm{d}\varphi$$

$$= -\frac{\pi}{10}\cos^5\varphi\Big|_0^{\frac{\pi}{2}} = \frac{\pi}{10}.$$

小结　在三重积分中, 如果区域 Ω 的边界曲面方程或被积函数中含有表达式 $x^2+y^2+z^2$, 则利用球面坐标计算往往比较方便.

例 3.29　计算 $I = \iiint\limits_{\Omega}(x+z)\mathrm{d}V$, 其中 Ω 是由曲面 $z=\sqrt{x^2+y^2}$ 和 $z=\sqrt{1-x^2-y^2}$ 所围成的区域.

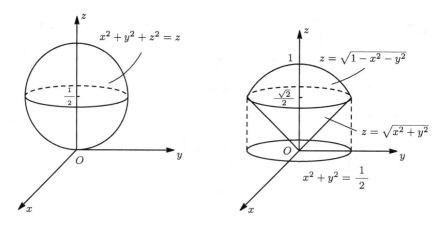

图 3.35　　　　　　　　图 3.36

解　积分区域 Ω 如图 3.36 所示, 由于 Ω 关于 yOz 面对称, 所以

$$\iiint\limits_{\Omega} x\mathrm{d}V = 0.$$

方法 1　用先一后二法, 得

$$I = \iiint\limits_{\Omega} z\mathrm{d}V = \iint\limits_{D_{xy}} \mathrm{d}x\mathrm{d}y \int_{\sqrt{x^2+y^2}}^{\sqrt{1-x^2-y^2}} z\mathrm{d}z$$

$$= \frac{1}{2} \iint\limits_{D_{xy}} \left[1 - 2\left(x^2+y^2\right)\right]\mathrm{d}x\mathrm{d}y$$

$$= \frac{1}{2} \int_0^{2\pi} \mathrm{d}\theta \int_0^{\frac{\sqrt{2}}{2}} \left(1 - 2r^2\right) \cdot r\mathrm{d}r = \frac{\pi}{8}.$$

方法 2　用先二后一法, 得

$$I = \iiint\limits_{\Omega} z\mathrm{d}V = \int_0^{\frac{\sqrt{2}}{2}} z\mathrm{d}z \iint\limits_{D_{z_1}} \mathrm{d}x\mathrm{d}y + \int_{\frac{\sqrt{2}}{2}}^1 z\mathrm{d}z \iint\limits_{D_{z_2}} \mathrm{d}x\mathrm{d}y$$

$$= \int_0^{\frac{\sqrt{2}}{2}} z \cdot \pi z^2 \mathrm{d}z + \int_{\frac{\sqrt{2}}{2}}^1 z \cdot \pi \left(1 - z^2\right)\mathrm{d}z = \frac{\pi}{8}.$$

其中 $D_{z_1}:\ x^2+y^2 \leqslant z^2, 0 \leqslant z \leqslant \dfrac{\sqrt{2}}{2}, D_{z_2}:\ x^2+y^2 \leqslant 1-z^2, \dfrac{\sqrt{2}}{2} \leqslant z \leqslant 1.$

方法 3　用柱面坐标, 得

$$I = \iiint\limits_{\Omega} z\mathrm{d}V = \int_0^{2\pi} \mathrm{d}\theta \int_0^{\frac{\sqrt{2}}{2}} \mathrm{d}r \int_r^{\sqrt{1-r^2}} zr\mathrm{d}z$$

$$= \frac{1}{2} \int_0^{2\pi} \mathrm{d}\theta \int_0^{\frac{\sqrt{2}}{2}} \left(1 - 2r^2\right) r \mathrm{d}r = \frac{\pi}{8}.$$

方法 4　用球面坐标, 得

$$I = \iiint\limits_{\Omega} z \mathrm{d}V = \int_0^{2\pi} \mathrm{d}\theta \int_0^{\frac{\pi}{4}} \mathrm{d}\varphi \int_0^1 r \cos\varphi \cdot r^2 \sin\varphi \mathrm{d}r$$

$$= 2\pi \int_0^{\frac{\pi}{4}} \cos\varphi \sin\varphi \mathrm{d}\varphi \int_0^1 r^3 \mathrm{d}r$$

$$= 2\pi \cdot \frac{1}{2} \sin^2\varphi \Big|_0^{\frac{\pi}{4}} \cdot \frac{r^4}{4} \Big|_0^1 = \frac{\pi}{8}.$$

四、疑难问题解答

1. 在计算三重积分时, 如何利用对称性来简化计算?

答　这里所说的对称性包括以下几种:

(1) 关于坐标平面对称. 如果在区域 Ω 的边界曲面方程中, 将 (x, y, z) 换成 $(x, y, -z)$ 方程形式不变, 则 Ω 关于 xOy 面 (即平面 $z = 0$) 对称, 此时要验证被积函数 $f(x, y, z)$ 关于变量 z 是否有奇偶性.

类似地, 可讨论 Ω 关于 yOz 面或 zOx 面的对称性.

(2) 关于坐标原点对称. 如果在 Ω 的边界曲面方程中, 将 (x, y, z) 换成 $(-x, -y, -z)$ 方程形式不变, 则 Ω 关于原点对称, 此时要验证 $f(x, y, z)$ 与 $f(-x, -y, -z)$ 是否相等或互为相反数.

(3) 轮换对称性. 如果在 Ω 的边界方程中, 将 (x, y, z) 依次换成 (y, z, x) 和 (z, x, y) 方程形式不变, 则 Ω 关于变量 x, y, z 有轮换对称性.

利用对称性往往可以很大程度上简化积分的计算.

例如, 计算积分 $I = \iiint\limits_{\Omega} (x + y + z)^2 \, \mathrm{d}V$, 其中 $\Omega: 0 \leqslant x \leqslant 1, 0 \leqslant y \leqslant 1, 0 \leqslant z \leqslant 1$.

$$I = \iiint\limits_{\Omega} \left[x^2 + y^2 + z^2 + 2\left(xy + yz + zx\right)\right] \mathrm{d}V,$$

由于 Ω 关于变量 x, y, z 有轮换对称性, 所以

$$\iiint\limits_{\Omega} x^2 \mathrm{d}V = \iiint\limits_{\Omega} y^2 \mathrm{d}V = \iiint\limits_{\Omega} z^2 \mathrm{d}V,$$

$$\iiint\limits_{\Omega} xy \mathrm{d}V = \iiint\limits_{\Omega} yz \mathrm{d}V = \iiint\limits_{\Omega} zx \mathrm{d}V,$$

$$I = 3 \iiint\limits_{\Omega} x^2 \mathrm{d}V + 6 \iiint\limits_{\Omega} xy \mathrm{d}V$$

$$= 3 \int_0^1 x^2 \mathrm{d}x \int_0^1 \mathrm{d}y \int_0^1 \mathrm{d}z + 6 \int_0^1 x \mathrm{d}x \int_0^1 y \mathrm{d}y \int_0^1 \mathrm{d}z$$

$$= 1 + \frac{3}{2} = \frac{5}{2}.$$

如果此例中 Ω 改为: $x^2 + y^2 + z^2 \leqslant a^2 \, (a > 0)$, 则 Ω 关于各坐标都对称, 再由 xy, yz, zx 的奇偶性, 有

$$\iiint\limits_{\Omega} (xy + yz + zx) \, \mathrm{d}V = 0,$$

$$I = \iiint\limits_{\Omega} \left(x^2 + y^2 + z^2\right) \mathrm{d}V = \int_0^{2\pi} \mathrm{d}\theta \int_0^{\pi} \mathrm{d}\varphi \int_0^a r^4 \sin\varphi \mathrm{d}r = \frac{4}{15}\pi a^5.$$

2. 哪些三重积分适合于用先二后一法来计算?

答 用先二后一法将三重积分化为

$$\iiint\limits_{\Omega} f(x, y, z) \, \mathrm{d}V = \int_{c_1}^{c_2} \mathrm{d}z \iint\limits_{D_z} f(x, y, z) \, \mathrm{d}x\mathrm{d}y,$$

如果其中的 $\iint\limits_{D_z} f(x, y, z) \, \mathrm{d}x\mathrm{d}y$ 容易计算, 则采用先二后一法往往比较方便.

特别的, 当被积函数与 x, y 无关, 而 D_z 的面积 $A(z)$ 容易求得时, 有

$$\iiint\limits_{\Omega} f(z) \, \mathrm{d}V = \int_{c_1}^{c_2} f(z) \, \mathrm{d}z \iint\limits_{D_z} \mathrm{d}x\mathrm{d}y = \int_{c_1}^{c_2} f(z) \, A(z) \, \mathrm{d}z.$$

例如, 设 $f(z)$ 连续, Ω : $x^2 + y^2 + z^2 \leqslant 1$, 证明

$$\iiint\limits_{\Omega} f(z) \, \mathrm{d}V = \pi \int_{-1}^1 f(z) \left(1 - z^2\right) \mathrm{d}z.$$

将 Ω 向 z 轴投影, 得 $-1 \leqslant z \leqslant 1$, 用垂直于 z 轴的平面截 Ω 得 D_z : $x^2 + y^2 \leqslant 1 - z^2$, 所以

$$\iiint\limits_{\Omega} f(z) \, \mathrm{d}V = \int_{-1}^1 f(z) \, \mathrm{d}z \iint\limits_{D_z} \mathrm{d}x\mathrm{d}y = \pi \int_{-1}^1 f(z) \left(1 - z^2\right) \mathrm{d}z.$$

再如, 计算 $\iiint\limits_{\Omega} \mathrm{e}^{|z|} \mathrm{d}V$. 其中 Ω : $x^2 + y^2 + z^2 \leqslant 1$.

这里, Ω 关于 xOy 平面对称. $\mathrm{e}^{|z|}$ 是 z 的偶函数, 记 Ω_1 为上半球体: $x^2+y^2+z^2 \leqslant 1, z \geqslant 0$, 再由先二后一法, 得

$$\iiint\limits_{\Omega} \mathrm{e}^{|z|}\mathrm{d}V = 2\iiint\limits_{\Omega_1} \mathrm{e}^z \mathrm{d}V = 2\int_0^1 \mathrm{e}^z \mathrm{d}z \iint\limits_{D_z} \mathrm{d}x\mathrm{d}y$$

$$= 2\pi \int_0^1 \mathrm{e}^z \left(1 - z^2\right)\mathrm{d}z$$

$$= -2\pi \left(z - 1\right)^2 \mathrm{e}^z \big|_0^1 = 2\pi.$$

3. 在利用柱面坐标计算三重积分时如何确定积分上下限?

答　设三重积分的积分区域 Ω 在 xOy 面上的投影区域为 D, 如果投影区域 D 上的二重积分适合于用极坐标表示和计算, 则区域 Ω 上的三重积分适合于用柱面坐标计算.

此时先用 "平行穿线法" 由下向上作平行 z 轴的直线穿过 Ω, 先后碰到的曲面 $z = z_1(r,\theta), z = z_2(r,\theta)$ 分别为 z 的下限和上限, 再根据 D 的形状按平面极坐标确定 r 和 θ 的上下限。

4. 在利用球面坐标计算三重积分时如何确定积分上下限?

答　在球面坐标系下化三重积分为三次积分, 一般采用如下方法确定各积分的上下限:

(1) 关于 θ 的上下限: 将积分区域 Ω 投影到 xOy 面, 得投影区域 D_1. 在 D_1 上按平面极坐标确定 θ 角的变化范围 $\alpha \leqslant \theta \leqslant \beta$, 那么 α 和 β 分别是对 θ 积分的下限和上限.

(2) 关于 φ 的上下限: 对固定的 $\theta(\alpha \leqslant \theta \leqslant \beta)$, 过 z 轴作与 zOx 面夹角为 θ 的半平面与 Ω 相截, 得一平面区域 D_2. 在 D_2 上按平面极坐标确定 φ 角的取值范围 $\varphi_1(\theta) \leqslant \varphi \leqslant \varphi_2(\theta)$, 那么 $\varphi_1(\theta)$ 和 $\varphi_2(\theta)$ 分别是对 φ 积分的下限和上限. 应当注意的是, 这时 D_2 中任一点 P 的极坐标是 (r,φ), φ 是从 z 轴正向转到 $\overrightarrow{OP}$ 的角.

(3) 关于 r 的上下限: 对固定的 θ 和 $\varphi(\alpha \leqslant \theta \leqslant \beta, \varphi_1(\theta) \leqslant \varphi \leqslant \varphi_2(\theta))$, 从原点出发作射线, 这射线从 $r = r_1(\theta,\varphi)$ 进入区域 Ω, 从 $r = r_2(\theta,\varphi)$ 穿出区域 Ω, 那么 $r_1(\theta,\varphi)$ 和 $r_2(\theta,\varphi)$ 分别是对 r 积分的下限和上限.

五、常见错误类型分析

1. 计算 $\iiint\limits_{\Omega} \left(x^2 + y^2 + z^2\right)\mathrm{d}V$. 其中 Ω 是以原点为心, 半径为 R 的球体.

错误解法 在 Ω 上 $x^2 + y^2 + z^2 = R^2$, 所以

$$\iiint\limits_{\Omega} \left(x^2 + y^2 + z^2\right) \mathrm{d}V = R^2 \iiint\limits_{\Omega} \mathrm{d}V = \frac{4}{3}\pi R^5.$$

错因分析 这里出现了一个明显的错误: 我们是在球体 Ω: $x^2 + y^2 + z^2 \leqslant R^2$ 上作积分, 仅在球面上才有 $x^2 + y^2 + z^2 = R^2$, 而在球内 $x^2 + y^2 + z^2 < R^2$, 所以不能将球面方程代入到被积函数中去.

正确解法 $\displaystyle\iiint\limits_{\Omega} \left(x^2 + y^2 + z^2\right) \mathrm{d}V = \int_0^{2\pi} \mathrm{d}\theta \int_0^{\pi} \mathrm{d}\varphi \int_0^R r^4 \sin\varphi \mathrm{d}r = \frac{4}{5}\pi R^5.$

2. 将 $I = \displaystyle\iiint\limits_{\Omega} f(x, y, z) \mathrm{d}V$ 化为柱面坐标系下的三次积分, 其中 Ω 是由曲面 $2z = x^2 + y^2$ 及平面 $z = 1, z = 2$ 所围成的区域.

错误解法 积分区域 Ω 如图 3.37 所示, 在柱面坐标系下, 有

$$I = \int_0^{2\pi} \mathrm{d}\theta \int_{\sqrt{2}}^2 \mathrm{d}r \int_{\frac{1}{2}r^2}^2 f(r\cos\theta, r\sin\theta, z) r \mathrm{d}z.$$

错因分析 区域 Ω 在 $z = 0$ 面上的投影区域为 D: $r \leqslant 2$, 而不是环形域 $\sqrt{2} \leqslant r \leqslant 2$. 用 "平行穿线法" 知:

当 $0 \leqslant r \leqslant \sqrt{2}$ 时,$1 \leqslant z \leqslant 2$; 当 $\sqrt{2} \leqslant r \leqslant 2$ 时,$\dfrac{r^2}{2} \leqslant z \leqslant 2$. 从而

$$I = \int_0^{2\pi} \mathrm{d}\theta \int_0^{\sqrt{2}} \mathrm{d}r \int_1^2 f(r\cos\theta, r\sin\theta, z) r \mathrm{d}z$$
$$+ \int_0^{2\pi} \mathrm{d}\theta \int_{\sqrt{2}}^2 \mathrm{d}r \int_{\frac{1}{2}r^2}^2 f(r\cos\theta, r\sin\theta, z) r \mathrm{d}z.$$

3. 用球面坐标计算三重积分 $I = \displaystyle\iiint\limits_{\Omega} \left(x^2 + y^2\right) \mathrm{d}V$, 其中 Ω 是由锥面 $z = \sqrt{x^2 + y^2}$ 和平面 $z = 1$ 所围成的区域.

错误解法 积分区域如图 3.38 所示, 有

$$I = \iiint\limits_{\Omega} \left(x^2 + y^2\right) \mathrm{d}V$$

$$= \int_0^{2\pi} \mathrm{d}\theta \int_0^{\frac{\pi}{4}} \mathrm{d}\varphi \int_0^1 \left(r^2 \sin^2\varphi \cos^2\theta + r^2 \sin^2\varphi \sin^2\theta\right) r^2 \sin\varphi \mathrm{d}r$$

$$= \int_0^{2\pi} \mathrm{d}\theta \int_0^{\frac{\pi}{4}} \sin^3\varphi \mathrm{d}\varphi \int_0^1 r^4 \mathrm{d}r$$

$$= \frac{2\pi}{5} \int_0^{\frac{\pi}{4}} \left(\cos^2\varphi - 1\right) \mathrm{d}\cos\varphi = \frac{2\pi}{5}\left(\frac{2}{3} - \frac{5}{12}\sqrt{2}\right).$$

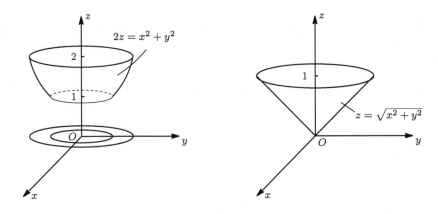

图　3.37　　　　　　　　　　　图　3.38

错因分析　从原点出发作射线穿过区域 Ω 时, 是从平面 $z = 1$ 穿出区域 Ω. 在球面坐标系下 $z = 1$ 的方程是 $r = \sec \varphi$, 而不是 $r = 1$.

正确解法

$$I = \int_0^{2\pi} \mathrm{d}\theta \int_0^{\frac{\pi}{4}} \sin^3 \varphi \mathrm{d}\varphi \int_0^{\sec \varphi} r^4 \mathrm{d}r$$

$$= \frac{2}{5} \pi \int_0^{\frac{\pi}{4}} \frac{\sin^3 \varphi}{\cos^5 \varphi} \mathrm{d}\varphi = \frac{2}{5} \pi \int_0^{\frac{\pi}{4}} \tan^3 \varphi \mathrm{d} \tan \varphi$$

$$= \frac{\pi}{10} \tan^4 \varphi \Big|_0^{\frac{\pi}{4}} = \frac{\pi}{10}.$$

练习 3.2

1. 设 $f(x, y, z)$ 在有界闭区域 Ω 上连续, 其中 Ω 是由曲面 $z = \sqrt{4 - x^2 - y^2}$ 和 $z = \sqrt{3(x^2 + y^2)}$ 所围成的区域, 将三重积分 $\iiint\limits_{\Omega} f(x, y, z) \mathrm{d}V$ 化为:

(1) 直角坐标系下先 z 再 y 最后 x 的三次积分;

(2) 柱面坐标系下先 z 再 r 最后 θ 的三次积分;

(3) 球面坐标系下先 r 再 φ 最后 θ 的三次积分.

2. 计算下列三重积分:

(1) $\iiint\limits_{\Omega} xyz\mathrm{d}V$, 其中 Ω 是由平面 $x = a(a > 0), y = x, z = y, z = 0$ 所围成的区域;

(2) $\iiint\limits_{\Omega} y\mathrm{d}V$, 其中 Ω 是由平面 $z = 0, y + z = 1$ 及曲面 $y = x^2$ 所围成的区域;

(3) $\iiint\limits_{\Omega} xy\mathrm{d}V$, 其中 Ω 是由曲面 $z = xy$ 和平面 $x + y = 1, z = 0$ 所围成的区域;

(4) $\iiint\limits_{\Omega} y\cos(x + z)\,\mathrm{d}V$, 其中 Ω 是由曲面 $y = \sqrt{x}$ 和平面 $y = 0, z = 0, x+z = \dfrac{\pi}{2}$ 所围成的区域.

3. 利用先二后一法计算下列三重积分:

(1) $\iiint\limits_{\Omega} z\mathrm{d}V$, 其中 Ω 是由曲面 $z^2 = \dfrac{h^2}{a^2}\left(x^2 + y^2\right)$ 及平面 $z = h\ (h > 0)$ 所围成的区域;

(2) $\iiint\limits_{\Omega} y^2\mathrm{d}V$, 其中 Ω : $x^2 + y^2 + z^2 \leqslant 2y$;

(3) $\iiint\limits_{\Omega} z\sqrt{x^2 + y^2}\mathrm{d}V$, 其中 Ω 是由曲面 $y = \sqrt{2x - x^2}$ 及平面 $z = 0, z = a\,(a > 0), y = 0$ 所围成的区域;

(4) $\iiint\limits_{\Omega} z^2\mathrm{d}V$, 其中 Ω : $\sqrt{x^2 + y^2} \leqslant z \leqslant \sqrt{2R^2 - x^2 - y^2}$.

4. 利用柱面坐标计算下列三重积分:

(1) $\iiint\limits_{\Omega} (x^2 + y^2)\,\mathrm{d}V$, 其中 Ω 是由曲面 $4z^2 = 25\left(x^2 + y^2\right)$ 及平面 $z = 5$ 所围成的区域;

(2) $\iiint\limits_{\Omega} x^2\mathrm{d}V$, 其中 Ω 是由曲面 $x^2 + y^2 = 2z$ 和平面 $z = 2$ 所围成的区域;

(3) $\iiint\limits_{\Omega} \dfrac{\ln\left(1 + \sqrt{x^2 + y^2}\right)}{x^2 + y^2}\mathrm{d}V$, 其中 Ω 是由曲面 $z = x^2 + y^2$ 及 $z = \sqrt{x^2 + y^2}$ 所围成的区域.

5. 利用球面坐标计算下列三重积分:

(1) $\iiint\limits_{\Omega} \ln\left(x^2 + y^2 + z^2\right)\mathrm{d}V$, 其中 Ω : $x^2 + y^2 + z^2 \leqslant 1$;

(2) $\displaystyle\iiint\limits_{\Omega} \sin\left(x^2+y^2+z^2\right)^{\frac{3}{2}} \mathrm{d}V$, 其中 Ω 是由曲面 $z=\sqrt{3\left(x^2+y^2\right)}$ 及 $z=$
$\sqrt{R^2-x^2-x^2}\ (R>0)$ 所围成的区域;

(3) $\displaystyle\iiint\limits_{\Omega}\left(\sqrt{x^2+y^2+z^2}+\dfrac{1}{x^2+y^2+z^2}\right)\mathrm{d}V$, 其中 Ω 是由曲面 $z^2=x^2+$
$y^2, z^2=3\left(x^2+y^2\right)$ 及平面 $z=1$ 所围成的区域.

练习 3.2 参考答案与提示

1. (1) $I=\displaystyle\int_{-1}^{1}\mathrm{d}x\int_{-\sqrt{1-x^2}}^{\sqrt{1-x^2}}\mathrm{d}y\int_{\sqrt{3(x^2+y^2)}}^{\sqrt{4-x^2-y^2}} f\left(x,y,z\right)\mathrm{d}z$;

(2) $I=\displaystyle\int_{0}^{2\pi}\mathrm{d}\theta\int_{0}^{1}\mathrm{d}r\int_{\sqrt{3}r}^{\sqrt{4-r^2}} f\left(r\cos\theta,r\sin\theta,z\right)r\mathrm{d}z$;

(3) $I=\displaystyle\int_{0}^{2\pi}\mathrm{d}\theta\int_{0}^{\frac{\pi}{6}}\mathrm{d}\varphi\int_{0}^{2} f\left(r\sin\varphi\cos\theta,r\sin\varphi\sin\theta,r\cos\varphi\right)r^2\sin\varphi\mathrm{d}r$.

2. (1) $\displaystyle\int_{0}^{1}x\mathrm{d}x\int_{0}^{x}y\mathrm{d}y\int_{0}^{y}z\mathrm{d}z=\dfrac{1}{180}$;

(2) $\displaystyle\int_{-1}^{1}\mathrm{d}x\int_{x^2}^{1}r\mathrm{d}y\int_{0}^{1-y}\mathrm{d}z=\dfrac{8}{35}$;

(3) $\displaystyle\int_{0}^{1}x\mathrm{d}x\int_{0}^{1-x}y\mathrm{d}y\int_{0}^{xy}\mathrm{d}z=\dfrac{1}{180}$;

(4) $\displaystyle\int_{0}^{\frac{\pi}{2}}\mathrm{d}x\int_{0}^{\sqrt{x}}y\mathrm{d}y\int_{0}^{\frac{\pi}{2}-x}\cos\left(x+z\right)\mathrm{d}z=\dfrac{\pi^2}{16}-\dfrac{1}{2}$.

3. (1) $\displaystyle\int_{0}^{h}z\mathrm{d}z\iint\limits_{D_z}\mathrm{d}x\mathrm{d}y=\dfrac{\pi}{4}a^2h^2$, 其中 $D_z:\ x^2+y^2\leqslant\dfrac{a^2z^2}{h^2}$;

(2) $\displaystyle\int_{0}^{2}y^2\mathrm{d}y\iint\limits_{D_y}\mathrm{d}x\mathrm{d}z$, 其中 $D_y:\ x^2+z^2\leqslant 2y-y^2$;

(3) $\displaystyle\int_{0}^{a}z\mathrm{d}z\iint\limits_{D_z}\sqrt{x^2+y^2}\mathrm{d}x\mathrm{d}y=\int_{0}^{a}z\mathrm{d}z\int_{-\frac{\pi}{2}}^{\frac{\pi}{2}}\mathrm{d}\theta\int_{0}^{2\cos\theta}r^2\mathrm{d}r=\dfrac{8}{9}a^2$;

(4) $\displaystyle\int_{0}^{R}z^2\mathrm{d}z\iint\limits_{D_{z_1}}\mathrm{d}x\mathrm{d}y+\int_{R}^{\sqrt{2}R}z^2\mathrm{d}z\iint\limits_{D_{z_2}}\mathrm{d}x\mathrm{d}y=\dfrac{4}{15}\pi\left(2\sqrt{2}-1\right)$,

其中 $D_{z_1}:\ x^2+y^2\leqslant z^2, D_{z_2}:\ x^2+y^2\leqslant 2R^2-z^2$.

4. (1) $\displaystyle\int_{0}^{2\pi}\mathrm{d}\theta\int_{0}^{2}\mathrm{d}r\int_{\frac{5}{2}r}^{5}r^3\mathrm{d}z=8\pi$;

(2) 由对称性, 原式 $= \dfrac{1}{2} \iiint\limits_{\Omega} \left(x^2 + y^2\right) \mathrm{d}V = \dfrac{1}{2} \int_0^{2\pi} \mathrm{d}\theta \int_0^2 \mathrm{d}r \int_{\frac{1}{2}r^2}^2 r^3 \mathrm{d}z = \dfrac{8}{3}\pi$;

(3) $\displaystyle\int_0^{2\pi} \mathrm{d}\theta \int_0^1 \mathrm{d}r \int_{r^2}^r \dfrac{\ln(1+r)}{r^2} r\mathrm{d}z = \pi \left(4\ln 2 - \dfrac{5}{2}\right)$.

5. (1) $\displaystyle\int_0^{2\pi} \mathrm{d}\theta \int_0^{\pi} \mathrm{d}\varphi \int_0^1 \ln r^2 \cdot r^2 \sin\varphi \mathrm{d}r = -\dfrac{8}{9}\pi$;

(2) $\displaystyle\int_0^{2\pi} \mathrm{d}\theta \int_0^{\frac{\pi}{6}} \mathrm{d}\varphi \int_0^R \sin r^3 \cdot r^2 \sin\varphi \mathrm{d}r = \dfrac{\pi}{3} \left(2 - \sqrt{3}\right)\left(1 - \cos R^3\right)$;

(3) $\displaystyle\int_0^{2\pi} \mathrm{d}\theta \int_{\frac{\pi}{6}}^{\frac{\pi}{4}} \mathrm{d}\varphi \int_0^{\sec\varphi} \left(r + \dfrac{1}{r^2}\right) r^2 \sin\varphi \mathrm{d}r = \left(\dfrac{9\sqrt{2} - 4\sqrt{3}}{27} + \ln \dfrac{3}{2}\right)\pi$.

综合练习 3

1. 填空题

(1) 积分 $\displaystyle\int_0^1 \mathrm{d}x \int_x^1 \mathrm{e}^{-y^2} \mathrm{d}y =$ _____.

(2) 设积分区域 D: $x^2 + y^2 \leqslant R^2$, 则 $\displaystyle\iint\limits_D \left(\dfrac{x^2}{a^2} + \dfrac{y^2}{b^2}\right) \mathrm{d}x\mathrm{d}y =$ _____.

(3) 交换二次积分的次序 $\displaystyle\int_0^1 \mathrm{d}y \int_0^{2y} f(x,y) \mathrm{d}x + \int_1^3 \mathrm{d}y \int_0^{3-y} f(x,y) \mathrm{d}x =$ _____.

(4) 设 D: $x^2 + y^2 \leqslant x + y$, 二重积分在极坐标系下先 r 后 θ 的二次积分为 _____.

(5) 三次积分 $\displaystyle\int_{-1}^1 \mathrm{d}x \int_{-\sqrt{1-x^2}}^{\sqrt{1-x^2}} \mathrm{d}y \int_0^{x^2+y^2} f(x,y,z) \mathrm{d}z$ 在柱面坐标系下先 z 再 r 后 θ 的三次积分为 _____.

2. 选择题

(1) 设 $f(u)$ 连续, 区域 D 由曲线 $y = x^3$ 及直线 $y = 1, x = -1$ 围成, 则积分 $\displaystyle\iint\limits_D x\left[1 + yf\left(x^2 + y^2\right)\right] \mathrm{d}x\mathrm{d}y = ($).

(A) 0　　　　　(B) 1　　　　　(C) $\dfrac{2}{5}$　　　　　(D) $-\dfrac{2}{5}$

(2) 设区域 D: $|x| + |y| \leqslant 1$, 则积分 $\displaystyle\iint\limits_D \dfrac{x^2 - y^2}{\sqrt{x + y + 1}} \mathrm{d}x\mathrm{d}y = ($).

(A) 0　　　　　(B) 1　　　　　(C) -1　　　　(D) $\dfrac{1}{2}$

(3) 若 $\displaystyle\iint\limits_{D} f(x,y)\,\mathrm{d}x\mathrm{d}y = \int_{-\frac{\pi}{2}}^{\frac{\pi}{2}} \mathrm{d}\theta \int_{0}^{a\cos\theta} f(r\cos\theta, r\sin\theta)\,r\mathrm{d}r$, 则积分区域 D

为 (　　).

(A) $x^2 + y^2 \leqslant a^2\,(x \geqslant 0)$　　　　　　(B) $x^2 + y^2 \leqslant ax\,(a > 0)$

(C) $x^2 + y^2 \leqslant ay\,(a \geqslant 0)$　　　　　　(D) $x^2 + y^2 \leqslant ax\,(a < 0)$

(4) 设 Ω 是球体 $x^2 + y^2 + z^2 \leqslant a^2\,(a > 0)$ 的上半部分, 则下列积分中不为零

的是 (　　).

(A) $\displaystyle\iiint\limits_{\Omega} x\mathrm{d}V$　　　(B) $\displaystyle\iiint\limits_{\Omega} y\mathrm{d}V$　　　(C) $\displaystyle\iiint\limits_{\Omega} z\mathrm{d}V$　　　(D) $\displaystyle\iiint\limits_{\Omega} xyz\mathrm{d}V$

(5) 设有空间区域 Ω: $x^2 + y^2 + z^2 \leqslant R^2\,(R > 0)$. 则 $\displaystyle\iiint\limits_{\Omega} (x^2 + y^2 + z^2)\,\mathrm{d}V =$

(　　).

(A) $\dfrac{4}{3}\pi R^5$　　　　(B) $\dfrac{3}{4}\pi R^5$　　　　(C) $\dfrac{4}{5}\pi R^5$　　　　(D) $\dfrac{5}{4}\pi R^5$

3. 计算 $\displaystyle\iint\limits_{D} |\sin(x+y)|\,\mathrm{d}x\mathrm{d}y$, 其中 D: $0 \leqslant x \leqslant \pi$, $0 \leqslant y \leqslant 2\pi$.

4. 计算 $\displaystyle\iint\limits_{D} \dfrac{x^2}{y^2}\,\mathrm{d}x\mathrm{d}y$, 其中 D 由曲线 $xy = 2, y = 1 + x^2$ 及直线 $x = 2$ 所

围成.

5. 交换二次积分 $\displaystyle\int_{0}^{1} \mathrm{d}y \int_{1-\sqrt{1-y^2}}^{3-y} f(x,y)\,\mathrm{d}x$ 的积分次序.

6. 计算 $\displaystyle\iiint\limits_{\Omega} xy^2 z^3 \mathrm{d}V$, 其中 Ω 是由曲面 $z = xy$ 与平面 $y = x, y = 1, z = 0$

所围成的区域.

7. 计算 $\displaystyle\iiint\limits_{\Omega} z\mathrm{d}V$, 其中 Ω 是由曲面 $z = 6 - x^2 - y^2$ 和 $z = \sqrt{x^2 + y^2}$ 所围成

的区域.

8. 计算 $\displaystyle\iiint\limits_{\Omega} |x^2 + y^2 + z^2 - 1|\,\mathrm{d}V$, 其中 Ω: $x^2 + y^2 + z^2 \leqslant 2$.

综合练习 3 参考答案与提示

1. (1) $\dfrac{1}{2}(1 - \mathrm{e}^{-1})$.

(2) $\dfrac{\pi}{4}R^4\left(\dfrac{1}{a^2} + \dfrac{1}{b^2}\right)$.

(3) $\displaystyle\int_1^2 \mathrm{d}x \int_{\frac{x}{2}}^{1-x} f(x,y)\,\mathrm{d}y.$

(4) $\displaystyle\int_{-\frac{\pi}{4}}^{\frac{3}{4}\pi} \mathrm{d}\theta \int_0^{\cos\theta+\sin\theta} f(r\cos\theta, r\sin\theta)\,r\mathrm{d}r.$

(5) $\displaystyle\int_0^{2\pi} \mathrm{d}\theta \int_0^1 \mathrm{d}r \int_0^{r^2} f(r\cos\theta, r\sin\theta, z)\,r\mathrm{d}z.$

2. (1) (D).　　(2) (A).　　(3) (B).　　(4) (C).　　(5) (C).

3. $\displaystyle\int_0^\pi \mathrm{d}x \int_0^{\pi-x} \sin(x+y)\,\mathrm{d}y - \int_0^\pi \mathrm{d}x \int_{\pi-x}^{2\pi-x} \sin(x+y)\,\mathrm{d}y$

$\displaystyle\quad + \int_0^\pi \mathrm{d}x \int_{2\pi-x}^{2\pi} \sin(x+y)\,\mathrm{d}y = 4\pi.$

4. $\displaystyle\int_1^2 \mathrm{d}x \int_{\frac{2}{x}}^{1+x^2} \frac{x^2}{y^2}\,\mathrm{d}y = \frac{7}{8} + \arctan 2 - \frac{\pi}{4}.$

5. $\displaystyle\int_0^1 \mathrm{d}x \int_0^{\sqrt{2x-x^2}} f(x,y)\,\mathrm{d}y + \int_1^2 \mathrm{d}x \int_0^1 f(x,y)\,\mathrm{d}y + \int_2^3 \mathrm{d}x \int_0^{3-x} f(x,y)\,\mathrm{d}y.$

6. $\displaystyle\int_0^1 x\mathrm{d}x \int_x^1 y^2\mathrm{d}y \int_0^{xy} y^3\mathrm{d}z = \frac{1}{312}.$

7. 用先二后一法, 原式 $\displaystyle= \int_0^2 z\mathrm{d}z \iint_{D_{z_1}} \mathrm{d}x\mathrm{d}y + \int_2^6 z\mathrm{d}z \iint_{D_{z_2}} \mathrm{d}x\mathrm{d}y = \frac{92}{3}\pi;$

用柱面坐标, 原式 $\displaystyle= \int_0^{2\pi} \mathrm{d}\theta \int_0^2 \mathrm{d}r \int_r^{6-r^2} zr\mathrm{d}z = \frac{92}{3}\pi.$

8. $\displaystyle\int_0^{2\pi} \mathrm{d}\theta \int_0^\pi \mathrm{d}\varphi \int_0^1 (1-r^2) r^2 \sin\varphi \mathrm{d}r + \int_0^{2\pi} \mathrm{d}\theta \int_0^\pi \mathrm{d}\varphi \int_1^{\sqrt{2}} (r^2-1) r^2 \sin\varphi \mathrm{d}r = \frac{8\sqrt{2}}{15}\pi.$

第4章　无穷级数

无穷级数是微积分的一个重要组成部分, 它在理论和实践中都有广泛的应用.

本章包括数项级数和幂级数. 理解级数的概念和基本性质, 掌握数项级数的收敛性判别法; 理解幂级数的概念, 会讨论幂级数的收敛性及会把某些函数展开成幂级数是本章的重点.

4.1　数项级数

一、主要内容

数项级数的概念和性质, 正项级数收敛性的判别法, 交错级数与 Leibniz 定理, 任意项级数的绝对收敛与条件收敛.

二、教学要求

1. 了解级数的收敛与发散、收敛级数和的概念.

级数 $\sum\limits_{n=1}^{\infty} u_n$ 收敛于 $S \Leftrightarrow$ 其部分和数列 $\{S_n\}$ 的极限 $\lim\limits_{n\to\infty} S_n = S$.

2. 掌握级数 $\sum\limits_{n=1}^{\infty} u_n$ 收敛的必要条件:

若级数 $\sum\limits_{n=1}^{\infty} u_n$ 收敛, 则 $\lim\limits_{n\to\infty} u_n = 0$.

仅从 $\lim\limits_{n\to\infty} u_n = 0$ 不能判定 $\sum\limits_{n=1}^{\infty} u_n$ 收敛, 但若 $\lim\limits_{n\to\infty} u_n \neq 0$, 则可判定 $\sum\limits_{n=1}^{\infty} u_n$ 发散.

3. 掌握级数的以下基本性质:

(1) 若 $\sum\limits_{n=1}^{\infty} u_n = S$, 则 $\sum\limits_{n=1}^{\infty} k u_n = kS$ $(k \neq 0)$;

(2) 若 $\sum\limits_{n=1}^{\infty} u_n = S$, $\sum\limits_{n=1}^{\infty} v_n = T$, 则 $\sum\limits_{n=1}^{\infty} (u_n \pm v_n) = S \pm T$;

(3) 在级数前面添上或去掉有限项不改变其敛散性;

(4) 对收敛级数的项加括号后得到的级数仍收敛, 若加括号后的级数发散, 则原级数发散.

4. 掌握几何级数和 $p-$ 级数的敛散性:

(1) 几何级数 $\sum\limits_{n=0}^{\infty} aq^n(a \neq 0)$, 当 $|q| < 1$ 时收敛于 $\dfrac{a}{1-q}$, 当 $|q| \geqslant 1$ 时发散;

(2) $p-$ 级数 $\sum\limits_{n=1}^{\infty} \dfrac{1}{n^p}(p > 0)$, 当 $p > 1$ 时收敛, 当 $0 < p \leqslant 1$ 时发散, 其中 $p = 1$ 时, $\sum\limits_{n=1}^{\infty} \dfrac{1}{n}$ 称为调和级数.

5. 掌握正项级数收敛性的基本定理和判别法:

(1) 了解基本定理

正项级数 $\sum\limits_{n=1}^{\infty} u_n$ 收敛 $\Leftrightarrow$ 其部分和数列 $\{S_n\}$ 有上界.

(2) 掌握比较判别法及其极限形式

比较判别法: 对正项级数 $\sum\limits_{n=1}^{\infty} u_n$ 和 $\sum\limits_{n=1}^{\infty} v_n$, 若 $u_n \leqslant v_n(n = 1, 2, \cdots)$, 则当 $\sum\limits_{n=1}^{\infty} v_n$ 收敛时, $\sum\limits_{n=1}^{\infty} u_n$ 也收敛; 当 $\sum\limits_{n=1}^{\infty} u_n$ 发散时, $\sum\limits_{n=1}^{\infty} v_n$ 也发散.

极限形式: 对正项级数 $\sum\limits_{n=1}^{\infty} u_n$ 和 $\sum\limits_{n=1}^{\infty} v_n(v_n > 0, n = 1, 2, \cdots)$, 若 $\lim\limits_{n \to \infty} \dfrac{u_n}{v_n} = l$, 则

① 当 $0 < l < +\infty$ 时, $\sum\limits_{n=1}^{\infty} u_n$ 和 $\sum\limits_{n=1}^{\infty} v_n$ 具有相同的敛散性;

② 当 $l = 0$ 且 $\sum\limits_{n=1}^{\infty} v_n$ 收敛时, $\sum\limits_{n=1}^{\infty} u_n$ 也收敛;

③ 当 $l = +\infty$ 且 $\sum\limits_{n=1}^{\infty} v_n$ 发散时, $\sum\limits_{n=1}^{\infty} u_n$ 也发散.

在使用比较判别法时, 几何级数和 $p-$ 级数常被用作比较的标准级数.

(3) 掌握比值判别法

对正项级数 $\sum\limits_{n=1}^{\infty} u_n(u_n > 0, n = 1, 2, \cdots)$, 若 $\lim\limits_{n \to \infty} \dfrac{u_{n+1}}{u_n} = \rho$, 则当 $\rho < 1$ 时级数收敛; 当 $\rho > 1$ 时级数发散.

(4) 会用根值判别法

对正项级数 $\sum\limits_{n=1}^{\infty} u_n$, 若 $\lim\limits_{n \to \infty} \sqrt[n]{u_n} = \rho$, 则当 $\rho < 1$ 时级数收敛; 当 $\rho > 1$ 时级数发散.

6. 掌握交错级数的 Leibniz 判别法:

若交错级数 $\sum\limits_{n=1}^{\infty}(-1)^{n+1}u_n\,(u_n>0)$ 中的 $\{u_n\}$ 单调减少且 $\lim\limits_{n\to\infty}u_n=0$, 则
交错级数收敛.

7. 了解任意项级数绝对收敛与条件收敛的概念, 绝对收敛与收敛的关系.

三、例题选讲

1. 常数项级数的概念和性质

例 4.1　判定下列说法是否正确, 并说明理由或举例.

(1) 数列 $\{u_n\}$ 和级数 $\sum\limits_{n=1}^{\infty}u_n$ 同时收敛或同时发散;

(2) 设 k 为常数, 则级数 $\sum\limits_{n=1}^{\infty}u_n$ 和 $\sum\limits_{n=1}^{\infty}ku_n$ 具有相同的敛散性;

(3) 如果级数 $\sum\limits_{n=1}^{\infty}u_n$ 收敛, $\sum\limits_{n=1}^{\infty}v_n$ 发散, 则级数 $\sum\limits_{n=1}^{\infty}(u_n+v_n)$ 一定发散;

(4) 如果 $\sum\limits_{n=1}^{\infty}(u_{2n-1}+u_{2n})$ 收敛, 则级数 $\sum\limits_{n=1}^{\infty}u_n$ 收敛.

答　(1) 说法错误. 例如, 取 $u_n=\dfrac{1}{n}$, 则 $\lim\limits_{n\to\infty}u_n=0$, 而级数 $\sum\limits_{n=1}^{\infty}u_n$ 发散.

(2) 说法错误. 例如, 取 $k=0,u_n=\dfrac{1}{n}$, 则级数 $\sum\limits_{n=1}^{\infty}ku_n$ 收敛, 而 $\sum\limits_{n=1}^{\infty}u_n$ 发散.

(3) 说法正确. 用反证法来证明: 如果级数 $\sum\limits_{n=1}^{\infty}(u_n+v_n)$ 收敛, 由级数性质

$$\sum_{n=1}^{\infty}v_n=\sum_{n=1}^{\infty}[(u_n+v_n)-u_n]$$

也收敛, 这与假设矛盾, 故 $\sum\limits_{n=1}^{\infty}(u_n+v_n)$ 一定发散.

(4) 说法错误. 例如, 取 $u_n=(-1)^{n-1}$, 则 $\lim\limits_{n\to\infty}u_n\neq0$, 级数 $\sum\limits_{n=1}^{\infty}u_n$ 发散, 而

$$\sum_{n=1}^{\infty}(u_{2n-1}+u_{2n})=(1-1)+(1-1)+\cdots,$$

显然是收敛的.

例 4.2　判别下列级数的敛散性, 并求收敛级数的和.

(1) $\sum\limits_{n=1}^{\infty}\dfrac{1}{1+2+\cdots+n}$;　　　　　　(2) $\sum\limits_{n=1}^{\infty}\dfrac{1}{n(n+1)(n+2)}$;

(3) $\sum_{n=1}^{\infty} \left(\sqrt{n+1} - \sqrt{n} \right)$;   (4) $\sum_{n=1}^{\infty} \dfrac{1}{\sqrt{n(n+1)} \left(\sqrt{n+1} - \sqrt{n} \right)}$.

分析   在判别级数收敛性时, 首先应考察是否满足级数收敛的必要条件: $\lim\limits_{n \to \infty} u_n = 0$, 接着可根据不同的情况选用适当的判别法. 本题还要求出收敛级数的和, 为此我们先求出部分和的表达式, 并考察 $\lim\limits_{n \to \infty} S_n$, 也就是按级数收敛性定义来判别敛散性.

解   (1) 因为

$$1 + 2 + \cdots + n = \frac{n(n+1)}{2},$$

所以级数的通项

$$u_n = \frac{2}{n(n+1)} = 2 \left(\frac{1}{n} - \frac{1}{n+1} \right),$$

于是其部分和

$$S_n = 2 \left(1 - \frac{1}{2} + \frac{1}{2} - \frac{1}{3} + \cdots + \frac{1}{n} - \frac{1}{n+1} \right) = 2 \left(1 - \frac{1}{n+1} \right),$$

有 $\lim\limits_{n \to \infty} S_n = 2$, 即原级数收敛, 且和为 2.

(2) 级数的通项

$$u_n = \frac{1}{n(n+1)(n+2)} = \frac{1}{2} \left[\frac{1}{n(n+1)} - \frac{1}{(n+1)(n+2)} \right],$$

所以部分和

$$S_n = \frac{1}{2} \left[\frac{1}{1 \times 2} - \frac{1}{(n+1)(n+2)} \right],$$

有 $\lim\limits_{n \to \infty} S_n = \dfrac{1}{4}$, 即原级数收敛, 且和为 $\dfrac{1}{4}$.

(3) 级数的部分和

$$S_n = \left(\sqrt{2} - 1 \right) + \left(\sqrt{3} - \sqrt{2} \right) + \cdots + \left(\sqrt{n+1} - \sqrt{n} \right)$$
$$= \sqrt{n+1} - 1,$$

有 $\lim\limits_{n \to \infty} S_n = +\infty$, 即原级数发散.

(4) 级数的通项

$$u_n = \frac{1}{\sqrt{n(n+1)} \left(\sqrt{n+1} + \sqrt{n} \right)} = \frac{\sqrt{n+1} - \sqrt{n}}{\sqrt{n(n+1)}} = \frac{1}{\sqrt{n}} - \frac{1}{\sqrt{n+1}},$$

其部分和
$$S_n = 1 - \frac{1}{\sqrt{n+1}},$$

有 $\lim\limits_{n\to\infty} S_n = 1$, 即原级数收敛, 且和为 1.

例 4.3　求下列级数的和:

(1) $\sum\limits_{n=1}^{\infty} \frac{2n+1}{n^2(n+1)^2}$;　　　　　　(2) $\sum\limits_{n=1}^{\infty} \left(\sqrt{n+2} - 2\sqrt{n+1} + \sqrt{n}\right)$.

解　(1) 级数的通项
$$u_n = \frac{2n+1}{n^2(n+1)^2} = \frac{(n+1)^2 - n^2}{n^2(n+1)^2} = \frac{1}{n^2} - \frac{1}{(n+1)^2}$$

其部分和
$$S_n = 1 - \frac{1}{(n+1)^2},$$

有 $\lim\limits_{n\to\infty} S_n = 1$, 原级数的和为 1.

(2) 级数的通项
$$u_n = \sqrt{n+2} - 2\sqrt{n+1} + \sqrt{n} = \left(\sqrt{n+2} - \sqrt{n+1}\right) - \left(\sqrt{n+1} - \sqrt{n}\right),$$

其部分和
$$S_n = \left(\sqrt{n+2} - \sqrt{n+1}\right) - \left(\sqrt{2} - 1\right),$$

由于
$$\lim_{n\to\infty} \left(\sqrt{n+2} - \sqrt{n+1}\right) = \lim_{n\to\infty} \frac{1}{\sqrt{n+2} + \sqrt{n+1}} = 0,$$

有 $\lim\limits_{n\to\infty} S_n = 1 - \sqrt{2}$, 原级数的和为 $1 - \sqrt{2}$.

例 4.4　判别下列级数的敛散性:

(1) $\sum\limits_{n=1}^{\infty} \left(\frac{1}{2^n} + \frac{1}{2n}\right)$;　　　　　　(2) $\sum\limits_{n=2}^{\infty} \frac{1}{\sqrt[n]{\ln n}}$;

(3) $\dfrac{1}{\sqrt{2}-1} - \dfrac{1}{\sqrt{2}+1} + \dfrac{1}{\sqrt{3}-1} - \dfrac{1}{\sqrt{3}+1} + \cdots + \dfrac{1}{\sqrt{n}-1} - \dfrac{1}{\sqrt{n}+1}$
$+ \cdots$.

解　(1) 级数 $\sum\limits_{n=1}^{\infty} \frac{1}{2^n}$ 是公比为 $\frac{1}{2}$ 的等比级数, 收敛, 而级数 $\sum\limits_{n=1}^{\infty} \frac{1}{2n}$ 是调和级数, 发散. 所以原级数发散.

(2) 当 $n > 3$ 时,$1 < \sqrt[n]{\ln n} < \sqrt[n]{n}$, 而 $\lim\limits_{n\to\infty} \sqrt[n]{n} = 1$, 所以

$$\lim_{n\to\infty} u_n = \lim_{n\to\infty} \frac{1}{\sqrt[n]{\ln n}} = 1 \neq 0,$$

原级数发散.

(3) 将原级数的项加括号后成为

$$\sum_{n=2}^{\infty} \left(\frac{1}{\sqrt{n}-1} - \frac{1}{\sqrt{n}+1} \right) = \sum_{n=2}^{\infty} \frac{2}{n-1} = \sum_{n=1}^{\infty} \frac{2}{n},$$

这是一个发散级数, 由级数的性质知原级数发散.

2. 正项级数收敛性判别

例 4.5　用多种方法证明级数 $\sum\limits_{n=1}^{\infty} \dfrac{n}{3^n}$ 收敛.

证明　方法 1　考虑级数的部分和 S_n, 有

$$S_n = \frac{1}{3} + \frac{2}{3^2} + \frac{3}{3^3} + \cdots + \frac{n}{3^n},$$

$$\frac{1}{3} S_n = \frac{1}{3^2} + \frac{2}{3^3} + \cdots + \frac{n-1}{3^n} + \frac{n}{3^{n+1}},$$

两式相减, 得

$$\frac{2}{3} S_n = \frac{1}{3} + \frac{1}{3^2} + \cdots + \frac{1}{3^n} - \frac{n}{3^{n+1}}$$

$$= \frac{1}{2} \left(1 - \frac{1}{3^n} \right) - \frac{n}{3^{n+1}}.$$

由于

$$\lim_{n\to\infty} \frac{n}{3^{n+1}} = \lim_{x\to+\infty} \frac{x}{3^{x+1}} = \lim_{x\to+\infty} \frac{1}{3^{x+1}\ln 3} = 0,$$

所以

$$\lim_{n\to\infty} \frac{2}{3} S_n = \frac{1}{2}, \quad \lim_{n\to\infty} S_n = \frac{3}{4},$$

即原级数收敛. □

方法 2　这是正项级数, 考虑用比较判别法, 由于

$$n < 2^n, \quad \frac{n}{3^n} < \left(\frac{2}{3} \right)^n,$$

而几何级数 $\sum\limits_{n=1}^{\infty} \left(\dfrac{2}{3} \right)^n$ 收敛, 由比较判别法, 知原级数收敛. □

方法 3　用比值判别法, 设 $u_n = \dfrac{n}{3^n}$, 由于

$$\rho = \lim_{n\to\infty} \frac{u_{n+1}}{u_n} = \lim_{n\to\infty} \frac{\dfrac{n+1}{3^{n+1}}}{\dfrac{n}{3^n}}$$

$$= \lim_{n\to\infty} \frac{1}{3}\cdot\frac{n+1}{n} = \frac{1}{3} < 1,$$

由比值判别法, 知原级数收敛.　　　　　　　　　　　　　　□

方法 4　用根值判别法, 由于

$$\rho = \lim_{n\to\infty} \sqrt[n]{u_n} = \lim_{n\to\infty} \sqrt[n]{\frac{n}{3^n}}$$

$$= \lim_{n\to\infty} \frac{1}{3}\sqrt[n]{n} = \frac{1}{3} < 1,$$

由根值判别法, 知原级数收敛.　　　　　　　　　　　　　　□

小结　判别正项级数 $\displaystyle\sum_{n=1}^{\infty} u_n$ 敛散性的方法很多, 这些方法有各自的适用范围和优缺点. 如果对一个级数可用多种方法判别其敛散性, 应当选择其中最简便易行的方法.

(1) 在用定义判别级数的敛散性时, 需要讨论部分和的极限 $\lim\limits_{n\to\infty} S_n$. 这种方法的优点是, 对收敛级数能同时求出其和. 但是, 这种方法需要将 S_n 化为易于讨论其极限的形式, 而这并非对每一个级数都是容易办到的.

(2) 用比较判别法判别级数敛散时, 首先要对其收敛或发散有一个正确的认定, 其次还要找一个用作比较的级数 $\displaystyle\sum_{n=1}^{\infty} v_n$. 事先对敛散性的认定以及一个合适的比较级数的寻找往往较为困难.

另外, 比较判别法又有一般形式和极限形式两种. 一般形式要讨论不等式, 而极限形式只需讨论 $\lim\limits_{n\to\infty} \dfrac{u_n}{v_n}$, 极限的讨论往往比不等式的讨论容易一些.

(3) 用比值判别法和根值判别法判别级数敛散时, 不需要事先认定其收敛或发散, 也不需要借助于另一级数 $\displaystyle\sum_{n=1}^{\infty} v_n$ 的敛散性, 只需讨论比值 $\dfrac{u_{n+1}}{u_n}$ 或根值 $\sqrt[n]{u_n}$ 的极限 ρ, 一般说这两种方法较为简便. 但是, 当 $\rho = 1$ 时, 这两种方法失效, 从而限制了它们的适用范围.

例 4.6　判别下列级数的敛散性:

(1) $\displaystyle\sum_{n=1}^{\infty} \frac{1}{n\sqrt{n+1}}$;　　　　　　　(2) $\displaystyle\sum_{n=1}^{\infty} \ln\left(1 + \frac{1}{n}\right)$;

(3) $\sum_{n=1}^{\infty}\left(1-\cos\dfrac{1}{n}\right)$; (4) $\sum_{n=1}^{\infty}\int_0^{\frac{1}{n}}\dfrac{\sqrt{x}}{1+x^2}\mathrm{d}x$.

解 (1) 当 $n\to\infty$ 时,$\dfrac{1}{n\sqrt{n+1}}\sim\dfrac{1}{n^{\frac{3}{2}}}$, 即

$$\lim_{n\to\infty}\frac{1}{n\sqrt{n+1}}\Big/\frac{1}{n^{\frac{3}{2}}}=1,$$

而级数 $\sum_{n=1}^{\infty}\dfrac{1}{n^{\frac{3}{2}}}$ 收敛, 由比较判别法的极限形式知, 原级数收敛.

(2) 当 $n\to\infty$ 时,$\ln\left(1+\dfrac{1}{n}\right)\sim\dfrac{1}{n}$, 即

$$\lim_{n\to\infty}\frac{\ln\left(1+\dfrac{1}{n}\right)}{\dfrac{1}{n}}=1,$$

而级数 $\sum_{n=1}^{\infty}\dfrac{1}{n}$ 发散, 由比较判别法的极限形式知, 原级数发散.

(3) 当 $n\to\infty$ 时,$1-\cos\dfrac{1}{n}\sim\dfrac{1}{2n^2}$, 即

$$\lim_{n\to\infty}\left(1-\cos\frac{1}{n}\right)\Big/\frac{1}{2n^2}=1,$$

而级数 $\sum_{n=1}^{\infty}\dfrac{1}{2n^2}=\dfrac{1}{2}\sum_{n=1}^{\infty}\dfrac{1}{n^2}$ 收敛, 由比较判别法的极限形式知, 原级数收敛.

(4) 因为 $\dfrac{\sqrt{x}}{1+x^2}<\sqrt{x}$, 所以

$$\int_0^{\frac{1}{n}}\frac{\sqrt{x}}{1+x^2}\mathrm{d}x<\int_0^{\frac{1}{n}}\sqrt{x}\mathrm{d}x=\frac{2}{3}\frac{1}{n^{\frac{3}{2}}},$$

而级数 $\sum_{n=1}^{\infty}\dfrac{1}{n^{\frac{3}{2}}}$ 收敛, 由比较判别法知, 原级数收敛.

注 在判别正项级数的敛散性时, 常用等价无穷小代换, 记住一些等价无穷小十分有益.

例 4.7 判别下列级数的敛散性:

(1) $\sum_{n=1}^{\infty}\sqrt{\dfrac{n+1}{n}}$; (2) $\sum_{n=1}^{\infty}\dfrac{2^n n!}{n^n}$; (3) $\sum_{n=1}^{\infty}\left(\dfrac{n}{2n+1}\right)^n$; (4) $\sum_{n=1}^{\infty}\dfrac{2^n}{3^{\ln n}}$.

解 (1) 因为 $\lim_{n\to\infty}\left(\dfrac{n+1}{n}\right)^{\frac{1}{2}}=1\neq0$, 所以级数 $\sum_{n=1}^{\infty}\sqrt{\dfrac{n+1}{n}}$ 发散.

(2) 记 $u_n = \dfrac{2^n n!}{n^n}$, 则 $u_n > 0$, 且

$$
\begin{aligned}
\rho &= \lim_{n\to\infty} \frac{u_{n+1}}{u_n} \\
&= \lim_{n\to\infty} \frac{2^{n+1}(n+1)!}{(n+1)^{n+1}} \bigg/ \frac{2^n n!}{n^n} \\
&= 2 \lim_{n\to\infty} \left(\frac{n}{n+1} \right)^n \\
&= \frac{2}{\mathrm{e}} < 1,
\end{aligned}
$$

由比值判别法知, 级数 $\displaystyle\sum_{n=1}^{\infty} u_n$ 收敛.

(3) 记 $u_n = \left(\dfrac{n}{2n+1} \right)^n$, 则 $u_n > 0$, 且

$$
\rho = \lim_{n\to\infty} \sqrt[n]{u_n} = \lim_{n\to\infty} \frac{n}{2n+1} = \frac{1}{2} < 1,
$$

由根值判别法知, 级数 $\displaystyle\sum_{n=1}^{\infty} u_n$ 收敛.

(4) 记 $u_n = \dfrac{2^n}{3^{\ln n}}$, 则 $u_n > 0$, 且

$$
\rho = \lim_{n\to\infty} \sqrt[n]{u_n} = \lim_{n\to\infty} \frac{2}{3^{\frac{\ln n}{n}}},
$$

其中 $\displaystyle\lim_{n\to\infty} \frac{\ln n}{n} = 0$, 所以 $\rho = 2 > 1$, 由根值判别法知, 级数 $\displaystyle\sum_{n=1}^{\infty} u_n$ 发散.

例 4.8　判别级数 $\displaystyle\sum_{n=1}^{\infty} \dfrac{1}{n \sqrt[n]{n}}$ 的敛散性.

分析　在 p-级数 $\displaystyle\sum_{n=1}^{\infty} \dfrac{1}{n^p}$ 中 p 为常数, 注意到, 本题中的级数不是 p-级数.

解　因为 $\displaystyle\lim_{n\to\infty} \sqrt[n]{n} = 1$, 所以

$$
\lim_{n\to\infty} \frac{\dfrac{1}{n\sqrt[n]{n}}}{\dfrac{1}{n}} = \lim_{n\to\infty} \frac{1}{\sqrt[n]{n}} = 1,
$$

而级数 $\displaystyle\sum_{n=1}^{\infty} \dfrac{1}{n}$ 发散, 由比较判别法的极限形式知, 原级数发散.

3. 交错级数的 Leibniz 判别法, 任意项级数的绝对收敛和条件收敛

例 4.9　设 $a_n = (-1)^n \ln\left(1 + \dfrac{1}{n}\right)$, 下列结论中正确的是 (　　).

(A) 级数 $\displaystyle\sum_{n=1}^{\infty} a_n$ 和 $\displaystyle\sum_{n=1}^{\infty} a_n^2$ 都收敛

(B) 级数 $\displaystyle\sum_{n=1}^{\infty} a_n$ 和 $\displaystyle\sum_{n=1}^{\infty} a_n^2$ 都发散

(C) 级数 $\displaystyle\sum_{n=1}^{\infty} a_n$ 收敛, 而级数 $\displaystyle\sum_{n=1}^{\infty} a_n^2$ 发散

(D) 级数 $\displaystyle\sum_{n=1}^{\infty} a_n$ 发散, 而级数 $\displaystyle\sum_{n=1}^{\infty} a_n^2$ 收敛

答　应选 (A). $\displaystyle\sum_{n=1}^{\infty} a_n = \sum_{n=1}^{\infty} (-1)^n \ln\left(1 + \dfrac{1}{n}\right)$ 是交错级数, 由于函数 $f(x) = \ln x$ 单调增加, 而

$$1 + \frac{1}{n+1} < 1 + \frac{1}{n},$$

所以

$$\ln\left(1 + \frac{1}{n+1}\right) < \ln\left(1 + \frac{1}{n}\right),$$

又 $\displaystyle\lim_{n\to\infty} \ln\left(1 + \dfrac{1}{n}\right) = 0$, 由 Leibniz 判别法, 知级数 $\displaystyle\sum_{n=1}^{\infty} a_n$ 收敛.

而 $\displaystyle\sum_{n=1}^{\infty} a_n^2 = \sum_{n=1}^{\infty} \ln^2\left(1 + \dfrac{1}{n}\right)$ 是正项级数, 当 $n \to \infty$ 时,

$$\ln^2\left(1 + \frac{1}{n}\right) \sim \frac{1}{n^2},$$

级数 $\displaystyle\sum_{n=1}^{\infty} \dfrac{1}{n^2}$ 收敛, 由比较判别法的极限形式, 知级数 $\displaystyle\sum_{n=1}^{\infty} a_n^2$ 收敛.

例 4.10　讨论下列级数的绝对收敛性和条件收敛性:

(1) $\displaystyle\sum_{n=1}^{\infty} (-1)^{n-1} \dfrac{1}{n^p}$;　　　　　(2) $\displaystyle\sum_{n=1}^{\infty} (-1)^{n-1} \dfrac{2^n}{n^2}$;

(3) $\displaystyle\sum_{n=2}^{\infty} (-1)^{n-1} \dfrac{\ln n}{n}$;　　　　　(4) $\displaystyle\sum_{n=1}^{\infty} \dfrac{(-1)^{n-1}}{n - \ln n}$.

分析　根据本题的要求, 首先应讨论绝对收敛性, 若不是绝对收敛, 再讨论条件收敛性.

解　(1) 当 $p > 1$ 时, $\displaystyle\sum_{n=1}^{\infty}\left|(-1)^{n-1}\dfrac{1}{n^p}\right| = \sum_{n=1}^{\infty}\dfrac{1}{n^p}$ 收敛, 即原级数绝对收敛.

当 $0 < p \leqslant 1$ 时, 级数不是绝对收敛的, 而由

$$\lim_{n\to\infty}\frac{1}{n^p} = 0, \quad \frac{1}{(n+1)^p} < \frac{1}{n^p},$$

根据 Leibniz 判别法, 知级数收敛, 即条件收敛.

当 $p \leqslant 0$ 时, $\displaystyle\lim_{n\to\infty}(-1)^{n-1}\dfrac{1}{n^p} \neq 0$, 故级数发散.

(2) 记 $u_n = \dfrac{2^n}{n^2}$, 因为

$$\lim_{n\to\infty}\frac{u_{n+1}}{u_n} = \lim_{n\to\infty}\frac{\dfrac{2^{n+1}}{(n+1)^2}}{\dfrac{2^n}{n^2}} = 2 > 1,$$

知 $\displaystyle\lim_{n\to\infty}u_n \neq 0$, 所以 $\displaystyle\sum_{n=1}^{\infty}(-1)^{n-1}\dfrac{2^n}{n^2}$ 发散.

(3) 记 $u_n = \dfrac{\ln n}{n}$, 因为

$$\lim_{n\to\infty}\frac{\dfrac{\ln n}{n}}{\dfrac{1}{n}} = \lim_{n\to\infty}\ln n = +\infty,$$

而 $\displaystyle\sum_{n=1}^{\infty}\dfrac{1}{n}$ 发散, 知原级数不绝对收敛. 而

$$\lim_{n\to\infty}u_n = \lim_{n\to\infty}\frac{\ln n}{n} = \lim_{x\to+\infty}\frac{\ln x}{x} = \lim_{x\to+\infty}\frac{1}{x} = 0,$$

再设 $f(x) = \dfrac{\ln x}{x}$, 有

$$f'(x) = \left(\frac{\ln x}{x}\right)' = \frac{1-\ln x}{x^2} < 0 \quad (x > \mathrm{e}),$$

故当 $n \geqslant 3$ 时, $u_n = \dfrac{\ln n}{n}$ 单调减少, 由 Leibniz 判别法, 知原级数收敛, 因此是条件收敛的.

(4) 记 $u = \dfrac{1}{n - \ln n} > 0$, 有 $u_n > \dfrac{1}{n}$, 而级数 $\displaystyle\sum_{n=1}^{\infty} \dfrac{1}{n}$ 发散, 根据比较判别法, 知级数 $\displaystyle\sum_{n=1}^{\infty} u_n$ 发散, 即原级数不是绝对收敛的. 由于

$$[(n+1) - \ln(n+1)] - (n - \ln n) = 1 - \ln\left(1 + \dfrac{1}{n}\right) > 0,$$

所以 $u_{n+1} < u_n \, (n = 1, 2, \cdots)$, 又

$$\lim_{n\to\infty} u_n = \lim_{n\to\infty} \dfrac{1}{n - \ln n} = \lim_{n\to\infty} \dfrac{\dfrac{1}{n}}{1 - \dfrac{\ln n}{n}} = 0,$$

根据 Leibniz 判别法知原级数收敛, 因此是条件收敛的.

例 4.11　讨论下列级数的绝对收敛性和条件收敛性:

(1) $\displaystyle\sum_{n=1}^{\infty} (-1)^n \dfrac{1}{n^p}$;　　(2) $\displaystyle\sum_{n=1}^{\infty} (-1)^n (\sqrt[n]{a} - 1) \, (a > 0, a \neq 1)$.

分析　根据本题的要求, 首先应讨论级数的绝对收敛性, 若不是绝对收敛, 再讨论条件收敛性.

解　(1) 当 $p > 1$ 时, $\displaystyle\sum_{n=1}^{\infty} \left| (-1)^n \dfrac{1}{n^p} \right| = \sum_{n=1}^{\infty} \dfrac{1}{n^p}$ 收敛, 即原级数绝对收敛.

当 $0 < p \leqslant 1$ 时, 级数不是绝对收敛的, 而

$$\lim_{n\to\infty} \dfrac{1}{n^p} = 0, \quad \dfrac{1}{(n+1)^p} < \dfrac{1}{n^p},$$

根据 Leibniz 判别法, 级数收敛, 即条件收敛.

当 $p \leqslant 0$ 时 $\displaystyle\lim_{n\to\infty} (-1)^n \dfrac{1}{n^p} \neq 0$, 故级数发散.

(2) $\displaystyle\sum_{n=1}^{\infty} \left| (-1)^n (\sqrt[n]{a} - 1) \right| = \sum_{n=1}^{\infty} \left| \sqrt[n]{a} - 1 \right|$. 由于

$$\lim_{x\to 0} \dfrac{a^x - 1}{x} = \ln a,$$

所以

$$\lim_{n\to\infty} \dfrac{\left| \sqrt[n]{a} - 1 \right|}{\dfrac{1}{n}} = |\ln a|.$$

而级数 $\displaystyle\sum_{n=1}^{\infty} \dfrac{1}{n}$ 发散, 根据比较判别法的极限形式知, 原级数不是绝对收敛的.

当 $0 < a < 1$ 时, 原级数可写成 $\sum\limits_{n=1}^{\infty}(-1)^{n-1}(1-\sqrt[n]{a})$. 数列 $\{\sqrt[n]{a}\}$ 单调增加, 且 $\lim\limits_{n\to\infty}\sqrt[n]{a}=1$, 所以 $\{1-\sqrt[n]{a}\}$ 单调减少, 且 $\lim\limits_{n\to\infty}(1-\sqrt[n]{a})=0$, 由 Leibniz 判别法知级数条件收敛.

当 $a > 1$ 时, $\{\sqrt[n]{a}-1\}$ 单调减少, 且 $\lim\limits_{n\to\infty}(\sqrt[n]{a}-1)=0$. 同样由 Leibniz 判别法知级数条件收敛.

注　判定正项级数 $\{u_n\}$ 单调减少的方法如下:

(1) 判定 $u_{n+1}-u_n < 0$;

(2) 判定 $\dfrac{u_{n+1}}{u_n} < 1$;

(3) 构造一个函数 $f(x)$, 利用 $f(x)$ 的单调性, 判定 $\{u_n\}$ 单调减少.

例 4.12　设正项数列 $\{a_n\}$ 单调减少, 且级数 $\sum\limits_{n=1}^{\infty}(-1)^n a_n$ 发散, 证明级数 $\sum\limits_{n=1}^{\infty}\left(\dfrac{1}{a_n+1}\right)^n$ 收敛.

证明　数列 $\{a_n\}$ 单调减少且有下界 0, 根据单调有界原理, 数列 $\{a_n\}$ 收敛. 设 $\lim\limits_{n\to\infty}a_n = a$, 根据极限性质, $a \geqslant 0$.

若 $a = 0$, 由 Leibniz 判别法, 级数 $\sum\limits_{n=1}^{\infty}(-1)^n a_n$ 收敛, 这与题设相矛盾, 故 $a > 0$.

记 $u_n = \left(\dfrac{1}{a_n+1}\right)^n$, $n = 1, 2, \cdots$, 有

$$\lim_{n\to\infty}\sqrt[n]{u_n} = \lim_{n\to\infty}\frac{1}{a_n+1} = \frac{1}{a+1} < 1.$$

由正项级数的根值判别法知级数 $\sum\limits_{n=1}^{\infty}u_n$ 收敛.　　　　　　　□

例 4.13　已知级数 $\sum\limits_{n=1}^{\infty}a_n^2$ 及 $\sum\limits_{n=1}^{\infty}b_n^2$ 都收敛, 证明级数 $\sum\limits_{n=1}^{\infty}a_n b_n$ 及 $\sum\limits_{n=1}^{\infty}\dfrac{a_n}{n}$ 绝对收敛.

证明　由不等式

$$|a_n b_n| \leqslant \frac{1}{2}(a_n^2 + b_n^2)$$

及 $\sum\limits_{n=1}^{\infty}a_n^2$ 和 $\sum\limits_{n=1}^{\infty}b_n^2$ 的收敛性知, $\sum\limits_{n=1}^{\infty}|a_n b_n|$ 收敛, 即级数 $\sum\limits_{n=1}^{\infty}a_n b_n$ 绝对收敛.

取 $b_n = \dfrac{1}{n}$, 则 $\displaystyle\sum_{n=1}^{\infty} b_n^2 = \sum_{n=1}^{\infty} \dfrac{1}{n^2}$ 收敛, 利用上面已证得的结论, 级数 $\displaystyle\sum_{n=1}^{\infty} \dfrac{a_n}{n}$ 绝对收敛. □

小结 在讨论任意项级数敛散性时, 一般可采用如下步骤:

(1) 先讨论 $\displaystyle\sum_{n=1}^{\infty} u_n$ 的绝对收敛性, 由于 $\displaystyle\sum_{n=1}^{\infty} |u_n|$ 是正项级数, 可选用正项级数的收敛性判别法.

(2) 当 $\displaystyle\sum_{n=1}^{\infty} |u_n|$ 不收敛时, 应讨论原级数是否条件收敛.

对交错级数 $\displaystyle\sum_{n=1}^{\infty} (-1)^{n-1} u_n\,(u_n > 0)$, 讨论的主要方法是 Leibniz 判别法. 要特别验证条件: $u_{n+1} \leqslant u_n$, 如果不满足此条件, 应另选其他方法.

四、疑难问题解答

1. 怎样利用加括号的方法来判别级数的敛散性?

答 设有级数 $\displaystyle\sum_{n=1}^{\infty} u_n$, 对它的项加括号成为 $\displaystyle\sum_{n=1}^{\infty} v_n$. 若 $\displaystyle\sum_{n=1}^{\infty} u_n$ 收敛, 则 $\displaystyle\sum_{n=1}^{\infty} v_n$ 也收敛; 若 $\displaystyle\sum_{n=1}^{\infty} v_n$ 发散, 则 $\displaystyle\sum_{n=1}^{\infty} u_n$ 也发散. 我们常常利用这一些性质, 由加括号后级数的发散性得到原级数的发散性.

如例 4.4(3) 讨论级数

$$\frac{1}{\sqrt{2}-1} - \frac{1}{\sqrt{2}+1} + \frac{1}{\sqrt{3}-1} - \frac{1}{\sqrt{3}+1} + \cdots + \frac{1}{\sqrt{n}-1} - \frac{1}{\sqrt{n}+1} + \cdots$$

的敛散性时, 用的就是加括号的方法.

反过来, 若加括号后的级数 $\displaystyle\sum_{n=1}^{\infty} v_n$ 收敛, 原级数 $\displaystyle\sum_{n=1}^{\infty} u_n$ 不一定收敛. 但是, 也有一些特殊情况, 比如可以证明:

如果 $\displaystyle\sum_{n=1}^{\infty} u_n$ 是正项级数, 则 $\displaystyle\sum_{n=1}^{\infty} u_n$ 和加括号后的级数 $\displaystyle\sum_{n=1}^{\infty} v_n$ 具有相同的敛散性.

这是因为, 若 $\displaystyle\sum_{n=1}^{\infty} u_n$ 收敛, $\displaystyle\sum_{n=1}^{\infty} v_n$ 也收敛; 若 $\displaystyle\sum_{n=1}^{\infty} u_n$ 发散, 由于它是正项级数, 从而 $\displaystyle\sum_{n=1}^{\infty} u_n = +\infty$, 所以 $\displaystyle\sum_{n=1}^{\infty} v_n = +\infty$, 即 $\displaystyle\sum_{n=1}^{\infty} v_n$ 发散.

例如, 讨论级数

$$a + 2a + a^2 + 2a^2 + \cdots + a^n + 2a^n + \cdots \quad (a > 0)$$

的敛散性.

这是一个正项级数, 对它的项加括号不改变其敛散性, 所以不妨加括号使其成为

$$(a + 2a) + (a^2 + 2a^2) + \cdots + (a^n + 2a^n) + \cdots = \sum_{n=1}^{\infty} 3a^n,$$

这是一个公比为 a 的等比级数, 故当 $a < 1$ 时收敛, 当 $a \geqslant 1$ 时发散.

2. 比值判别法与根值判别法相比, 各有什么优点?

答　首先我们指出, 关于这两种判别法, 可以证明如下结论: 如果极限 $\lim\limits_{n\to\infty} \dfrac{u_{n+1}}{u_n} = \rho$ 存在, 则 $\lim\limits_{n\to\infty} \sqrt[n]{u_n} = \rho$.

由此可知, 能用比值判别法判定其敛散性的正项级数, 一定可以用根值判别法判定. 当 $\rho = 1$ 时, 比值判别法失效, 此时根值判别法也失效.

其次, 当 $\lim\limits_{n\to\infty} \dfrac{u_{n+1}}{u_n}$ 不存在时, $\lim\limits_{n\to\infty} \sqrt[n]{u_n}$ 却可能存在.

如正项级数

$$a + 2a + a^2 + 2a^2 + \cdots + a^n + 2a^n + \cdots \quad (a > 0, a \neq 4).$$

如果用比值判别法, 由于级数的通项可以表示为 $u_{2k-1} = a^k, u_{2k} = 2a^k$, 因此

$$\frac{u_{n+1}}{u_n} = \begin{cases} 2, & n = 2k - 1, \\ \dfrac{a}{2}, & n = 2k, \end{cases}$$

极限 $\lim\limits_{n\to\infty} \dfrac{u_{n+1}}{u_n}$ 不存在, 所以比值判别法失效.

如果用根值判别法, 由于

$$\sqrt[2k-1]{u_{2k-1}} = \sqrt[2k-1]{a^k} \to \sqrt{a} \quad (k \to \infty),$$

$$\sqrt[2k]{u_{2k}} = \sqrt[2k]{2a^k} \to \sqrt{a} \quad (k \to \infty),$$

所以 $\lim\limits_{n\to\infty} \sqrt[n]{u_n} = \sqrt{a}$, 知当 $a < 1$ 时级数收敛; 当 $a > 1$ 时级数发散; 而当 $a = 1$ 时 $\lim\limits_{n\to\infty} u_n \neq 0$, 级数发散.

总之, 比值判别法一般说来在使用上比较方便, 而根值判别法的使用范围要比比值判别法更广一些.

3. 交错级数 $\sum\limits_{n=1}^{\infty} (-1)^{n-1} u_n \ (u_n > 0)$，如果不满足 Leibniz 判别法中的条件 $u_{n+1} \leqslant u_n$，是否一定发散?

答　Leibniz 判别法中 $u_{n+1} \leqslant u_n$ 是 $\sum\limits_{n=1}^{\infty} (-1)^{n-1} u_n$ 收敛的充分条件, 而不是必要条件. 当条件不满足时, 级数可能收敛, 也可能发散.

如例 4.4(3) 中的级数

$$\frac{1}{\sqrt{2}-1} - \frac{1}{\sqrt{2}+1} + \frac{1}{\sqrt{3}-1} - \frac{1}{\sqrt{3}+1} + \cdots + \frac{1}{\sqrt{n}-1} - \frac{1}{\sqrt{n}+1} + \cdots$$

就是一个交错级数, 它不满足 $u_{n+1} \leqslant u_n$, 我们是用加括号的办法讨论其敛散性的.

例如, 讨论级数

$$\frac{1}{3} - \frac{1}{2} + \frac{1}{5} - \frac{1}{4} + \cdots + \frac{(-1)^n}{n+(-1)^n} + \cdots$$

的敛散性.

这是一个交错级数, 它不满足 $u_{n+1} \leqslant u_n$, 由于

$$\frac{(-1)^n}{n+(-1)^n} = (-1)^n \frac{n-(-1)^n}{n^2-1} = (-1)^n \frac{n}{n^2-1} - \frac{1}{n^2-1},$$

而级数 $\sum\limits_{n=2}^{\infty} (-1)^n \frac{n}{n^2-1}$ 满足 Leibniz 判别法的条件, 收敛; 级数 $\sum\limits_{n=2}^{\infty} \frac{1}{n^2-1}$ 也收敛. 从而原级数收敛.

4. 如果级数 $\sum\limits_{n=1}^{\infty} u_n$ 不是绝对收敛的, 那么 $\sum\limits_{n=1}^{\infty} u_n$ 是否一定是发散的?

答　由级数绝对收敛与收敛的关系, 我们知道, 当 $\sum\limits_{n=1}^{\infty} |u_n|$ 收敛时, $\sum\limits_{n=1}^{\infty} u_n$ 必收敛; 而当 $\sum\limits_{n=1}^{\infty} |u_n|$ 发散时, $\sum\limits_{n=1}^{\infty} u_n$ 却是可能收敛的.

但是, 如果我们是用比值判别法或根值判别法判定 $\sum\limits_{n=1}^{\infty} |u_n|$ 发散, 那么可以得出 $\sum\limits_{n=1}^{\infty} u_n$ 发散的结论.

这是因为, 从比值判别法及根值判别法的证明过程我们看到, 用这两种方法判定 $\sum\limits_{n=1}^{\infty} |u_n|$ 发散时, 必有 $\lim\limits_{n \to \infty} |u_n| \neq 0$, 从而 $\lim\limits_{n \to \infty} u_n \neq 0$, 所以级数 $\sum\limits_{n=1}^{\infty} u_n$ 发散.

如例 4.10(2) 中的 $\displaystyle\sum_{n=1}^{\infty}(-1)^{n-1}\dfrac{2^n}{n^2}$, 我们是用比值判别法得知它不绝对收敛, 从而原级数发散.

五、常见错误类型分析

1. 判别级数 $\displaystyle\sum_{n=1}^{\infty}\dfrac{1}{n\sqrt[n]{n}}$ 的敛散性.

错误解法　由于 $\dfrac{1}{n\sqrt[n]{n}}=\dfrac{1}{n^p}$, 其中 $p=1+\dfrac{1}{n}>1$, 根据 p–级数敛散性的结论, 知原级数收敛.

错因分析　在 p–级数 $\displaystyle\sum_{n=1}^{\infty}\dfrac{1}{n^p}$ 中 p 为常数, 本题中的级数不是 p–级数. 原级数是发散的.

2. 下列命题中正确的是 (　　).

(A) 若 $u_n\leqslant v_n\,(n=1,2,\cdots)$, 则 $\displaystyle\sum_{n=1}^{\infty}u_n\leqslant\sum_{n=1}^{\infty}v_n$

(B) 若 $u_n\leqslant v_n\,(n=1,2,\cdots)$, 且 $\displaystyle\sum_{n=1}^{\infty}v_n$ 收敛, 则 $\displaystyle\sum_{n=1}^{\infty}u_n$ 也收敛

(C) 若 $\displaystyle\lim_{n\to\infty}\dfrac{u_n}{v_n}=1$, 且 $\displaystyle\sum_{n=1}^{\infty}v_n$ 收敛, 则 $\displaystyle\sum_{n=1}^{\infty}u_n$ 也收敛

(D) 若 $a_n\leqslant b_n\leqslant c_n\,(n=1,2,\cdots)$, 且 $\displaystyle\sum_{n=1}^{\infty}a_n$ 和 $\displaystyle\sum_{n=1}^{\infty}c_n$ 都收敛, 则 $\displaystyle\sum_{n=1}^{\infty}b_n$ 也收敛

错因分析　选择 (A), (B), (C) 都不对, 应当选 (D).

选项 (A) 之所以错误, 是因为只有当级数收敛时才有和, 才能比较其和的大小.

选项 (B) 和 (C) 是将正项级数的结论用到一般级数上, 显然不对. 例如级数 $\displaystyle\sum_{n=1}^{\infty}\left(-\dfrac{1}{n}\right)$ 与 $\displaystyle\sum_{n=1}^{\infty}\dfrac{1}{n^2}$ 可以说明 (B) 不对, 取级数 $\displaystyle\sum_{n=1}^{\infty}\dfrac{(-1)^n}{\sqrt{n}}$ 与 $\displaystyle\sum_{n=1}^{\infty}\left(\dfrac{(-1)^n}{\sqrt{n}}+\dfrac{1}{n}\right)$ 可以说明 (C) 不对.

如果认为符合比较判别法而选择 (D), 其理由不对, 因为这里没有所讨论级数是正项级数的条件. 实际上由于

$$0\leqslant b_n-a_n\leqslant c_n-a_n\quad(n=1,2,\cdots),$$

而级数 $\displaystyle\sum_{n=1}^{\infty}(c_n - a_n)$ 收敛, 由比较判别法知正项级数 $\displaystyle\sum_{n=1}^{\infty}(b_n - a_n)$ 收敛, 再由

$$b_n = (b_n - a_n) + a_n,$$

从而知级数 $\displaystyle\sum_{n=1}^{\infty} b_n$ 收敛.

3. 设 $a_n > 0, b_n > 0$, 且 $\dfrac{a_{n+1}}{a_n} \leqslant \dfrac{b_{n+1}}{b_n}$ $(n = 1, 2, \cdots)$. 证明: 若级数 $\displaystyle\sum_{n=1}^{\infty} b_n$ 收敛, 则级数 $\displaystyle\sum_{n=1}^{\infty} a_n$ 也收敛.

错因分析　题目的条件, 使我们马上想到比值判别法, 似乎从已知条件可以推出

$$\lim_{n\to\infty} \frac{a_{n+1}}{a_n} \leqslant \lim_{n\to\infty} \frac{b_{n+1}}{b_n} < 1,$$

从而得出级数 $\displaystyle\sum_{n=1}^{\infty} a_n$ 收敛的结论. 这里有如下错误:

(1) 比值判别法是充分性判别法, 从 $\displaystyle\sum_{n=1}^{\infty} b_n$ 收敛, 推不出 $\displaystyle\lim_{n\to\infty} \frac{b_{n+1}}{b_n} < 1$;

(2) 从条件 $\dfrac{a_{n+1}}{a_n} \leqslant \dfrac{b_{n+1}}{b_n}$ 推不出极限 $\displaystyle\lim_{n\to\infty} \frac{a_{n+1}}{a_n}$ 存在.

证明　由

$$\frac{a_{n+1}}{a_n} \leqslant \frac{b_{n+1}}{b_n} \ (n = 1, 2, \cdots),$$

知

$$\frac{a_2}{a_1} \leqslant \frac{b_2}{b_1}, \frac{a_3}{a_2} \leqslant \frac{b_3}{b_2}, \cdots, \frac{a_n}{a_{n-1}} \leqslant \frac{b_n}{b_{n-1}},$$

以上诸式左端和右端分别相乘, 得 $\dfrac{a_n}{a_1} \leqslant \dfrac{b_n}{b_1}$, 再由级数 $\displaystyle\sum_{n=1}^{\infty} b_n$ 收敛及比较判别法, 知级数 $\displaystyle\sum_{n=1}^{\infty} a_n$ 收敛.　　　　□

练习 4.1

1. 求下列级数的和:

(1) $\displaystyle\sum_{n=1}^{\infty} \frac{1}{(n+1)(n+2)}$;

(2) $\displaystyle\sum_{n=1}^{\infty} \left(\sqrt[2n+1]{a} - \sqrt[2n-1]{a} \right)$.

2. 判别下列级数的敛散性:

(1) $\displaystyle\sum_{n=1}^{\infty} n \sin \frac{1}{n}$;　　　(2) $\displaystyle\sum_{n=1}^{\infty} \left(\frac{1}{n^2} - \frac{\ln^n 2}{2^n} \right)$;

(3) $\displaystyle\sum_{n=1}^{\infty} \left(\frac{\sin na}{n^2} - \frac{1}{\sqrt{n}} \right)$ (a为常数).

3. 判别下列级数的敛散性:

(1) $\displaystyle\sum_{n=1}^{\infty} \frac{1}{\sqrt[3]{n^2 - 1}}$;　　　　　　　　(2) $\displaystyle\sum_{n=1}^{\infty} \frac{1}{n^p} \sin \frac{\pi}{n}$;

(3) $\displaystyle\sum_{n=1}^{\infty} \frac{1}{\ln(1+n)}$;　　　　　　　(4) $\displaystyle\sum_{n=1}^{\infty} \int_0^{\frac{1}{n}} \frac{x^2}{1+x^4} \mathrm{d}x$.

4. 判别下列级数的敛散性:

(1) $\displaystyle\sum_{n=1}^{\infty} \frac{5^n}{n!}$;　　(2) $\displaystyle\sum_{n=1}^{\infty} \frac{4^n}{n!3^n}$;　　(3) $\displaystyle\sum_{n=1}^{\infty} \frac{n^n}{n!}$;　　(4) $\displaystyle\sum_{n=1}^{\infty} \frac{3^n n!}{n^n}$.

5. 判别下列级数的敛散性:

(1) $\displaystyle\sum_{n=1}^{\infty} \left(\frac{an}{n+1} \right)^n$ ($a > 0$);　　　　(2) $\displaystyle\sum_{n=1}^{\infty} \frac{3^n}{2^n n}$;

(3) $\displaystyle\sum_{n=1}^{\infty} \frac{n}{\left(1 + \frac{1}{n} \right)^{n^2}}$;　　　　　　(4) $\displaystyle\sum_{n=1}^{\infty} 2^{-n-(-1)^n}$.

6. 设 $\displaystyle\lim_{n \to \infty} a_n = \infty$, 证明:

(1) 级数 $\displaystyle\sum_{n=1}^{\infty} (a_{n+1} - a_n)$ 发散;

(2) 当 $a_n \neq 0$ 时, 级数 $\displaystyle\sum_{n=1}^{\infty} \left(\frac{1}{a_n} - \frac{1}{a_{n+1}} \right) = \frac{1}{a_1}$.

7. 讨论下列级数的绝对收敛性和条件收敛性:

(1) $\displaystyle\sum_{n=1}^{\infty} (-1)^{n-1} \frac{n^2}{2^n}$;　　　　　　(2) $\displaystyle\sum_{n=1}^{\infty} (-1)^{n-1} \frac{\ln n}{\sqrt{n}}$;

(3) $\displaystyle\sum_{n=1}^{\infty} \frac{1}{n} \sin \frac{n\pi}{2}$.

8. 设级数 $\displaystyle\sum_{n=1}^{\infty} a_n$ 绝对收敛, 数列 $\{b_n\}$ 收敛, 证明级数 $\displaystyle\sum_{n=1}^{\infty} a_n b_n$ 绝对收敛.

练习 4.1 参考答案与提示

1. (1) $\dfrac{1}{(n+1)(n+2)} = \dfrac{1}{n+1} - \dfrac{1}{n+2}, S_n = \dfrac{1}{2} - \dfrac{1}{n+2} \to \dfrac{1}{2}$ $(n \to \infty)$;

(2) $S_n = \sqrt[2n+1]{a} - a \to 1 - a$ $(n \to \infty)$.

2. (1) $\lim\limits_{n\to\infty} n\sin\dfrac{1}{n} = 1 \neq 0$, 原级数发散;

(2) $\sum\limits_{n=1}^{\infty} \dfrac{1}{n^2}$ 和 $\sum\limits_{n=1}^{\infty} \dfrac{\ln^n 2}{2^n}$ 都收敛, 原级数收敛;

(3) 因为 $\left| \dfrac{\sin na}{n^2} \right| \leqslant \dfrac{1}{n^2}$, 所以 $\sum\limits_{n=1}^{\infty} \dfrac{\sin na}{n^2}$ 收敛, 又 $\sum\limits_{n=1}^{\infty} \dfrac{1}{\sqrt{n}}$ 发散, 故原级数发散.

3. (1) $\dfrac{1}{\sqrt[3]{n^2 - 1}} \sim \dfrac{1}{n^{\frac{2}{3}}}\ (n\to\infty)$, 原级数发散;

(2) $\dfrac{1}{n^p}\sin\dfrac{\pi}{n} \sim \dfrac{\pi}{n^{1+p}}\ (n\to\infty), p > 0$ 时级数收敛, $p \leqslant 0$ 时级数发散;

(3) $\dfrac{1}{\ln(1+n)} \sim \dfrac{1}{n}\ (n\to\infty)$, 原级数发散;

(4) $\displaystyle\int_0^{\frac{1}{n}} \dfrac{x^2}{1+x^4}\mathrm{d}x < \int_0^{\frac{1}{n}} x^2\mathrm{d}x = \dfrac{1}{3n^3}$, 原级数收敛.

4. (1) $\dfrac{u_{n+1}}{u_n} = \dfrac{5}{n+1} \to 0\ (n\to\infty)$, 原级数收敛;

(2) $\dfrac{u_{n+1}}{u_n} = \dfrac{4}{3}\dfrac{1}{n+1} \to 0\ (n\to\infty)$, 原级数收敛;

(3) $\dfrac{u_{n+1}}{u_n} = \left(\dfrac{n+1}{n}\right)^n \to \mathrm{e}\ (n\to\infty)$, 原级数发散;

(4) $\dfrac{u_{n+1}}{u_n} = 3\left(\dfrac{n}{n+1}\right) \to \dfrac{3}{\mathrm{e}}\ (n\to\infty)$, 原级数发散.

5. (1) $\sqrt[n]{u_n} = \dfrac{an}{n+1} \to a\ (n\to\infty), a < 1$ 时级数收敛, $a > 1$ 时级数发散, $a = 1$ 时 $\lim\limits_{n\to\infty} u_n = \dfrac{1}{\mathrm{e}} \neq 0$, 级数发散;

(2) $\sqrt[n]{u_n} = \dfrac{3}{2\sqrt[n]{n}} \to \dfrac{3}{2}\ (n\to\infty)$, 原级数发散;

(3) $\sqrt[n]{u_n} = \dfrac{\sqrt[n]{n}}{\left(1+\dfrac{1}{n}\right)^n} \to \dfrac{1}{\mathrm{e}}\ (n\to\infty)$, 原级数收敛;

(4) $\sqrt[n]{u_n} = 2^{-1-\frac{(-1)^n}{n}} \to \dfrac{1}{2}\ (n\to\infty)$, 原级数收敛.

6. (1) 级数的部分和 $S_n = a_{n+1} - a_1 \to \infty\ (n\to\infty)$;

(2) 级数的部分和 $S_n = \dfrac{1}{a_1} - \dfrac{1}{a_{n+1}} \to \dfrac{1}{a_1}\ (n\to\infty)$.

7. (1) $\sqrt[n]{\left| (-1)^{n-1}\dfrac{n^2}{2^n} \right|} = \dfrac{1}{2}\sqrt[n]{n^2} \to \dfrac{1}{2}$, 原级数绝对收敛;

(2) 级数满足 Leibniz 定理, 收敛, 而 $\dfrac{\ln n}{\sqrt{n}} > \dfrac{1}{\sqrt{n}}$, 故原级数条件收敛;

(3) $\displaystyle\sum_{n=1}^{\infty} \frac{1}{n} \sin \frac{n\pi}{2} = \sum_{n=1}^{\infty} (-1)^{n-1} \frac{1}{2n-1}$ 满足 Leibniz 定理, 收敛, 而

$\displaystyle\sum_{n=1}^{\infty} \frac{1}{2n-1}$ 发散, 故原级数条件收敛.

8. 数列 $\{b_n\}$ 收敛, 必有界. $\exists M > 0$, 使 $|b_n| \leqslant M$, 从而 $|a_n b_n| \leqslant M |a_n|$, 再由

$\displaystyle\sum_{n=1}^{\infty} |a_n|$ 收敛, 故 $\displaystyle\sum_{n=1}^{\infty} |a_n b_n|$ 收敛.

4.2　幂级数

一、主要内容

幂级数及其收敛半径, 收敛区间和收敛域, 幂级数的和函数, 幂级数在其收敛区间内的基本性质, 简单幂级数的和函数的求法, 初等函数的幂级数展开式.

二、教学要求

1. 了解函数项级数的收敛域与和函数的概念.

2. 了解关于幂级数收敛性的 Abel 定理.

若幂级数在 $x = \overline{x}\,(\overline{x} \neq 0)$ 处收敛, 则对满足不等式 $x < |\overline{x}|$ 的任何 x, 幂级数绝对收敛; 若幂级数在 $x = \overline{x}$ 处发散, 则对满足不等式 $x > |\overline{x}|$ 的任何 x, 幂级数发散.

3. 会求幂级数的收敛半径、收敛区间及收敛域.

对幂级数 $\displaystyle\sum_{n=0}^{\infty} a_n x^n$, 若 $\displaystyle\lim_{n\to\infty} \left| \frac{a_{n+1}}{a_n} \right| = \rho$ 或 $\displaystyle\lim_{n\to\infty} \sqrt[n]{|a_n|} = \rho$, 则幂级数的收敛半径

$$R = \begin{cases} \dfrac{1}{\rho}, & 0 < \rho < +\infty, \\ 0, & \rho = +\infty, \\ +\infty, & \rho = 0. \end{cases}$$

当 $R = 0$ 时, 幂级数只在 $x = 0$ 处收敛; 当 $R = +\infty$ 时, 幂级数的收敛区间是 $(-\infty, +\infty)$; 当 $R = \dfrac{1}{\rho}$ 时, 幂级数的收敛区间是 $(-R, R)$, 再由幂级数在 $x = \pm R$ 处的收敛性可以确定它的收敛域.

4. 了解幂级数在其收敛区间内的基本性质:

设幂级数 $\displaystyle\sum_{n=0}^{\infty} a_n x^n$ 的收敛半径为 R, 和函数为 $S(x)$, 则

(1) $S(x)$ 在 $(-R, R)$ 内连续, 又若幂级数在 $x = R$(或 $x = -R$) 处收敛, 则 $S(x)$ 在 $x = R$ 左连续 (或在 $x = -R$ 右连续).

(2) $S(x)$ 在 $(-R, R)$ 内可导, 且可逐项求导

$$S'(x) = \left(\sum_{n=0}^{\infty} a_n x^n \right)' = \sum_{n=1}^{\infty} n a_n x^{n-1},$$

求导后的幂级数收敛半径仍为 R.

(3) $S(x)$ 在 $(-R, R)$ 内可积, 且可逐项积分

$$\int_0^x S(x) \, \mathrm{d}x = \int_0^x \sum_{n=0}^{\infty} a_n x^n \mathrm{d}x = \sum_{n=0}^{\infty} \frac{a_n}{n+1} x^{n+1}, \quad x \in (-R, R),$$

求积分后的幂级数收敛半径仍为 R.

5. 会求简单幂级数在其收敛区间内的和函数, 并会由此求出某些数项级数的和.

6. 掌握 $\mathrm{e}^x, \sin x, \cos x, \ln(1+x)$ 与 $(1+x)^\alpha$ 的 Maclaurin 展开式, 会用它们将简单函数间接展开成幂级数.

三、例题选讲

1. 函数项级数的收敛性

例 4.14 *求下列函数项级数的收敛域:*

(1) $\displaystyle\sum_{n=1}^{\infty} \frac{n}{x^n}$;   (2) $\displaystyle\sum_{n=1}^{\infty} n\mathrm{e}^{-nx}$;   (3) $\displaystyle\sum_{n=1}^{\infty} \frac{(-1)^n}{2n-1} \left(\frac{1-x}{1+x} \right)^n$.

解   (1) 记 $u_n(x) = \dfrac{n}{x^n}$, 当 $x = 0$ 时, $u_n(x)$ 没有意义. 当 $x \neq 0$ 时,

$$\lim_{n\to\infty} \left| \frac{u_{n+1}(x)}{u_n(x)} \right| = \lim_{n\to\infty} \frac{n+1}{n} \frac{1}{|x|} = \frac{1}{|x|},$$

故当 $|x| > 1$ 时, 级数绝对收敛; 当 $0 < |x| < 1$ 时, 级数发散; 而当 $|x| = 1$ 时, $\lim\limits_{n\to\infty} u_n(x) = \infty$, 级数发散.

原级数的收敛域为 $(-\infty, -1) \cup (1, +\infty)$.

(2) 记 $u_n = n\mathrm{e}^{-nx}$, 由于

$$\lim_{n\to\infty} \frac{u_{n+1}}{u_n} = \lim_{n\to\infty} \frac{n+1}{n} \mathrm{e}^{-x} = \mathrm{e}^{-x},$$

所以当 $x > 0$ 时, $\mathrm{e}^{-x} < 1$, 级数绝对收敛; 当 $x < 0$ 时, $\mathrm{e}^{-x} > 1$, 级数发散; 而当 $x = 0$ 时, $\lim\limits_{n\to\infty} u_n(x) = +\infty$, 级数发散.

原幂级数的收敛域为 $(0, +\infty)$.

(3) 记 $u_n(x) = \dfrac{(-1)^n}{2n-1}\left(\dfrac{1-x}{1+x}\right)^n$, 由于

$$\lim_{n\to\infty} \sqrt[n]{|u_n(x)|} = \lim_{n\to\infty} \sqrt[n]{\frac{1}{2n-1}\left|\frac{1-x}{1+x}\right|^n}$$
$$= \left|\frac{1-x}{1+x}\right|,$$

所以当 $\left|\dfrac{1-x}{1+x}\right| < 1$ 时, 级数绝对收敛; 当 $\left|\dfrac{1-x}{1+x}\right| > 1$ 时, 级数发散. 解不等式 $\left|\dfrac{1-x}{1+x}\right| < 1$ 得 $x > 0$. 而当 $x = 0$ 时, 级数变为 $\displaystyle\sum_{n=1}^{\infty} \frac{(-1)^n}{2n-1}$, 收敛.

从而原幂级数的收敛域为 $[0, +\infty)$.

注　求出 $\rho(x) = \displaystyle\lim_{n\to\infty}\left|\dfrac{u_{n+1}(x)}{u_n(x)}\right|$ (或 $\rho(x) = \displaystyle\lim_{n\to\infty}\sqrt[n]{|u_n(x)|}$) 后, 由正项级数的比值判别法 (或根值判别法) 知, 当 $\rho(x) < 1$ 时, 级数 $\displaystyle\sum_{n=1}^{\infty} u_n(x)$ 绝对收敛; 当 $\rho(x) > 1$ 时, $\displaystyle\sum_{n=1}^{\infty} u_n(x)$ 不绝对收敛. 而从比值判别法 (或根值判别法) 的证明过程可以看出, 此时 $\displaystyle\lim_{n\to\infty}|u_n x| \neq 0$, 从而 $\displaystyle\lim_{n\to\infty} u_n(x) \neq 0$, 根据级数收敛的必要条件, $\displaystyle\sum_{n=1}^{\infty} u_n(x)$ 发散.

2. 幂级数及其收敛半径

例 4.15　填空题

(1) 如果幂级数 $\displaystyle\sum_{n=0}^{\infty} a_n x^n$ 在 $x = 2$ 处条件收敛, 则该幂级数的收敛半径 $R = $ _____.

(2) 如果幂级数 $\displaystyle\sum_{n=1}^{\infty} (-1)^n \dfrac{(x-a)^n}{n}$ 在 $x > 0$ 时发散, 在 $x = 0$ 时收敛, 则 $a = $ _____.

答　(1) 应填 2. 因为 $\displaystyle\sum_{n=0}^{\infty} a_n x^n$ 在 $x = 2$ 处收敛, 由 Abel 定理, $\displaystyle\sum_{n=0}^{\infty} a_n x^n$ 当 $|x| < 2$ 时收敛, 从而 $R \geqslant 2$, 可以断定 $R = 2$, 若不然, 设 $R > 2$, 则 $\displaystyle\sum_{n=0}^{\infty} a_n x^n$ 在区间 $(-R, R)$ 内绝对收敛, 而 $2 \in (-R, R)$, 从而该幂级数在 $x = 2$ 处绝对收敛, 与已知矛盾.

(2) 应填 -1. 因为

$$\lim_{n \to \infty} \sqrt[n]{\left| (-1)^n \frac{1}{n} \right|} = \lim_{n \to \infty} \sqrt[n]{\frac{1}{n}} = 1,$$

所以该幂级数的收敛半径 $R = 1$, 收敛区间为 $(a-1, a+1)$. 由题设知 $x = 0$ 为收敛区间的右端点, 即 $a + 1 = 0$, 故 $a = -1$.

例 4.16　选择题

(1) 如果幂级数 $\displaystyle\sum_{n=0}^{\infty} a_n (x-1)^n$ 在 $x = -1$ 处收敛, 则该级数在 $x = 2$ 处 (　　).

(A) 条件收敛　　(B) 绝对收敛　　(C) 发散　　(D) 敛散性不能确定

(2) 设 $\displaystyle\lim_{n \to \infty} \left| \frac{a_{n+1}}{a_n} \right| = 2$, 则幂级数 $\displaystyle\sum_{n=0}^{\infty} a_n x^{2n+1}$ 的收敛半径 (　　).

(A) $R = 2$　　(B) $R = \dfrac{1}{2}$　　(C) $R = \sqrt{2}$　　(D) $R = \dfrac{1}{\sqrt{2}}$

答　(1) 应选 (B). 该幂级数在 $x = -1$ 处收敛, 由 Abel 定理, 级数在 $|x-1| < 2$, 即在 $-1 < x < 3$ 内绝对收敛, 从而在 $x = 2$ 处绝对收敛.

(2) 应选 (D). 这是因为

$$\lim_{n \to \infty} \left| \frac{u_{n+1}(x)}{u_n(x)} \right| = \lim_{n \to \infty} \left| \frac{a_{n+1} x^{2n+3}}{a_n x^{2n+1}} \right|$$

$$= \lim_{n \to \infty} \left| \frac{a_{n+1}}{a_n} \right| x^2 = 2x^2,$$

根据正项级数的比值判别法, 当 $2x^2 < 1$ 时, 该幂级数绝对收敛; 当 $2x^2 > 1$ 时, 发散. 解 $2x^2 = 1$, 得 $|x| = \dfrac{1}{\sqrt{2}}$, 从而该幂级数的收敛半径 $R = \dfrac{1}{\sqrt{2}}$.

注　在求幂级数的收敛半径时, 对形如 (2) 小题的这种"缺项"的幂级数, 不能直接应用求收敛半径的公式. 此时, 可用求一般的函数项级数 $\displaystyle\sum_{n=1}^{\infty} u_n(x)$ 收敛域的方法加以讨论.

例 4.17　求下列幂级数的收敛半径和收敛域:

(1) $\displaystyle\sum_{n=1}^{\infty} \left(1 + \frac{1}{2} + \cdots + \frac{1}{n} \right) x^n$;　　(2) $\displaystyle\sum_{n=1}^{\infty} \frac{x^n}{a^n + b^n}$　$(a > 0, b > 0)$;

(3) $\displaystyle\sum_{n=2}^{\infty} (-1)^n \frac{1}{2^n \cdot n} x^{2n-3}$;　　(4) $\displaystyle\sum_{n=1}^{\infty} \frac{(x-1)^{2n}}{n - 3^{2n}}$.

解 (1) $\rho = \lim\limits_{n \to \infty} \left| \dfrac{a_{n+1}}{a_n} \right|$

$$= \lim\limits_{n \to \infty} \frac{1 + \dfrac{1}{2} + \cdots + \dfrac{1}{n} + \dfrac{1}{n+1}}{1 + \dfrac{1}{2} + \cdots + \dfrac{1}{n}}$$

$$= \lim\limits_{n \to \infty} \left(1 + \frac{\dfrac{1}{n+1}}{1 + \dfrac{1}{2} + \cdots + \dfrac{1}{n}} \right) = 1,$$

所以幂级数的收敛半径 $R = \dfrac{1}{\rho} = 1$. 而

$$\lim\limits_{n \to \infty} \left(1 + \frac{1}{2} + \cdots + \frac{1}{n} \right) = +\infty,$$

所以当 $x = \pm 1$ 时, 该幂级数发散, 故该幂级数的收敛域为 $(-1, 1)$.

(2) 因为

$$\lim\limits_{n \to \infty} \sqrt[n]{a^n + b^n} = \max\{a, b\},$$

所以

$$\rho = \lim\limits_{n \to \infty} \sqrt[n]{\left| \frac{1}{a^n + b^n} \right|} = \begin{cases} \dfrac{1}{a}, & a \geqslant b, \\ \dfrac{1}{b}, & a < b. \end{cases}$$

该幂级数的收敛半径 $R = \max\{a, b\}$.

又由于

$$\lim\limits_{n \to \infty} \frac{R^n}{a^n + b^n} \neq 0,$$

故当 $x = \pm R$ 时, 该幂级数发散, 故该幂级数的收敛域为 $(-R, R)$.

(3) 因为

$$\lim\limits_{n \to \infty} \sqrt[n]{|u_n(x)|} = \lim\limits_{n \to \infty} \sqrt[n]{\frac{1}{2^n \cdot n} |x|^{2n-3}} = \frac{x^2}{2},$$

解不等式 $\dfrac{x^2}{2} < 1$, 得 $|x| < \sqrt{2}$, 所以收敛半径为 $\sqrt{2}$, 收敛区间为 $(-\sqrt{2}, \sqrt{2})$. 当 $x = \sqrt{2}$ 时, 级数 $\dfrac{1}{2\sqrt{2}} \sum\limits_{n=2}^{\infty} (-1)^n \dfrac{1}{n}$ 收敛; 当 $x = -\sqrt{2}$ 时, 级数 $\dfrac{1}{2\sqrt{2}} \sum\limits_{n=2}^{\infty} (-1)^{n+1} \dfrac{1}{n}$ 收敛, 所以原级数的收敛域为 $[-\sqrt{2}, \sqrt{2}]$.

(4) 因为

$$\lim_{n \to \infty} \sqrt[n]{|u_n(x)|} = \lim_{n \to \infty} \sqrt[n]{\frac{|x-1|^{2n}}{|n - 3^{2n}|}} = \frac{|x-1|^2}{3^2},$$

解不等式 $\dfrac{|x-1|^2}{3^2} < 1$, 得 $|x-1| < 3$, 所以收敛半径为 3, 收敛区间为 $(-2, 4)$.
而当 $x = -2$ 或 4 时, 级数的一般项 $u_n(x) = \dfrac{3^{2n}}{n - 3^{2n}} \to -1 \quad (n \to \infty)$. 所以原
级数的收敛域为 $(-2, 4)$.

3. 幂级数求和

例 4.18 求下列幂级数的和函数:

(1) $\displaystyle\sum_{n=1}^{\infty} \frac{n+1}{n} x^n$;　　　　　　(2) $\displaystyle\sum_{n=1}^{\infty} \frac{x^{n+1}}{n(n+1)}$;

(3) $\displaystyle\sum_{n=0}^{\infty} \frac{(n-1)^2}{n+1} x^n$;　　　　(4) $\displaystyle\sum_{n=0}^{\infty} \frac{2n+1}{n!} x^{2n}$.

解 (1) 因为

$$\rho = \lim_{n \to \infty} \sqrt[n]{|a_n|} = \lim_{n \to \infty} \sqrt[n]{\frac{n+1}{n}} = 1,$$

所以该幂级数的收敛半径 $R = \dfrac{1}{\rho} = 1$, 而

$$\lim_{n \to \infty} \frac{n+1}{n} = 1,$$

所以当 $x = \pm 1$ 时, 该幂级数发散, 从而其收敛域为 $(-1, 1)$.
设 $s(x) = \displaystyle\sum_{n=1}^{\infty} \frac{n+1}{n} x^n$, 则

$$s(x) = \sum_{n=1}^{\infty} x^n + \sum_{n=1}^{\infty} \frac{x^n}{n},$$

其中 $\displaystyle\sum_{n=1}^{\infty} x^n = \frac{x}{1-x}$, $x \in (-1, 1)$. 再设 $s_1(x) = \displaystyle\sum_{n=1}^{\infty} \frac{x^n}{n}$, 则

$$s_1'(x) = \sum_{n=1}^{\infty} x^{n-1} = \sum_{n=0}^{\infty} x^n = \frac{1}{1-x}, \quad x \in (-1, 1),$$

于是

$$s_1(x) = s_1(0) + \int_0^x s_1'(t)\mathrm{d}t = \int_0^x \frac{1}{1-t}\mathrm{d}t = -\ln(1-x),$$

故

$$s(x) = \frac{x}{1-x} - \ln(1-x), \quad x \in (-1, 1).$$

(2) 因为

$$\rho = \lim_{n \to \infty} \left| \frac{a_{n+1}}{a_n} \right| = \lim_{n \to \infty} \frac{n(n+1)}{(n+1)(n+2)} = 1,$$

所以该幂级数的收敛半径 $R = \dfrac{1}{\rho} = 1$. 当 $x = \pm 1$ 时, 级数 $\displaystyle\sum_{n=1}^{\infty} \frac{1}{n(n+1)}$ 和

$\displaystyle\sum_{n=1}^{\infty} \frac{(-1)^{n+1}}{n(n+1)}$ 均收敛, 从而该幂级数的收敛域为 $[-1, 1]$.

设 $s(x) = \displaystyle\sum_{n=1}^{\infty} \frac{x^{n+1}}{n(n+1)}$, 则 $s(0) = 0$,

$$s'(x) = \sum_{n=1}^{\infty} \frac{x^n}{n}, \quad s''(x) = \sum_{n=1}^{\infty} x^{n-1} = \frac{1}{1-x}, \quad x \in (-1, 1).$$

于是

$$s'(x) = s'(0) + \int_0^x s''(t) \mathrm{d}t = \int_0^x \frac{1}{1-t} \mathrm{d}t$$

$$= -\ln(1-x),$$

$$s(x) = s(0) + \int_0^x s'(t) \mathrm{d}t = -\int_0^x \ln(1-t) \mathrm{d}t$$

$$= x + (1-x)\ln(1-x), \quad x \in (-1, 1).$$

而该幂级数当 $x = \pm 1$ 时收敛, 从而 $s(x)$ 在 $x = -1$ 处右连续, 在 $x = 1$ 处左连续, 则有

$$s(-1) = \lim_{x \to -1^+} s(x) = \lim_{x \to -1^+} [x + (1-x)\ln(1-x)] = -1 + 2\ln 2,$$

$$s(1) = \lim_{x \to 1^-} s(x) = \lim_{x \to 1^-} [x + (1-x)\ln(1-x)] = 1.$$

于是

$$s(x) = \begin{cases} x + (1-x)\ln(1-x), & -1 \leqslant x < 1, \\ 1, & x = 1. \end{cases}$$

(3) 可以在求出和函数后, 看出其收敛域.

设 $s(x) = \displaystyle\sum_{n=0}^{\infty} \frac{(n-1)^2}{n+1} x^n$, 则 $s(0) = 1$,

$$s(x) = \sum_{n=0}^{\infty} \frac{[(n+1) - 2]^2}{n+1} x^n = \sum_{n=0}^{\infty} (n+1) x^n - 4 \sum_{n=0}^{\infty} x^n + 4 \sum_{n=0}^{\infty} \frac{x^n}{n+1}.$$

再设 $s_1(x) = \sum_{n=0}^{\infty}(n+1)x^n$, $s_2(x) = 4\sum_{n=0}^{\infty}x^n = \dfrac{4}{1-x}$, $x \in (-1, 1)$,

$s_3(x) = 4\sum_{n=0}^{\infty}\dfrac{x^n}{n+1}$, 有

$$\int_0^x s_1(t)\mathrm{d}t = \sum_{n=0}^{\infty}\int_0^x (n+1)t^n\mathrm{d}t = \sum_{n=0}^{\infty}x^{n+1} = \dfrac{x}{1-x}, \quad x \in (-1, 1).$$

所以

$$s_1(x) = \left(\dfrac{x}{1-x}\right)' = \dfrac{1}{(1-x)^2}, \quad x \in (-1, 1).$$

对于 $xs_3(x) = 4\sum_{n=0}^{\infty}\dfrac{x^{n+1}}{n+1}$, 有

$$(xs_3(x))' = 4\sum_{n=0}^{\infty}x^n = \dfrac{4}{1-x}, \quad x \in (-1, 1).$$

所以

$$xs_3(x) = -4\ln(1-x), s_3(x) = \dfrac{-4\ln(1-x)}{x}, \quad x \in (-1, 1) \text{ 且 } x \neq 0.$$

于是

$$s(x) = s_1(x) - s_2(x) + s_3(x) = \dfrac{4x-3}{(1-x)^2} - \dfrac{4}{x}\ln(1-x), \quad x \in (-1, 1) \text{ 且 } x \neq 0.$$

因此

$$s(x) = \begin{cases} 1, & x = 0, \\ \dfrac{4x-3}{(1-x)^2} - \dfrac{4}{x}\ln(1-x), & |x| < 1 \text{ 且 } x \neq 0. \end{cases}$$

(4) 因为

$$\lim_{n\to\infty}\left|\dfrac{u_{n+1}(x)}{u_n(x)}\right| = \lim_{n\to\infty}\dfrac{2n+3}{(n+1)!}\dfrac{n!}{2n+1}x^2 = 0,$$

所以该幂级数的收敛域为 $(-\infty, +\infty)$.

设 $s(x) = \sum_{n=0}^{\infty}\dfrac{2n+1}{n!}x^{2n}$, 有

$$\int_0^x s(t)\mathrm{d}t = \sum_{n=0}^{\infty}\int_0^x \dfrac{2n+1}{n!}t^{2n}\mathrm{d}t = \sum_{n=0}^{\infty}\dfrac{x^{2n+1}}{n!}$$

$$= x \sum_{n=0}^{\infty} \frac{(x^2)^n}{n!} = x e^{x^2}, \quad x \in (-\infty, +\infty).$$

再求导, 得

$$s(x) = \left(x e^{x^2} \right)' = (1 + 2x^2) e^{x^2}, \quad x \in (-\infty, +\infty).$$

小结 求幂级数的和函数的步骤如下:

(1) 求收敛域.

(2) 在收敛区间内对幂级数逐项求导或逐项积分, 化为常见函数展开式的形式, 从而求得新级数的和函数.

一般地, 如果原级数的系数中不含有阶乘, 常利用几何级数, 其中

$$\sum_{n=0}^{\infty} x^n = \frac{1}{1-x}, \qquad x \in (-1, 1),$$

$$\sum_{n=1}^{\infty} x^n = \frac{x}{1-x}, \qquad x \in (-1, 1),$$

$$\sum_{n=0}^{\infty} (-1)^n x^n = \frac{1}{1+x}, \qquad x \in (-1, 1),$$

$$\sum_{n=0}^{\infty} (-1)^n x^{2n} = \frac{1}{1+x^2}, \qquad x \in (-1, 1).$$

如果原级数的系数中含有阶乘, 常利用 $\sin x$, $\cos x$ 或 e^x 的幂级数展开式.

(3) 对得到的和函数作相反的分析运算, 便得到所求的幂级数的和函数.

例 4.19 求下列数项级数的和:

(1) $\sum_{n=1}^{\infty} (-1)^{n+1} \frac{n(n+1)}{2^n}$;   (2) $\sum_{n=1}^{\infty} \frac{n^2}{n!}$.

解 (1) 考虑幂级数 $\sum_{n=1}^{\infty} (-1)^{n+1} n(n+1) x^n$, 易求得其收敛域为 $(-1, 1)$. 设其和函数为 $S(x)$, 在 $(-1, 1)$ 内逐项积分, 得

$$\int_0^x S(t) \, dt = \sum_{n=1}^{\infty} \int_0^x (-1)^{n+1} n(n+1) t^n dt = \sum_{n=1}^{\infty} (-1)^{n+1} n x^{n+1}$$

$$= x^2 \sum_{n=1}^{\infty} (-1)^{n+1} n x^{n-1},$$

再设 $S_1(x) = \sum_{n=1}^{\infty} (-1)^{n+1} n x^{n-1}$, 其收敛域仍为 $(-1, 1)$, 在 $(-1, 1)$ 内逐项积分,

得

$$\int_0^x S_1(t)\,\mathrm{d}t = \sum_{n=1}^{\infty}\int_0^x (-1)^{n+1}\,nt^{n-1}\mathrm{d}t = \sum_{n=1}^{\infty}(-1)^{n+1}\,x^n$$
$$= \frac{x}{1+x},$$

从而

$$S_1(x) = \left(\frac{x}{1+x}\right)' = \frac{1}{(1+x)^2},$$

$$S(x) = \left(x^2 S_1(x)\right)' = \left(\frac{x^2}{(1+x)^2}\right)' = \frac{2x}{(1+x)^3}, \quad x \in (-1,1).$$

于是

$$\sum_{n=1}^{\infty}(-1)^{n+1}\frac{n(n+1)}{2} = S\left(\frac{1}{2}\right) = \frac{8}{27}.$$

(2) 由于

$$\sum_{n=1}^{\infty}\frac{n^2}{n!} = \sum_{n=1}^{\infty}\frac{n}{(n-1)!} = \sum_{n=0}^{\infty}\frac{n+1}{n!},$$

考虑幂级数 $\displaystyle\sum_{n=0}^{\infty}\frac{n+1}{n!}x^n$, 其收敛域为 $(-\infty,+\infty)$. 设其和函数为 $S(x)$, 在 $(-\infty,+\infty)$ 内逐项积分, 得

$$\int_0^x S(t)\,\mathrm{d}t = \sum_{n=0}^{\infty}\int_0^x \frac{n+1}{n!}t^n\mathrm{d}t = \sum_{n=0}^{\infty}\frac{x^{n+1}}{n!}$$
$$= x\sum_{n=0}^{\infty}\frac{x^n}{n!} = x\mathrm{e}^x,$$

从而

$$S(x) = (x\mathrm{e}^x)' = (x+1)\,\mathrm{e}^x,$$

于是

$$\sum_{n=1}^{\infty}\frac{n^2}{n!} = S(1) = 2\mathrm{e}.$$

4. 函数展开为幂级数

例 4.20　将下列函数展开成 x 的幂级数:

(1) $f(x) = \sin^2 x$;　　　　　　　(2) $f(x) = x\arctan x$.

解　(1) 由于

$$f(x) = \sin^2 x = \frac{1}{2}(1 - \cos 2x),$$

而

$$\cos 2x = \sum_{n=0}^{\infty} \frac{(-1)^n}{(2n)!}(2x)^{2n}, \quad x \in (-\infty, +\infty),$$

所以

$$f(x) = \frac{1}{2} - \frac{1}{2}\sum_{n=0}^{\infty} \frac{(-1)^n}{(2n)!}(2x)^{2n}$$

$$= \sum_{n=1}^{\infty} (-1)^{n+1} \frac{2^{2n-1}}{(2n)!} x^{2n}, \quad x \in (-\infty, +\infty).$$

(2) 由于

$$(\arctan x)' = \frac{1}{1+x^2} = \sum_{n=0}^{\infty} (-1)^n x^{2n}, \quad x \in (-1, 1),$$

所以

$$\arctan x = \int_0^x (\arctan x)' \, \mathrm{d}t$$

$$= \sum_{n=0}^{\infty} \int_0^x (-1)^n t^{2n} \mathrm{d}t = \sum_{n=0}^{\infty} (-1)^n \frac{x^{2n+1}}{2n+1},$$

$$f(x) = x \arctan x$$

$$= \sum_{n=0}^{\infty} (-1)^n \frac{x^{2n+2}}{2n+1} = \sum_{n=1}^{\infty} (-1)^{n-1} \frac{x^{2n}}{2n-1},$$

级数的收敛域为 $[-1, 1]$.

例 4.21　将 $f(x) = \dfrac{1}{x^2 + 4x + 3}$ 展开成 $x - 1$ 的幂级数.

解　由于

$$f(x) = \frac{1}{x^2 + 4x + 3} = \frac{1}{2}\left(\frac{1}{x+1} - \frac{1}{x+3}\right),$$

而

$$\frac{1}{x+1} = \frac{1}{2\left(1 + \dfrac{x-1}{2}\right)} = \frac{1}{2}\sum_{n=0}^{\infty} (-1)^n \left(\frac{x-1}{2}\right)^n, \quad |x-1| < 2,$$

$$\frac{1}{x+3} = \frac{1}{4\left(1 + \dfrac{x-1}{4}\right)} = \frac{1}{4}\sum_{n=0}^{\infty}(-1)^n\left(\frac{x-1}{4}\right)^n, \quad |x-1| < 4,$$

所以当 $|x-1| < 2$, 即 $x \in (-1,3)$ 时,

$$f(x) = \frac{1}{4}\sum_{n=0}^{\infty}(-1)^n\left(\frac{x-1}{2}\right)^n - \frac{1}{8}\sum_{n=0}^{\infty}(-1)^n\left(\frac{x-1}{4}\right)^n$$

$$= \sum_{n=0}^{\infty}(-1)^n\left(\frac{1}{2^{n+2}} - \frac{1}{2^{2n+3}}\right)(x-1)^n, \quad x \in (-1,3).$$

例 4.22 将 $f(x) = \dfrac{\mathrm{d}}{\mathrm{d}x}\left(\dfrac{\mathrm{e}^x - 1}{x}\right)$ 展开成 x 的幂级数.

解 由

$$\mathrm{e}^x = \sum_{n=0}^{\infty}\frac{x^n}{n!}, \quad x \in (-\infty, +\infty),$$

可得

$$\frac{\mathrm{e}^x - 1}{x} = \frac{1}{x}\left(\sum_{n=0}^{\infty}\frac{x^n}{n!} - 1\right) = \sum_{n=1}^{\infty}\frac{x^{n-1}}{n!}, \quad x \neq 0,$$

逐项求导, 得

$$\frac{\mathrm{d}}{\mathrm{d}x}\left(\frac{\mathrm{e}^x - 1}{x}\right) = \sum_{n=2}^{\infty}\frac{n-1}{n!}x^{n-2}$$

$$= \sum_{n=1}^{\infty}\frac{n}{(n+1)!}x^{n-1}, \quad x \in (-\infty, +\infty), \ x \neq 0.$$

小结 利用已知的函数的幂级数展开式, 通过适当的四则运算、复合以及求导、积分等而将一个函数展开成幂级数的方法称为间接法, 以上几例就是采用间接法将函数展开成幂级数.

四、疑难问题解答

1. 对幂级数 $\displaystyle\sum_{n=0}^{\infty} a_n x^n$, 如果极限 $\displaystyle\lim_{n\to\infty}\left|\frac{a_{n+1}}{a_n}\right|$ 不存在, 应当如何确定它的收敛半径?

答 如果比值的极限不存在, 可以用根值的极限 $\displaystyle\lim_{n\to\infty}\sqrt[n]{|a_n|}$ 来确定幂级数的收敛半径.

有时, 比值的极限和根值的极限都不存在 (比如 "缺项" 的幂级数就是这种情况), 这时可以用求一般的函数项级数 $\sum\limits_{n=1}^{\infty} u_n(x)$ 的收敛域的方法加以讨论.

还有一些其他方法, 比如利用幂级数的运算性质等.

例如, 求幂级数 $\sum\limits_{n=0}^{\infty} [2+(-1)^n] x^n$ 的收敛半径.

因为

$$\left| \frac{a_{n+1}}{a_n} \right| = \frac{2+(-1)^{n+1}}{2+(-1)^n} = \begin{cases} 3, & n \text{ 为奇数}, \\ \dfrac{1}{3}, & n \text{ 为偶数}, \end{cases}$$

所以 $\lim\limits_{n\to\infty} \left| \dfrac{a_{n+1}}{a_n} \right|$ 不存在, 此幂级数的收敛半径不能用比值法确定.

若用根值法, 由

$$\lim_{n\to\infty} \sqrt[n]{|a_n|} = \lim_{n\to\infty} \sqrt[n]{2+(-1)^n} = 1,$$

知该幂级数的收敛半径 $R=1$.

也可以用下面方法讨论. 由于

$$[2+(-1)^n] x^n = 2x^n + (-1)^n x^n,$$

而 $\sum\limits_{n=1}^{\infty} 2x^n$ 和 $\sum\limits_{n=1}^{\infty} (-1)^n x^n$ 的收敛半径都是 1, 所以原级数在 $|x|<1$ 内收敛, 当 $|x|=1$ 时, 级数成为 $\sum\limits_{n=0}^{\infty} (\pm 1)^n [2+(-1)^n]$, 是发散的, 进而, 当 $|x|>1$ 时, 原级数发散. 所以原级数的收敛半径 $R=1$.

2. 设幂级数 $\sum\limits_{n=0}^{\infty} a_n x^n, \sum\limits_{n=0}^{\infty} b_n x^n$ 及 $\sum\limits_{n=0}^{\infty} (a_n+b_n) x^n$ 的收敛半径分别为 R_1, R_2 和 R, 那么 $R = \min\{R_1, R_2\}$, 对吗?

答　不对, 应当是 $R \geqslant \min\{R_1, R_2\}$.

实际上, 当 $R_1 \neq R_2$ 时, 不妨设 $R_1 < R_2$, 在 $|x| < R_1$ 内, $\sum\limits_{n=0}^{\infty} a_n x^n, \sum\limits_{n=0}^{\infty} b_n x^n$ 都收敛, 故 $\sum\limits_{n=0}^{\infty} (a_n+b_n) x^n$ 收敛; 在 $R_1 < |x| < R_2$ 内, $\sum\limits_{n=0}^{\infty} (a_n+b_n) x^n$ 为收敛级数与发散级数的和, 故发散; 进而, 在 $|x| \geqslant R_2$ 内, $\sum\limits_{n=0}^{\infty} (a_n+b_n) x^n$ 发散, 所以此时 $R = R_1 = \min\{R_1, R_2\}$.

而当 $R_1 = R_2$ 时, 在 $|x| < R_1$ 内, $\sum\limits_{n=0}^{\infty} (a_n + b_n) x^n$ 收敛, 而在 $|x| \geqslant R_1$ 内敛散性不能确定, 于是 $R \geqslant \min\{R_1, R_2\}$.

例如, 设 $\sum\limits_{n=0}^{\infty} a_n x^n = \sum\limits_{n=0}^{\infty} x^n, \sum\limits_{n=0}^{\infty} b_n x^n = \sum\limits_{n=0}^{\infty} (-x^n)$, 则它们的收敛半径 $R_1 = R_2 = 1$, 而 $\sum\limits_{n=0}^{\infty} (a_n + b_n) x^n = \sum\limits_{n=0}^{\infty} 0 x^n$ 的收敛半径 $R = +\infty, R > \min\{R_1, R_2\}$.

五、常见错误类型分析

1. 将函数 $f(x) = \ln(1 + x - 2x^2)$ 展开成 x 的幂级数.

错误解法 由于

$$\ln(1+x) = \sum_{n=0}^{\infty} (-1)^n \frac{x^{n+1}}{n+1}, \quad -1 < x \leqslant 1,$$

所以

$$
\begin{aligned}
f(x) &= \ln(1 + x - 2x^2) \\
&= \sum_{n=0}^{\infty} (-1)^n \frac{\left(x - 2x^2\right)^{n+1}}{n+1}, \quad -1 < x - 2x^2 \leqslant 1.
\end{aligned}
$$

错因分析 以上作法是对幂级数概念的错误理解, 所得的级数不是幂级数.

正确解法 由于

$$f(x) = \ln(1 + x - 2x^2) = \ln(1-x)(1+2x),$$

而

$$\ln(1-x) = \sum_{n=0}^{\infty} (-1)^n \frac{(-x)^{n+1}}{n+1} = -\sum_{n=0}^{\infty} \frac{x^{n+1}}{n+1}, \quad -1 \leqslant x < 1,$$

$$\ln(1+2x) = \sum_{n=0}^{\infty} (-1)^n \frac{(2x)^{n+1}}{n+1} = \sum_{n=0}^{\infty} (-1)^n \frac{2^{n+1}}{n+1} x^{n+1}, \quad -\frac{1}{2} < x \leqslant \frac{1}{2},$$

所以

$$f(x) = \sum_{n=0}^{\infty} \frac{(-1)^n 2^{n+1} - 1}{n+1} x^{n+1}, \quad -\frac{1}{2} < x \leqslant \frac{1}{2}.$$

2. 求级数 $\sum\limits_{n=0}^{\infty} \frac{x^{2n}}{(2n)!}$ 的和函数 $S(x)$.

错误解法　令 $2n = k$, 则

$$\sum_{n=0}^{\infty} \frac{x^{2n}}{(2n)!} = \sum_{k=0}^{\infty} \frac{x^k}{k!} = \mathrm{e}^x, \quad x \in (-\infty, +\infty).$$

错因分析　这里 $\displaystyle\sum_{n=0}^{\infty}$ 表示对级数的项 $n = 0, 1, 2, \cdots$ 求和, 而不是对 $2n = 0, 1, 2, \cdots$ 求和, 不能令 $2n = k$.

正确解法　由于

$$\mathrm{e}^x = 1 + x + \frac{x^2}{2!} + \frac{x^3}{3!} + \cdots + \frac{x^n}{n!} + \cdots, \quad x \in (-\infty, +\infty),$$

$$\mathrm{e}^{-x} = 1 - x + \frac{x^2}{2!} - \frac{x^3}{3!} + \cdots + (-1)^n \frac{x^n}{n!} + \cdots, \quad x \in (-\infty, +\infty),$$

所以

$$\frac{1}{2} \left(\mathrm{e}^x + \mathrm{e}^{-x} \right) = 1 + \frac{x^2}{2!} + \frac{x^4}{4!} + \cdots + \frac{x^{2n}}{(2n)!} + \cdots, \quad x \in (-\infty, +\infty).$$

练习 4.2

1. 求函数项级数 $\displaystyle\sum_{n=1}^{\infty} \frac{1}{3n+1} \left(\frac{1+x}{x} \right)^n$ 的收敛域.

2. 已知幂级数 $\displaystyle\sum_{n=0}^{\infty} a_n (x-1)^n$ 在 $x = -1$ 处收敛, 问该幂级数在 $x = 2$ 及 $x = 3$ 处的敛散性如何?

3. 求下列幂级数的收敛半径和收敛域:

(1) $\displaystyle\sum_{n=1}^{\infty} \frac{x^n}{n(n+1)}$;
　　　　　　　　(2) $\displaystyle\sum_{n=1}^{\infty} (3n)^3 x^n$;

(3) $\displaystyle\sum_{n=1}^{\infty} (-1)^{n-1} \frac{x^{2n-1}}{2n-1}$;
　　　　　　(4) $\displaystyle\sum_{n=1}^{\infty} \frac{(x-3)^n}{n \cdot 3^n}$.

4. 设有幂级数 $\displaystyle\sum_{n=1}^{\infty} \frac{n}{n!} x^{n+1}$, 求:

(1) 收敛域及和函数;
　　　　　　　(2) 级数 $\displaystyle\sum_{n=1}^{\infty} \frac{n-1}{n!} 2^n$ 的和.

5. 求下列幂级数的和函数:

(1) $\displaystyle\sum_{n=1}^{\infty} n(n+1) x^n$;
　　　　(2) $\displaystyle\sum_{n=1}^{\infty} \frac{x^{n+1}}{n(n+1)}$;
　　　　(3) $\displaystyle\sum_{n=1}^{\infty} n x^{2n}$.

6. 求级数 $\displaystyle\sum_{n=0}^{\infty} \frac{n+1}{n!2^n}$ 的和.

7. 将下列函数展开成 x 的幂级数:

(1) $f(x) = a^x \, (a > 0, a \neq 1)$;　　　　　　(2) $f(x) = \cos^2 x$;

(3) $f(x) = \ln(10 + x)$;　　　　　　　　　(4) $f(x) = x\mathrm{e}^{-2x}$.

8. 将 $f(x) = \dfrac{1}{1 + x + x^2}$ 展开成 x 的幂级数.

9. 将 $f(x) = \dfrac{1}{x^2 + 7x + 6}$ 展开成 $x + 4$ 的幂级数.

练习 4.2 参考答案与提示

1. $\lim\limits_{n \to \infty} \sqrt[n]{\dfrac{1}{3n+1} \left| \dfrac{1+x}{x} \right|^n} = \left| \dfrac{1+x}{x} \right|$, 由 $\left| \dfrac{1+x}{x} \right| < 1$, 解得 $x < -\dfrac{1}{2}$.

当 $x = -\dfrac{1}{2}$ 时级数收敛, 收敛域为 $\left(-\infty, -\dfrac{1}{2} \right]$.

2. 级数在 $x = 2$ 处收敛; 在 $x = 3$ 处可能收敛, 也可能发散.

3. (1) $\left| \dfrac{a_{n+1}}{a_n} \right| = \dfrac{n}{n+2} \to 1, R = 1$. 当 $x = \pm 1$ 时级数收敛, 收敛域为 $[-1, 1]$;

(2) $\left| \dfrac{a_{n+1}}{a_n} \right| = \left(\dfrac{n+1}{n} \right)^3 \to 1, R = 1$. 当 $x = \pm 1$ 时级数发散, 收敛域为 $(-1, 1)$;

(3) $\left| \dfrac{u_{n+1}(x)}{u_n(x)} \right| = \dfrac{2n-1}{2n+1} x^2 \to x^2$, 当 $|x| < 1$ 时级数绝对收敛, 当 $|x| > 1$ 时级数发散, $R = 1$. 当 $x = 1$ 时级数成为 $\sum\limits_{n=1}^{\infty} (-1)^{n-1} \dfrac{1}{2n-1}$, 收敛, 当 $x = -1$ 时级数成为 $\sum\limits_{n=1}^{\infty} (-1)^n \dfrac{1}{2n-1}$, 也收敛, 故收敛域为 $[-1, 1]$;

(4) $\lim\limits_{n \to \infty} \sqrt[n]{|a_n|} = \lim\limits_{n \to \infty} \dfrac{1}{3 \sqrt[n]{n}} = \dfrac{1}{3}, R = 3$. 当 $x - 3 = 3$ 时级数成为 $\sum\limits_{n=1}^{\infty} \dfrac{1}{n}$, 发散, 当 $x - 3 = -3$ 时级数成为 $\sum\limits_{n=1}^{\infty} \dfrac{(-1)^n}{n}$, 收敛, 故收敛域为 $[-6, 0)$.

4. (1) 收敛域为 $(-\infty, +\infty)$.

$$S(x) = \sum_{n=1}^{\infty} \dfrac{n}{n!} x^{n+1} = \sum_{n=0}^{\infty} \dfrac{1}{n!} x^{n+2} = x^2 \sum_{n=0}^{\infty} \dfrac{x^n}{n!} = x^2 \mathrm{e}^x.$$

(2) 设 $S(x) = \sum\limits_{n=1}^{\infty} \dfrac{n-1}{n!} x^n$, 有

$$S(x) = \sum_{n=1}^{\infty} \dfrac{n}{n!} x^n - \sum_{n=1}^{\infty} \dfrac{x^n}{n!}$$

$$= x\mathrm{e}^x - (\mathrm{e}^x - 1)$$

$$= x\mathrm{e}^x - \mathrm{e}^x + 1.$$

$$\sum_{n=1}^{\infty} \frac{n-1}{n!} 2^n = S(2) = \mathrm{e}^2 - 1.$$

5. (1) 收敛域为 $(-1,1)$, 在 $(-1,1)$ 内

$$\int_0^x S(t)\,\mathrm{d}t = \sum_{n=1}^{\infty} n x^{n+1} = x^2 \sum_{n=1}^{\infty} n x^{n-1} = x^2 S_1(x),$$

$$\int_0^x S_1(t)\,\mathrm{d}t = \sum_{n=1}^{\infty} x^n = \frac{x}{1-x},$$

故

$$S_1(x) = \left(\frac{x}{1-x}\right)' = \frac{1}{(1-x)^2},$$

$$S(x) = \left[\frac{x^2}{(1-x)^2}\right]' = \frac{2x}{(1-x)^3}, \quad x \in (-1,1).$$

(2) 收敛域为 $[-1,1]$, 在 $(-1,1)$ 内,

$$S'(x) = \sum_{n=1}^{\infty} \frac{x^n}{n}, \quad S''(x) = \sum_{n=1}^{\infty} x^{n-1} = \frac{1}{1-x},$$

故

$$S'(x) = S'(0) + \int_0^x S''(t)\,\mathrm{d}t = -\ln(1-x),$$

$$S(x) = S(0) + \int_0^x S'(t)\,\mathrm{d}t$$

$$= x + (1-x)\ln(1-x), \quad x \in (-1,1).$$

又

$$S(-1) = \lim_{x \to -1^+} S(x) = 2\ln 2 - 1, \quad S(1) = \lim_{x \to 1^-} S(x) = 1,$$

故

$$S(x) = \begin{cases} x + (1-x)\ln(1-x), & -1 \leqslant x < 1, \\ 1, & x = 1. \end{cases}$$

(3) 收敛域为 $(-1,1)$, 设

$$S(y) = \sum_{n=1}^{\infty} n y^n = y \sum_{n=1}^{\infty} n y^{n-1} = y S_1(y).$$

则

$$\int_0^y S_1(t)\,\mathrm{d}t = \sum_{n=1}^{\infty} y^n = \frac{y}{1-y},$$

$$S_1(y) = \left(\frac{y}{1-y}\right)' = \frac{1}{(1-y)^2}, \quad S(y) = \frac{y}{(1-y)^2}.$$

从而

$$\sum_{n=1}^{\infty} n x^{2n} = S(x^2) = \frac{x^2}{(1-x^2)^2}, \quad x \in (-1,1).$$

6. 设 $S(x) = \displaystyle\sum_{n=0}^{\infty} \frac{n+1}{n!} x^n, \quad x \in (-\infty,+\infty).$ 有

$$\int_0^x S(t)\,\mathrm{d}t = \sum_{n=0}^{\infty} \frac{x^{n+1}}{n!} = x\mathrm{e}^x,$$

$$S(x) = (x\mathrm{e}^x)' = (x+1)\,\mathrm{e}^x, \quad \sum_{n=0}^{\infty} \frac{n+1}{n!2^n} = S\left(\frac{1}{2}\right) = \frac{3}{2}\mathrm{e}^{\frac{1}{2}}.$$

7. (1) $a^x = \mathrm{e}^{x\ln a} = \displaystyle\sum_{n=0}^{\infty} \frac{(\ln a)^n}{n!} x^n, \quad x \in (-\infty,+\infty).$

(2) $\cos^2 x = \dfrac{1}{2}(1+\cos 2x)$

$$= \frac{1}{2} + \frac{1}{2} \sum_{n=0}^{\infty} (-1)^n \frac{(2x)^{2n}}{(2n)!}$$

$$= 1 + \sum_{n=1}^{\infty} (-1)^n \frac{2^{2n-1}}{(2n)!} x^{2n}, \quad x \in (-\infty,+\infty).$$

(3) $\ln(10+x) = \ln 10 + \ln\left(1+\dfrac{x}{10}\right)$

$$= \ln 10 + \sum_{n=1}^{\infty} (-1)^{n-1} \frac{1}{n\cdot 10^n} x^n, \quad -10 \leqslant x \leqslant 10.$$

(4) $\mathrm{e}^{-2x} = \displaystyle\sum_{n=0}^{\infty} \frac{(-2x)^n}{n!} = \sum_{n=0}^{\infty} (-1)^n \frac{2^n}{n!} x^n,$

$$x\mathrm{e}^{-2x} = \sum_{n=0}^{\infty} (-1)^n \frac{2^n}{n!} x^{n+1}, \quad x \in (-\infty,+\infty).$$

8. $f(x) = \dfrac{1-x}{1-x^3} = (1-x)\displaystyle\sum_{n=0}^{\infty} x^{3n}$

$$= 1 - x + x^3 - x^4 + \cdots + x^{3n} - x^{3n+1} + \cdots, \quad x \in (-1,1).$$

9. $f(x) = \dfrac{1}{5}\left(\dfrac{1}{x+1} - \dfrac{1}{x+6}\right)$,

$$\frac{1}{x+1} = -\frac{1}{3}\frac{1}{1 - \dfrac{x+4}{3}} = -\frac{1}{3}\sum_{n=0}^{\infty}\left(\frac{x+4}{3}\right)^n,$$

$$\frac{1}{x+6} = \frac{1}{2}\frac{1}{1 + \dfrac{x+4}{2}} = \frac{1}{2}\sum_{n=0}^{\infty}\left(-\frac{x+4}{2}\right)^n,$$

故

$$f(x) = -\sum_{n=0}^{\infty}\left[\frac{1}{15\times 3^n} + (-1)^{n-1}\frac{1}{10\times 2^n}\right](x+4)^n, \quad x\in(-6,-2).$$

综合练习 4

1. 填空题

(1) 级数 $\displaystyle\sum_{n=0}^{\infty}\left(\dfrac{1}{\ln 3}\right)^n$ 的和为 _____.

(2) 设级数 $\displaystyle\sum_{n=1}^{\infty}u_n$ 收敛, 则级数 $\displaystyle\sum_{n=1}^{\infty}(u_n - u_{n+1})$ 的和为 _____.

(3) 设 $\displaystyle\lim_{n\to\infty}\left|\dfrac{a_{n+1}}{a_n}\right| = \dfrac{1}{4}$, 则幂级数 $\displaystyle\sum_{n=0}^{\infty}a_n x^{2n}$ 的收敛半径 $R =$ _____.

(4) 函数 $f(x) = \dfrac{1}{x}$ 展开为 $x-1$ 的幂级数为 _____.

2. 选择题

(1) 设级数 $\displaystyle\sum_{n=1}^{\infty}(a_n + b_n)$ 收敛, 则级数 $\displaystyle\sum_{n=1}^{\infty}a_n$ 与 $\displaystyle\sum_{n=1}^{\infty}b_n($ 　　).

(A) 必同时收敛　　　　　　　　(B) 必同时发散

(C) 可能不同时收敛　　　　　　(D) 不可能同时收敛

(2) a_n 和 b_n 符合下列哪一个条件, 可由 $\displaystyle\sum_{n=1}^{\infty}a_n$ 发散推出 $\displaystyle\sum_{n=1}^{\infty}b_n$ 发散 (　　).

(A) $|a_n| \leqslant b_n$　　　(B) $a_n \leqslant b_n$　　　(C) $a_n \leqslant |b_n|$　　　(D) $|a_n| \leqslant |b_n|$

(3) 级数 $\displaystyle\sum_{n=1}^{\infty}(-1)^n\left(1 - \cos\dfrac{a}{n}\right)$ (常数 $a > 0$)(　　).

(A) 条件收敛　(B) 绝对收敛　(C) 发散　(D) 敛散性与 a 有关

(4) 函数项级数 $\displaystyle\sum_{n=1}^{\infty}\dfrac{(2x+1)^n}{n}$ 的收敛域为 (　　).

(A) $(-1,1)$ (B) $(-1,0)$ (C) $[-1,0]$ (D) $[-1,0)$

3. 判别下列正项级数的敛散性

(1) $\displaystyle\sum_{n=1}^{\infty} \frac{1}{1+a^n}\ (a>0)$；   (2) $\displaystyle\sum_{n=1}^{\infty} \frac{2^n n!}{n^n}$.

4. 讨论级数 $\displaystyle\sum_{n=2}^{\infty} (-1)^n \frac{\ln n}{\sqrt{n}}$ 的绝对收敛性和条件收敛性.

5. 求幂级数 $\displaystyle\sum_{n=1}^{\infty} \frac{(x+2)^n}{n \times 2^n}$ 的收敛域及和函数.

6. 将函数 $f(x) = \ln\sqrt{\dfrac{1+x}{1-x}}$ 展开成 x 的幂级数.

综合练习 4 参考答案与提示

1. (1) $\dfrac{\ln 3}{\ln 3 - 1}$, 这是公比为 $\dfrac{1}{\ln 3}$ 的等比级数.

(2) u_1. 级数的部分和

$$S_n = \sum_{k=1}^{\infty} (u_k - u_{k+1}) = u_1 - u_{n+1} \to u_1\ (n \to \infty).$$

(3) 2. $\displaystyle\lim_{n\to\infty}\left|\frac{u_{n+1}(x)}{u_n(x)}\right| = \lim_{n\to\infty}\left|\frac{a_{n+1}}{a_n}\right| x^2 = \frac{1}{4} x^2$.

(4) $\displaystyle\sum_{n=0}^{\infty} (-1)^n (x-1)^n, 0 < x < 2$.

2. (1) (C). 设 $a_n = \dfrac{1}{n}, b_n = -\dfrac{1}{n+1}$ 可排除 (A); 设 $a_n = b_n = \dfrac{1}{n^2}$, 可排除 (B) 和 (D).

(2) (A). 若 $\displaystyle\sum_{n=1}^{\infty} a_n$ 发散, 则 $\displaystyle\sum_{n=1}^{\infty} |a_n|$ 发散, 当 $|a_n| \leqslant b_n$ 时, 由比较判别法知 $\displaystyle\sum_{n=1}^{\infty} b_n$ 发散.

(3) (B). 因 $1 - \cos\dfrac{a}{n} \geqslant 0$, 且 $n \to \infty$ 时 $1 - \cos\dfrac{a}{n} \sim \dfrac{a^2}{2n^2}$.

(4) (D). $\displaystyle\sum_{n=1}^{\infty} \frac{(2x+1)^n}{n} = \sum_{n=1}^{\infty} \frac{2^n}{n}\left(x + \frac{1}{2}\right)^n, R = \frac{1}{2}$. 当 $x + \dfrac{1}{2} = \dfrac{1}{2}$ 时级数发散, 当 $x + \dfrac{1}{2} = -\dfrac{1}{2}$ 时级数收敛.

3. (1) 当 $0 < a < 1$ 时, $\displaystyle\lim_{n\to\infty} \frac{1}{1+a^n} = 1$, 级数发散; 当 $a = 1$ 时, $\dfrac{1}{1+a^n} = \dfrac{1}{2}$, 级数发散; 当 $a > 1$ 时, 由于 $0 < \dfrac{1}{1+a^n} < \dfrac{1}{a^n}$, 而 $\displaystyle\sum_{n=1}^{\infty} \frac{1}{a^n}$ 收敛, 故原级数

收敛.

(2) $\lim\limits_{n\to\infty}\dfrac{u_{n+1}}{u_n}=\lim\limits_{n\to\infty}2\left(\dfrac{n}{n+1}\right)^n=\dfrac{2}{\mathrm{e}}<1$, 原级数收敛.

4. $\dfrac{\ln n}{\sqrt{n}}>\dfrac{1}{\sqrt{n}}$, 由 $\sum\limits_{n=1}^{\infty}\dfrac{1}{\sqrt{n}}$ 发散, 知原级数不绝对收敛. 又原级数满足

Leibniz 定理, 收敛. 故为条件收敛级数.

5. 收敛半径 $R=2$, 收敛域为 $[-4,0)$.

设 $S(x)=\sum\limits_{n=1}^{\infty}\dfrac{(x+2)^n}{n\cdot 2^n}$, $x\in(-4,0)$. 有

$$S'(x)=\sum_{n=1}^{\infty}\dfrac{(x+2)^{n+1}}{2^n}=\dfrac{1}{2}\dfrac{1}{1-\dfrac{x+2}{2}}=-\dfrac{1}{x},$$

$$S(x)=S(-2)+\int_{-2}^{x}S'(t)\,\mathrm{d}t=-\int_{-2}^{x}\dfrac{1}{t}\mathrm{d}t$$

$$=\ln 2-\ln|x|,\quad x\in(-4,0).$$

而 $S(-4)=\lim\limits_{x\to-4^+}S(x)=-\ln 2$. 从而

$$S(x)=\ln 2-\ln|x|,\quad x\in[-4,0).$$

6.

$$\ln(1+x)=\sum_{n=1}^{\infty}(-1)^{n+1}\dfrac{x^n}{n},\quad x\in(-1,1],$$

$$\ln(1-x)=-\sum_{n=1}^{\infty}\dfrac{x^n}{n},\quad x\in[-1,1),$$

从而

$$f(x)=\dfrac{1}{2}\left[\ln(1+x)-\ln(1-x)\right]$$

$$=\dfrac{1}{2}\sum_{n=1}^{\infty}\dfrac{1+(-1)^{n-1}}{n}x^n$$

$$=\sum_{n=1}^{\infty}\dfrac{1}{2n-1}x^{2n-1},\quad x\in(-1,1).$$

第 5 章　微分方程

微分方程广泛应用于生物学、农业、环境保护及经济学等很多领域, 在生产实践和工程技术中具有非常重要的作用.

本章重点是可分离变量方程、齐次方程和一阶线性微分方程以及二阶常系数线性微分方程的求解.

本章的难点是二阶常系数非齐次线性微分方程的求解及微分方程在经济中的应用.

5.1　微分方程的基本概念、一阶微分方程

一、主要内容

常微分方程的阶、解、通解、初始条件、特解的概念; 可分离变量的微分方程、齐次微分方程、准齐次微分方程、一阶线性微分方程的概念和求解方法.

二、教学要求

1. 了解微分方程及其阶、解、通解、初始条件和特解等概念;

2. 掌握可分离变量的微分方程、齐次微分方程、准齐次微分方程和一阶线性微分方程的求解方法;

3. 会应用微分方程求解简单的经济应用问题.

三、例题选讲

例 5.1　什么叫微分方程? 下列等式中哪些是微分方程? 若是微分方程, 确定它的阶.

(1) $y''' - 3y' + 2y = x$;

(2) $(y')^2 - 2y + 2 = 0$;

(3) $y' = 3x$;

(4) $y = 2x + 8$;

(5) $\mathrm{d}y = (2x + 6)\mathrm{d}x$;

(6) $\dfrac{\mathrm{d}^2 y}{\mathrm{d}x^2} = \sin x + \cos x$.

解　我们把含有未知函数及其某些导数的等式称为微分方程.

(1) 是三阶微分方程;

(2) 是一阶微分方程;

(3) 是一阶微分方程;

(4) 不是微分方程;

(5) 是一阶微分方程;

(6) 是二阶微分方程.

例 5.2　*试说出下列各微分方程的阶:*

(1) $\dfrac{\mathrm{d}y}{\mathrm{d}x} + \dfrac{\sqrt{1-x^2}}{1-y^2} = 0$;

(2) $y'' + 3y' + 2y^3 = \sin x$;

(3) $\left(\dfrac{\mathrm{d}^3 y}{\mathrm{d}x^3}\right)^2 - y^4 = \mathrm{e}^x$;

(4) $y - x^4 y' = a(y^2 + y''')$.

解　(1) 一阶;　(2) 二阶;　(3) 三阶;　(4) 三阶.

例 5.3　*试求以下列函数为通解的微分方程:*

(1) $y = Ca^{\arcsin x}$;　　(2) $y^3 = C_1 x + C_2$.

分析　求以含有任意常数的函数为通解的微分方程, 就是求一个方程, 使所给函数满足该方程, 且所求微分方程的阶数与所给函数中任意常数个数相等.

解　(1) 在 $y = Ca^{\arcsin x}$ 两边对 x 求导, 得

$$y' = Ca^{\arcsin x} \ln a \frac{1}{\sqrt{1-x^2}},$$

消去常数 C, 得

$$y' = \ln a \cdot y \frac{1}{\sqrt{1-x^2}},$$

即

$$y'\sqrt{1-x^2} - \ln a \cdot y = 0.$$

(2) 在 $y^3 = C_1 x + C_2$ 两边对 x 求导, 得

$$3y^2 y' = C_1.$$

再求导得

$$6y(y')^2 + 3y^2 y'' = 0,$$

即为所求的微分方程.

例 5.4 验证下列各函数是否是所给微分方程的解, 如果是, 指出是通解还是特解.

(1) $y = C_1 \cos x + C_2 \sin x, \quad y'' + \lambda y = 0;$

(2) $y = C_1 \cos x + C_2 \sin x + x, \quad y'' + y = x;$

解 (1) $y' = -C_1 \sin x + C_2 \cos x, \quad y'' = -C_1 \cos x - C_2 \sin x,$
将 y'' 和 y 代入 $y'' + \lambda y = 0$ 中得

$$C_1(\lambda - 1)\cos x + C_2(\lambda - 1)\sin x = 0.$$

当 $\lambda \neq 1$ 时等式不成立, 所以

$$y = C_1 \cos x + C_2 \sin x$$

不是方程 $y'' + \lambda y = 0$ 的解.

当 $\lambda = 1$ 时,

$$y = C_1 \cos x + C_2 \sin x$$

是方程 $y'' + \lambda y = 0$ 的通解.

(2) $y' = -C_1 \sin x + C_2 \cos x + 1, \quad y'' = -C_1 \cos x - C_2 \sin x,$
于是

$$y'' + y = -C_1 \cos x - C_2 \sin x + C_1 \cos x + C_2 \sin x + x = x.$$

所以函数 $y = C_1 \cos x + C_2 \sin x + x$ 是 $y'' + y = x$ 的解, 且函数中含有两个独立的任意常数, 是通解.

例 5.5 求下列微分方程的通解:

(1) $(x - 1)\mathrm{d}y + (1 + y)\mathrm{d}x = 0;$

(2) $\dfrac{\mathrm{d}y}{\mathrm{d}x} = \mathrm{e}^{x+y};$

(3) $\sqrt{1 - y^2} = 3x^2 y y';$

(4) $xy' = \tan y;$

(5) $(xy^2 + x)\mathrm{d}x = (y - x^2 y)\mathrm{d}y;$

(6) $\cos x \sin y \mathrm{d}x + \sin x \cos y \mathrm{d}y = 0;$

(7) $y' = \sin^2(x - y + 1);$

(8) $xy' - y \ln y = 0;$

(9) $y' + \sin \dfrac{x + y}{2} = \sin \dfrac{x - y}{2};$

(10) $x\mathrm{d}y + \mathrm{d}x = \mathrm{e}^y \mathrm{d}x.$

解　(1) 移项并分离变量得

$$\frac{1}{1+y}\mathrm{d}y = \frac{1}{1-x}\mathrm{d}x,$$

两端积分得

$$\ln|1+y| = -\ln|1-x| + \ln C,$$

$$\ln(|1+y| \cdot |1-x|) = \ln C,$$

方程的通解为

$$(1+y)(1-x) = C.$$

注　这是可分离变量的微分方程, 由于两边积分以后得到对数式, 故用 $\ln C$ 表示任意常数. 方程中任意常数依左边积分形式书写便于简化. 另外, 在求解过程中每一步不一定是同解变形, 可能增减解. 在本题的求解过程中丢失 $y = -1$ 和 $x = 1$ 解, 但是通解中含有这两个解.

(2) **方法 1**　用分离变量法求解

将原方程变形为

$$\mathrm{e}^{-y}\mathrm{d}y = \mathrm{e}^{x}\mathrm{d}x,$$

两端积分得

$$-\mathrm{e}^{-y} = \mathrm{e}^{x} + C,$$

或

$$(\mathrm{e}^{x} + C)\mathrm{e}^{y} + 1 = 0.$$

方法 2　令 $x + y = u$, 则 $u' = 1 + y'$, 代入原方程得

$$u' = 1 + \mathrm{e}^{u},$$

即

$$\frac{\mathrm{d}u}{1+\mathrm{e}^{u}} = \mathrm{d}x,$$

两端积分得

$$u - \ln(1+\mathrm{e}^{u}) = x + C,$$

即

$$\ln(1+\mathrm{e}^{x+y}) = y - C,$$

$$1 + \mathrm{e}^{x+y} = \mathrm{e}^{y-C}.$$

注　这里令 $u = x + y$ 是变量替换法, 是解微分方程的常用方法.

(3) 分离变量得

$$\frac{y\mathrm{d}y}{\sqrt{1-y^2}} = \frac{\mathrm{d}x}{3x^2} \quad (y \neq \pm 1),$$

两端积分得

$$-\sqrt{1-y^2} = -\frac{1}{3x} + C,$$

或

$$\sqrt{1-y^2} - \frac{1}{3x} + C = 0.$$

这就是原方程的通解, 它是用隐函数形式给出的.

容易看出, 当 $y = \pm 1$ 时, 原函数的两端均为零, 故 $y = \pm 1$ 也是解, 但它们却不在通解中.

(4) 原方程化为

$$\frac{\mathrm{d}y}{\tan y} = \frac{1}{x}\mathrm{d}x,$$

两端积分得

$$\ln|\sin y| = \ln|x| + \ln C,$$

即

$$\sin y = Cx.$$

(5) 原方程化为

$$\frac{y}{1+y^2}\mathrm{d}y = \frac{x}{1-x^2}\mathrm{d}x,$$

两端积分得

$$\frac{1}{2}\ln(1+y^2) = -\frac{1}{2}\ln(1-x^2) + \frac{1}{2}\ln C,$$

即

$$(1+y^2)(1-x^2) = C.$$

(6) 原方程化为

$$\frac{\mathrm{d}y}{\mathrm{d}x} = \frac{-\cos x \sin y}{\sin x \cos y},$$

$$\frac{\cos y}{\sin y}\mathrm{d}y = -\frac{\cos x}{\sin x}\mathrm{d}x.$$

两端积分得

$$\ln|\sin y| = -\ln|\sin x| + \ln C,$$

所以通解为

$$\sin y \sin x = C.$$

(7) 令 $u = x - y + 1$, 则 $u' = 1 - y'$, 故有

$$1 - u' = \sin^2 u,$$

即

$$\sec^2 u\,\mathrm{d}u = \mathrm{d}x,$$

解得

$$\tan u = x + C,$$

所求通解为

$$\tan(x - y + 1) = x + C.$$

(8) 原方程变形为

$$\frac{\mathrm{d}y}{y \ln y} = \frac{1}{x}\mathrm{d}x,$$

两端积分得

$$\ln|\ln y| = \ln|x| + \ln C,$$

即通解为

$$\ln y = Cx.$$

(9) 原方程变形为

$$y' = -2\cos\frac{x}{2} \cdot \sin\frac{y}{2},$$

即

$$\frac{\mathrm{d}y}{\sin\dfrac{y}{2}} = -2\cos\frac{x}{2}\mathrm{d}x,$$

两端积分得

$$-4\ln\left|\frac{1 - \cos\dfrac{y}{2}}{1 + \cos\dfrac{y}{2}}\right| = 4\sin\frac{x}{2} + C_1,$$

即通解为

$$\tan\frac{y}{4} = C\mathrm{e}^{-2\sin\frac{x}{2}}.$$

(10) 原方程变形为

$$\frac{\mathrm{d}x}{x} = \frac{\mathrm{d}y}{\mathrm{e}^y - 1},$$

即

$$\frac{\mathrm{d}x}{x} = \frac{\mathrm{e}^y\mathrm{d}y}{\mathrm{e}^y(\mathrm{e}^y - 1)},$$

两端积分得

$$\ln |x| = \ln \left| \frac{e^y}{e^y - 1} \right| + \ln C_1,$$

即

$$x = C(1 - e^{-y}).$$

小结 判断微分方程是否为可分离变量的微分方程分两步: 一是解出 $\dfrac{dy}{dx}$, 得 $\dfrac{dy}{dx} = P(x, y)$; 二是若 $P(x, y)$ 能分解为两个一元函数乘积, 即 $\dfrac{dy}{dx} = f(x)g(y)$, 则原方程为可分离变量的微分方程.

例 5.6 求下列微分方程的通解:

(1) $(x - y)dx + (x + y)dy = 0$;

(2) $y' = \dfrac{xy}{x^2 - y^2}$;

(3) $xdy - ydx = ydy$;

(4) $(y^2 - 3x^2)dy + 3xydx = 0$;

(5) $y' = 1 + x + y^2 + xy^2$;

(6) $y' = \dfrac{1}{(x - y)^2}$;

(7) $(x - y)ydx - x^2dy = 0$;

(8) $\left(2x \tan \dfrac{y}{x} + y \right) dx = xdy$;

(9) $xy' = \sqrt{x^2 - y^2} + y$;

(10) $y' = e^{\frac{y}{x}} + \dfrac{y}{x}$.

解 (1) 将原方程化为

$$\frac{dy}{dx} = \frac{y - x}{y + x},$$

即

$$\frac{dy}{dx} = \frac{\dfrac{y}{x} - 1}{1 + \dfrac{y}{x}},$$

这是齐次方程, 令 $u = \dfrac{y}{x}$, 得 $u + xu' = y'$, 原方程变为

$$u + xu' = \frac{u - 1}{u + 1},$$

即

$$xu' = \frac{-u^2 - 1}{u + 1},$$

此为可分离变量的微分方程, 分离变量得

$$\frac{u+1}{u^2+1}du = -\frac{1}{x}dx,$$

两边积分得

$$\frac{1}{2}\ln(u^2+1) + \arctan u = -\ln|x| + C_1,$$

$$x(1+u^2)^{\frac{1}{2}} = Ce^{-\arctan u},$$

$$\sqrt{x^2+y^2} = Ce^{-\arctan \frac{y}{x}}.$$

注 齐次方程一般须经过 $u = \dfrac{y}{x}$ 换元, 化成可分离变量微分方程, 然后按可分离变量微分方程求解. 需要指出的是, 求解的结果不应含有 u, 应变量回代.

(2) 令 $u = \dfrac{y}{x}$, 则原方程化为

$$u + x\frac{du}{dx} = \frac{u}{1-u^2},$$

分离变量得

$$\frac{1-u^2}{u^3}du = \frac{1}{x}dx,$$

两端积分得

$$-\frac{1}{2u^2} - \ln|u| = \ln|x| + C_1,$$

即

$$ux = Ce^{-\frac{1}{2u^2}},$$

其中 $C = \pm e^{-C_1}$, 回代 $u = \dfrac{y}{x}$, 得原方程通解为

$$y = Ce^{-\frac{x^2}{2y^2}}.$$

(3) 方法 1 用齐次方程的解法, 令 $u = \dfrac{y}{x}$, 代入原方程得

$$\frac{1-u}{u^2}du = \frac{dx}{x},$$

所以

$$-u^{-1} - \ln|u| = \ln|x| + \ln C_1,$$

故

$$ye^{\frac{x}{y}} = C.$$

方法 2　原方程变形为

$$y\frac{\mathrm{d}x}{\mathrm{d}y} - x = -y.$$

这是以 x 为函数,y 为自变量的一阶线性微分方程,用求一阶线性微分方程的解法求解. 也可以这样求解,以 $\frac{1}{y^2}$ 乘以各项得

$$\frac{\mathrm{d}x}{y} - \frac{x}{y^2}\mathrm{d}y = -\frac{\mathrm{d}y}{y},$$

$$\mathrm{d}\left(\frac{x}{y}\right) = -\frac{\mathrm{d}y}{y},$$

即得

$$y\mathrm{e}^{\frac{x}{y}} = C.$$

注　在解微分方程时,变量 x,y 应视为平等的变量,有时可视 y 为自变量,解起来方便.

(4) 用 $\frac{1}{x^2}$ 乘以方程两边得

$$\left[\left(\frac{y}{x}\right)^2 - 3\right]\mathrm{d}y + 3\frac{y}{x}\mathrm{d}x = 0,$$

令 $u = \frac{y}{x}$, 则 $\mathrm{d}y = x\mathrm{d}u + u\mathrm{d}x$, 代入原方程得

$$x(u^2 - 3)\mathrm{d}u + u^3\mathrm{d}x = 0,$$

即

$$\frac{3 - u^2}{u^3}\mathrm{d}u = \frac{\mathrm{d}x}{x}.$$

积分得

$$u\mathrm{e}^{\frac{3}{2u^2}} = \frac{1}{C_1 x},$$

$$y\mathrm{e}^{\frac{3x^2}{2y^2}} = C.$$

(5) 将方程右端分解因式得

$$y' = (1 + x)(1 + y^2),$$

分离变量得

$$\frac{\mathrm{d}y}{1 + y^2} = (1 + x)\mathrm{d}x,$$

两端积分得

$$\arctan y = x + \frac{x^2}{2} + C,$$

即

$$y = \tan\left(\frac{1}{2}x^2 + x + C\right).$$

(6) 不能直接分离变量, 令 $x - y = u$, 则 $y = x - u$,

$$\frac{\mathrm{d}y}{\mathrm{d}x} = 1 - \frac{\mathrm{d}u}{\mathrm{d}x},$$

代入原方程得

$$\frac{\mathrm{d}u}{\mathrm{d}x} = \frac{u^2 - 1}{u^2},$$

分离变量得

$$\frac{u^2}{u^2 - 1}\mathrm{d}u = \mathrm{d}x,$$

即

$$\left(1 + \frac{1}{u^2 - 1}\right)\mathrm{d}u = \mathrm{d}x,$$

两端积分得

$$u + \frac{1}{2}\ln\left|\frac{u - 1}{u + 1}\right| = x + C,$$

将 $u = x - y$ 回代, 得原方程的通解为

$$\frac{x - y - 1}{x - y + 1} = C\mathrm{e}^{2y}.$$

(7) 将原方程化为

$$\frac{(x - y)y}{x^2}\mathrm{d}x - \mathrm{d}y = 0,$$

$$\frac{y}{x} - \left(\frac{y}{x}\right)^2 = \frac{\mathrm{d}y}{\mathrm{d}x}.$$

令 $\dfrac{y}{x} = u$, 则有

$$u - u^2 = u'x + u,$$

分离变量得

$$-\frac{\mathrm{d}u}{u^2} = \frac{\mathrm{d}x}{x},$$

两端积分得

$$-\frac{1}{u} = \ln|x| + \ln|C|,$$

即
$$xC = \mathrm{e}^{-\frac{x}{y}}.$$

(8) 将原方程变形为
$$\frac{\mathrm{d}y}{\mathrm{d}x} = 2\tan\frac{y}{x} + \frac{y}{x},$$

令 $\dfrac{y}{x} = u$, 则有
$$2\tan u + u = \frac{\mathrm{d}u}{\mathrm{d}x}x + u,$$

即
$$\frac{2\mathrm{d}x}{x} = \cot u\,\mathrm{d}u,$$

两端积分得
$$x^2 = C\sin\frac{y}{x}.$$

(9) 将原方程变形为
$$\frac{\mathrm{d}y}{\mathrm{d}x} = \sqrt{1 - \left(\frac{y}{x}\right)^2} + \frac{y}{x},$$

令 $u = \dfrac{y}{x}$, 则有
$$\frac{\mathrm{d}u}{\mathrm{d}x}x = \sqrt{1 - u^2},$$

分离变量得
$$\frac{\mathrm{d}u}{\sqrt{1 - u^2}} = \frac{\mathrm{d}x}{x},$$

两端积分得
$$\arcsin\frac{y}{x} = \ln Cx.$$

(10) 令 $u = \dfrac{y}{x}$, 则原方程变为
$$\frac{\mathrm{d}u}{\mathrm{d}x}x = \mathrm{e}^u.$$

两端积分得
$$\mathrm{e}^{\frac{-y}{x}} = -\ln Cx.$$

例 5.7 求初值问题 $\begin{cases} \dfrac{\mathrm{d}y}{\mathrm{d}x} = \dfrac{x+y+4}{x-y-6}, \\ y|_{x=2} = -5 \end{cases}$ 的解.

解 令 $\begin{cases} x = X + \alpha, \\ y = Y + \beta. \end{cases}$ 代入原方程得

$$\frac{\mathrm{d}Y}{\mathrm{d}X} = \frac{X + Y + \alpha + \beta + 4}{X - Y + \alpha - \beta - 6},$$

令 $\begin{cases} \alpha + \beta + 4 = 0, \\ \alpha - \beta - 6 = 0, \end{cases}$ 得 $\alpha = 1, \beta = -5$. 于是有变换

$$x = X + 1, \qquad y = Y - 5.$$

原方程变形为

$$\frac{\mathrm{d}Y}{\mathrm{d}X} = \frac{X + Y}{X - Y},$$

再令 $u = \dfrac{Y}{X}$, 得

$$\frac{1 - u}{1 + u^2} \mathrm{d}u = \frac{\mathrm{d}X}{X},$$

两端积分得

$$\arctan u - \frac{1}{2} \ln(1 + u^2) = \ln|CX|.$$

变量回代得原方程通解为

$$\arctan \frac{y + 5}{x - 1} - \frac{1}{2} \ln\left[1 + \left(\frac{y + 5}{x - 1}\right)^2\right] = \ln|C(x - 1)|.$$

由初始条件 $y|_{x=2} = -5$ 得 $C = 1$, 故所求特解为

$$\arctan \frac{y + 5}{x - 1} = \frac{1}{2} \ln[(x - 1)^2 + (y + 5)^2].$$

例 5.8 求 $(2x + y + 1)\mathrm{d}x - (4x + 2y - 3)\mathrm{d}y = 0$ 的通解.

解 由于行列式

$$\begin{vmatrix} 2 & 1 \\ 4 & 2 \end{vmatrix} = 0,$$

所以令 $z = 2x + y, y = -2x + z, y' = -2 + z'$, 则原方程化为

$$\frac{\mathrm{d}z}{\mathrm{d}x} = \frac{5z - 5}{2z - 3},$$

$$\frac{2}{5}z - \frac{1}{5}\ln|z - 1| = x + C,$$

$$z - 1 = Ce^{2z - 5x},$$

即原方程的通解为

$$2x + y - 1 = Ce^{2y - x}.$$

例 5.9 求方程 $\dfrac{\mathrm{d}y}{\mathrm{d}x} + y = x$ 的通解.

解 这是一个非齐次线性微分方程, 先求对应的齐次方程的通解, 即解

$$\frac{\mathrm{d}y}{\mathrm{d}x} + y = 0,$$

分离变量得

$$\frac{\mathrm{d}y}{y} = -\mathrm{d}x,$$

两端积分得

$$\ln|y| = -x + C_1,$$

$$y = Ce^{-x}.$$

再用常数变易法求原非齐次方程的通解. 设 $y = C(x)e^{-x}$, 则

$$y' = -C(x)e^{-x} + C'(x)e^{-x}.$$

将其代入原方程, 化简后得

$$C'(x) = xe^{x}.$$

于是

$$C(x) = \int xe^{x}\mathrm{d}x = xe^{x} - e^{x} + C.$$

得原方程的通解为

$$y = e^{-x}(xe^{x} - e^{x} + C),$$

即

$$y = Ce^{-x} + x - 1.$$

注 此题也可直接用公式

$$y = e^{-\int P(x)\mathrm{d}x}\left(\int Q(x)e^{\int P(x)\mathrm{d}x}\mathrm{d}x + C\right).$$

例 5.10 求方程 $xy' + y = xe^{x}$ 的通解.

解 将原方程化为标准形式

$$y' + \frac{1}{x}y = e^{x},$$

其中 $P(x) = \dfrac{1}{x}, Q(x) = e^{x}.$

利用通解公式得

$$y = \mathrm{e}^{-\int \frac{1}{x}\mathrm{d}x}\left(\int \mathrm{e}^x \mathrm{e}^{\int \frac{1}{x}\mathrm{d}x}\mathrm{d}x + C\right)$$
$$= \frac{1}{x}\left(\int x\mathrm{e}^x\mathrm{d}x + C\right) = \frac{x-1}{x}\mathrm{e}^x + \frac{C}{x},$$

即通解为

$$y = \frac{x-1}{x}\mathrm{e}^x + \frac{C}{x}.$$

注 初学者容易把 $P(x)$ 视为 1, $Q(x)$ 视为 $x\mathrm{e}^x$, 用公式时应先将方程化为标准形式.

例 5.11 求方程 $(y^3 + x)y' - y = 0$ 的通解.

分析 此方程既不是齐次方程也不是线性方程, 但把 y 看作自变量,x 看作因变量, 原方程即可化为一阶线性非齐次方程

$$\frac{\mathrm{d}x}{\mathrm{d}y} = \frac{1}{y}x + y^2.$$

解 把原方程化为

$$\frac{\mathrm{d}x}{\mathrm{d}y} = \frac{1}{y}x + y^2.$$

利用公式得

$$x = \mathrm{e}^{-\int\left(-\frac{1}{y}\right)\mathrm{d}y}\left(\int y^2 \mathrm{e}^{-\int \frac{1}{y}\mathrm{d}y}\mathrm{d}y + C\right)$$
$$= y\left(\int y\mathrm{d}y + C\right) = \frac{1}{2}y^3 + Cy.$$

例 5.12 求方程 $(x\cos x)y' + y(x\sin x + \cos x) = 1$ 的通解.

解 将原方程化为标准形式

$$y' + \left(\tan x + \frac{1}{x}\right)y = \frac{1}{x\cos x},$$

代入一阶线性微分方程的通解公式得

$$y = \mathrm{e}^{-\int\left(\tan x + \frac{1}{x}\right)\mathrm{d}x}\left[\int \frac{1}{x\cos x}\mathrm{e}^{\int\left(\tan x + \frac{1}{x}\right)\mathrm{d}x}\mathrm{d}x + C\right]$$
$$= \frac{\cos x}{x}\left(\int \sec^2 x\mathrm{d}x + C\right) = \frac{\cos x}{x}(\tan x + C).$$

例 5.13　求初值问题 $\begin{cases} yy' + 2xy^2 - x = 0, \\ y|_{x=0} = 1 \end{cases}$ 的特解.

解　将原方程化为

$$\frac{1}{2}(y^2)' + 2xy^2 - x = 0,$$

令 $u = y^2$, 则 $u' + 4xu = 2x$,

$$u = Ce^{-2x^2} + \frac{1}{2}.$$

将 $u = y^2$ 代回, 得原方程的通解为

$$y^2 = Ce^{-2x^2} + \frac{1}{2}.$$

将初始条件 $y|_{x=0} = 1$ 代入得

$$C = \frac{1}{2},$$

于是所求方程特解为

$$y^2 = \frac{1}{2}(e^{-2x^2} + 1).$$

例 5.14　求 $2x^3yy' + 3x^2y^2 + 7 = 0$ 的通解.

解　原方程变形为

$$y' + \frac{3}{2x}y = -\frac{7}{2x^3}y^{-1},$$

令 $u = y^2$, 可得

$$\frac{du}{dx} + \frac{3}{x}u = \frac{-7}{x^3},$$

$$u = e^{-\int \frac{3}{x}dx}\left(\int -\frac{7}{x^3}e^{\int \frac{3}{x}dx}dx + C\right)$$

$$= \frac{1}{x^3}(C - 7x),$$

故原方程通解为

$$y = \pm\sqrt{\frac{C - 7x}{x^3}}.$$

例 5.15　设某养殖场养鸡 1500 只, 如果每瞬时鸡的只数的变化率与当时鸡的只数成正比, 在 10 年内养鸡场达到 3000 只鸡, 试确定该鸡场鸡只数与时间 t 的关系.

解　设鸡的只数为 $y = y(t)$, 根据题意得

$$\begin{cases} \dfrac{\mathrm{d}y}{\mathrm{d}t} = ky \quad (k \text{ 为比例常数}), \\ y|_{t=0} = 1500, \\ y|_{t=10} = 3000, \end{cases}$$

分离变量并积分得

$$y = C\mathrm{e}^{kt}.$$

由 $y|_{t=0} = 1500$, 得 $C = 1500$, 由 $y|_{t=10} = 3000$, 得 $1500\mathrm{e}^{10k} = 3000$, 故 $k = \dfrac{\ln 2}{10}$.

因此所求函数关系式为

$$y = 1500 \times 2^{\frac{t}{10}}.$$

例 5.16　设某商品的需求量 D 和供给量 S, 各自对价格 P 的函数为 $D(P) = \dfrac{a}{P^2}$, $S(P) = bP$, 且 P 是时间 t 的函数并满足方程

$$\frac{\mathrm{d}P}{\mathrm{d}t} = k[D(P) - S(P)],$$

a, b, k 为正常数, 求:

(1) 需求量与供给量相等时的均衡价格 P_{e};

(2) 当 $t = 0, P = 1$ 时的价格函数 $P(t)$;

(3) $\lim\limits_{t \to +\infty} P(t)$.

分析　由 $D(P) = S(P)$ 可求 P_{e}, 由所给 P 关于 t 的微分方程和初始条件 $P(0) = 1$ 可求出 $P(t)$, 进而计算极限.

解　(1) 当需求量等于供给量时, 有 $\dfrac{a}{P^2} = bP$, 即 $P^3 = \dfrac{a}{b}$, 因此均衡价格为

$$P_{\mathrm{e}} = \left(\frac{a}{b}\right)^{\frac{1}{3}}.$$

(2) 由条件知

$$\begin{aligned} \frac{\mathrm{d}P}{\mathrm{d}t} &= k[D(P) - S(P)] \\ &= k\left(\frac{a}{P^2} - bP\right) \\ &= \frac{kb}{P^2}\left(\frac{a}{b} - P^3\right), \end{aligned}$$

因此有

$$\frac{\mathrm{d}P}{\mathrm{d}t} = \frac{kb}{P^2}(P_{\mathrm{e}}^3 - P^3),$$

分离变量得

$$\frac{P^2\mathrm{d}P}{P^3 - P_{\mathrm{e}}^3} = -kb\mathrm{d}t,$$

两端积分得

$$\frac{1}{3}\ln(P^3 - P_{\mathrm{e}}^3) = -kbt + C,$$

于是

$$P^3 = P_{\mathrm{e}}^3 + C\mathrm{e}^{-3kbt}.$$

又由条件 $P(0) = 1$, 得 $C = 1 - P_{\mathrm{e}}^3$. 因此所求价格函数为

$$P(t) = [P_{\mathrm{e}}^3 + (1 - P_{\mathrm{e}})^3\mathrm{e}^{-3kbt}]^{\frac{1}{3}}.$$

(3) $\lim\limits_{t \to +\infty} P(t) = \lim\limits_{t \to +\infty}[P_{\mathrm{e}}^3 + (1 - P_{\mathrm{e}})^3\mathrm{e}^{-3kbt}]^{\frac{1}{3}} = P_{\mathrm{e}}.$

例 5.17　已知某商品的需求价格弹性为

$$\frac{EQ}{EP} = -P(\ln P + 1),$$

且当 $P = 1$ 时, 需求量 $Q = 1$.

(1) 求商品对价格的需求函数;

(2) 当 $P \to +\infty$ 时, 需求是否趋于稳定.

解　(1) 由弹性定义 $\dfrac{EQ}{EP} = \dfrac{P}{Q} \cdot \dfrac{\mathrm{d}Q}{\mathrm{d}P} = -P(\ln P + 1)$, 即

$$\frac{\mathrm{d}Q}{Q} = -(\ln P + 1)\mathrm{d}P.$$

两端积分得

$$\ln Q = -\int(\ln P + 1)\mathrm{d}P = C - P\ln P.$$

当 $P = 1$ 时, $Q = 1$ 代入上式得 $C = 0$, 因此所求需求函数为 $Q = P^{-P}$.

(2) 当 $P \to +\infty$ 时, $Q \to 0$, 即需求趋于稳定.

例 5.18　已知 $f(x)$ 在 $[0, +\infty)$ 上连续且满足

$$f(x) - \int_0^{2x} f\left(\frac{t}{2}\right)\mathrm{d}t = \ln 2,$$

求 $f(x)$.

分析 所给方程不含未知函数导数, 不是微分方程, 由于含有变上限积分, 常称为积分方程. 为求得 $f(x)$, 通常的方法是利用微分法将方程中的变上限积分形式换掉, 变成微分方程, 然后通过解微分方程求得 $f(x)$.

解 对所给方程两端对 x 求导得

$$f'(x) - 2f(x) = 0,$$

这是可分离变量微分方程 (也是一阶齐次线性方程), 为了和习惯上方程表示方法一致, 记 $y = f(x)$, 即有

$$y' = 2y.$$

变量分离后积分得

$$\ln|y| = 2x + C,$$

所以

$$y = Ce^{2x},$$

即原方程通解为

$$f(x) = Ce^{2x}.$$

将原方程初始条件 $f(0) = \ln 2$ 代入得

$$C = \ln 2,$$

故所求 $f(x)$ 为

$$f(x) = \ln 2 \cdot e^{2x}.$$

注 此方程的初始条件并没有明显给出, 隐含在方程中, 需要自己把它找出来, 这也是解微分方程值得学习的技巧.

四、疑难问题解答

1. 微分方程的通解是否包含所有的解?

答 不一定. 例如方程

$$y'^2 - 4y = 0,$$

有通解 $y = (x + C)^2$, 但它不包含方程的解 $y = 0$.

2. 是否所有的微分方程都存在通解?

答 不是所有的微分方程都存在通解. 例如方程

$$y'^2 + 1 = 0, \quad |y'| + |y| + 4 = 0,$$

都不存在实数解, 而方程

$$y'^2 + y^2 = 0$$

只有 $y = 0$ 一个解.

3. 如何解释对可分离变量的微分方程

$$f(x)\mathrm{d}x = g(y)\mathrm{d}y, \tag{1}$$

两端同时积分得

$$\int f(x)\mathrm{d}x = \int g(y)\mathrm{d}y + C,$$

左边对 x 积分, 右边对 y 积分呢?

答　我们假定式 (1) 的解是存在的, 设 $y = \varphi(x)$ 是它的一个解, 把它代入式 (1) 中便有

$$f(x)\mathrm{d}x = g(\varphi(x))\varphi'(x)\mathrm{d}x.$$

两端对 x 积分得

$$\int f(x)\mathrm{d}x = \int g(\varphi(x))\varphi'(x)\mathrm{d}x + C,$$

根据不定积分的换元法即有

$$\int f(x)\mathrm{d}x = \int g(y)\mathrm{d}y + C.$$

4. 方程中含变上限积分, 且未知函数也出现在被积函数中, 如方程

$$f(x) - \int_0^x 2f(t)\mathrm{d}t + x + 2x^3 = 0, \tag{2}$$

怎样求这种类型方程中的未知函数 $f(x)$?

答　解这种类型的方程总的指导思想是对方程两端求导. 比如式 (2) 中对两端同时求导, 得

$$f'(x) - 2f(x) + 1 + 6x^2 = 0.$$

再用一阶线性微分方程的求法来求解.

另外, 这类方程往往隐含初始条件, 要自己根据积分的性质将它找出来.

五、常见错误类型分析

1. 解方程 $y = \mathrm{e}^x + \displaystyle\int_0^x y(t)\mathrm{d}t$.

错误解法　方程两端对 x 求导得

$$y' = \mathrm{e}^x + y(x),$$

即

$$y' - y = \mathrm{e}^x.$$

由通解公式得

$$y = \mathrm{e}^{\int \mathrm{d}x}\left(\int \mathrm{e}^x \cdot \mathrm{e}^{-\int \mathrm{d}x}\mathrm{d}x + C\right) = \mathrm{e}^x(x + C).$$

故原方程的解为

$$y = \mathrm{e}^x(x + C).$$

错因分析　本题可以通过已知方程得到初始条件 $y(0) = 1$, 将其代入通解中确定出任意常数 C, 从而得到原方程的解.

正确解法　方程两端对 x 求导得

$$\frac{\mathrm{d}y}{\mathrm{d}x} = \mathrm{e}^x + y(x),$$

即

$$y' - y = \mathrm{e}^x.$$

由通解公式得

$$y = \mathrm{e}^{\int \mathrm{d}x}\left(\int \mathrm{e}^x\mathrm{e}^{-\int \mathrm{d}x}\mathrm{d}x + C\right) = \mathrm{e}^x(x + C).$$

又由方程 $y = \mathrm{e}^x + \displaystyle\int_0^x y(t)\mathrm{d}t$, 得初始条件 $y(0) = 1$, 代入通解中, 得 $C = 1$, 因此所求方程的解为

$$y = \mathrm{e}^x(x + 1).$$

练习 5.1

1. 选择题

(1) 某种气体的气压 p 对于温度 T 的变化率与气压成正比, 与温度的平方成反比, 用微分方程将此问题表示为 (　　).

(A) $\dfrac{\mathrm{d}p}{\mathrm{d}T} = pT^2$ 　　　(B) $\dfrac{\mathrm{d}p}{\mathrm{d}T} = \dfrac{p}{T^2}$

(C) $\mathrm{d}p = k\dfrac{p}{T^2}\mathrm{d}T$ 　　(D) $\mathrm{d}p = -\dfrac{p}{T^2}\mathrm{d}T$

(2) 设曲线上的任意点 $P(x,y)$ 处的切线斜率为 $\dfrac{b^2x}{a^2y}$, 且曲线经过点 $(-2,1)$, 则该曲线的方程是 (　　).

(A) $\dfrac{y^2}{2} - \dfrac{x^2}{\dfrac{2}{b^2}} = C$

(B) $\dfrac{x^2}{4 - \dfrac{a^2}{b^2}} - \dfrac{y^2}{\dfrac{4b^2}{a^2} - 1} = 1$

(C) $\dfrac{x^2}{4 - \dfrac{a^2}{b^2}} - \dfrac{y^2}{1 - \dfrac{4b^2}{a^2}} = 1$

(D) $\dfrac{x^2}{4 - \dfrac{a^2}{b^2}} + \dfrac{y^2}{1 - \dfrac{4b^2}{a^2}} = 2$

2. 求下列微分方程的通解:

(1) $2xyy' = y^2 - x^2$;

(2) $xy(y - xy') = x + yy'$;

(3) $(1 - x^2)y' = xy + xy^2$;

(4) $y' + \dfrac{1}{x+1}y = \dfrac{1}{x^2-1}$;

(5) $y\mathrm{d}x - (3x + y^4)\mathrm{d}y = 0$;

(6) $\dfrac{\mathrm{d}y}{\mathrm{d}x} = \dfrac{x - y + 1}{x + y - 3}$.

3. 求下列方程的特解:

(1) $y' = 3\sqrt[3]{y^2}, \quad y(2) = 0$;

(2) $(y^2 + xy^2)\mathrm{d}x - (x^2 + yx^2)\mathrm{d}y = 0, \quad y(1) = -1$;

(3) $y' = -y + 1 + x^2, \quad y(0) = 4$;

(4) $x(x + 2y)y' - y^2 = 0, \quad y(1) = 1$;

(5) $yy' + 2xy^2 - x = 0, \quad y(0) = 1$.

4. 人工繁殖细菌, 其增长速度和当时的细菌数成正比.

(1) 如果过 4 小时的细菌数为原细菌数的 2 倍, 那么经过 12 小时应有多少?

(2) 如果在 3 小时时, 有细菌 10^4 个, 在 5 小时时有 4×10^4 个, 那么在开始时有多少个细菌?

5. 设 $f(t)$ 在 $[0, +\infty)$ 上连续且有界, 试证明: 方程

$$\frac{\mathrm{d}x}{\mathrm{d}t} + x = f(t)$$

的所有解均在 $[0, +\infty)$ 上有界.

练习 5.1 参考答案与提示

1. (1) (B);　(2) (B).

2. (1) $x^2 + y^2 = Cx$;

(2) $y^2 = C(x^2 + 1) + 1$;

(3) $1 + \dfrac{1}{y} = C\sqrt{1 - x^2}$;

(4) $y = \dfrac{1}{x + 1}[\ln(x - 1) + C]$;

(5) $x = y^4 + Cy^3$;

(6) $x^2 - 2xy - y^2 + 2x + 6y = C$.

3. (1) $y = (x - 2)^3$;

(2) $\dfrac{x}{y} = -\mathrm{e}^2\mathrm{e}^{\frac{1}{x} - \frac{1}{y}}$;

(3) $y = x^2 - 2x + 3 - \mathrm{e}^{-x}$;

(4) $y(x + y) = 2x$;

(5) $y^2 = \dfrac{1}{2}(\mathrm{e}^{-2x^2} + 1)$. (提示: 令 $y^2 = u$)

4.(1) 64 倍;　(2) 13 个.

5. 略.

5.2　高阶微分方程

一、主要内容

可降阶高阶微分方程, 线性微分方程解的性质及解的结构定理, 二阶常系数线性微分方程, Euler 方程, 微分方程的简单应用, 微分方程组的解法.

二、教学要求

1. 会解形如:$y^{(n)} = f(x), y'' = f(x, y')$ 和 $y'' = f(y, y')$ 的微分方程.

2. 理解线性微分方程解的结构和性质.

3. 掌握二阶常系数齐次线性微分方程的解法. 会解自由项 $f(x)$ 为多项式、指数函数、正弦函数、余弦函数以及它们的和与积的二阶常系数非齐次线性微分方程.

4. 会解 Euler 方程.

5. 会用微分方程解决一些简单的经济应用问题.

6. 会解简单的微分方程组.

三、例题选讲

例 5.19 验证 $y_1 = x - 1$, $y_2 = x^2 - x + 1$ 是方程

$$(2x - x^2)y'' + 2(x - 1)y' - 2y = 0$$

的解, 并写出方程的通解.

解 $\quad\quad\quad\quad y_1' = 1, \quad\quad\quad\quad y_1'' = 0;$

$\quad\quad\quad\quad y_2' = 2x - 1, \quad\quad\quad\quad y_2'' = 2.$

将上式分别代入方程, 方程成立, 所以 y_1, y_2 是方程的解. 又 y_1, y_2 是线性无关的两个解, 即 $\dfrac{y_1}{y_2} \neq$ 常数, 所以方程的通解为

$$y = C_1(x - 1) + C_2(x^2 - x + 1).$$

例 5.20 求微分方程

$$\frac{\mathrm{d}^5 y}{\mathrm{d}t^5} - \frac{1}{t} \frac{\mathrm{d}^4 y}{\mathrm{d}t^4} = 0$$

的通解.

解 令 $z = \dfrac{\mathrm{d}^4 y}{\mathrm{d}t^4}$, 则有

$$\frac{\mathrm{d}z}{\mathrm{d}t} - \frac{z}{t} = 0,$$

其通解为 $z = Ct$, 从而

$$\frac{\mathrm{d}^4 y}{\mathrm{d}t^4} = Ct.$$

积分四次, 得原方程的通解为

$$y = C_1 t^5 + C_2 t^3 + C_3 t^2 + C_4 t + C_5.$$

例 5.21　*求下列微分方程的通解:*

(1) $yy'' + y'^2 = 0$;　　　　(2) $yy'' - y'^2 = 0$.

解　(1) 可将方程写成

$$\frac{\mathrm{d}}{\mathrm{d}x}(yy') = 0.$$

故有

$$yy' = C_1,$$

即

$$y\mathrm{d}y = C_1\mathrm{d}x,$$

积分后得

$$y^2 = C_1 x + C_2.$$

(2) 先将方程两端同乘以不为 0 的因子 $\dfrac{1}{y^2}$, 则有

$$\frac{yy'' - y'^2}{y^2} = \frac{\mathrm{d}}{\mathrm{d}x}\left(\frac{y'}{y}\right) = 0,$$

故 $y' = Cy$, 从而通解为

$$y = C_1 \mathrm{e}^{Cx}.$$

注　*这种解法的技巧性较高, 关键是配导数的方法.*

例 5.22　*求下列微分方程的通解:*

(1) $xy'' - y'\ln y' + y'\ln x = 0$;

(2) $xy'' + y' = \ln x$;

(3) $yy'' - y'^2 = y^2 \ln y$;

(4) $\dfrac{y''}{y'} = \dfrac{2yy'}{1 + y^2}$;

(5) $y'' = 1 + y'^2$.

解　(1) 方程不显含 y, 属于 $y'' = f(x, y')$ 型. 可令 $y' = p$, 则 $y'' = p'$, 原方程化为

$$xp' - p\ln p + p\ln x = 0,$$

即

$$\frac{\mathrm{d}p}{\mathrm{d}x} = \frac{p}{x}\ln\frac{p}{x}.$$

这是齐次方程, 令 $p = xu$, 则

$$u + x\frac{\mathrm{d}u}{\mathrm{d}x} = u\ln u.$$

分离变量得

$$\frac{\mathrm{d}u}{u(\ln u - 1)} = \frac{\mathrm{d}x}{x},$$

积分得

$$\ln|\ln u - 1| = \ln|x| + C,$$

或改写为 $\ln u - 1 = C_1 x,\ u = \mathrm{e}^{C_1 x + 1}$. 把 $p = xu$ 代回得

$$p = x\mathrm{e}^{C_1 x + 1},$$

即

$$y' = x\mathrm{e}^{C_1 x + 1},$$

积分得

$$y = \frac{1}{C_1}\mathrm{e}^{C_1 x + 1}\left(x - \frac{1}{C_1}\right) + C_2.$$

(2) 方程属于 $y'' = f(x, y')$ 型. 令 $y' = p,\ y'' = p'$, 则原方程化为

$$xp' + p = \ln x,$$

即

$$(xp)' = \ln x.$$

积分得

$$xp = \int \ln x \mathrm{d}x + C_1 = x\ln x - x + C_1,$$

故

$$p = \ln x - 1 + \frac{C_1}{x},$$

即

$$y' = \ln x - 1 + \frac{C_1}{x}.$$

再积分得原方程通解为

$$y = x\ln x - 2x + C_1 \ln x + C_2.$$

(3) 方程不显含 x, 属于 $y'' = f(y, y')$ 型. 令 $y' = p,\ y'' = p\dfrac{\mathrm{d}p}{\mathrm{d}y}$, 原方程化为

$$yp\frac{\mathrm{d}p}{\mathrm{d}y} = p^2 + y^2 \ln y,$$

即

$$p\frac{\mathrm{d}p}{\mathrm{d}y} = \frac{p^2}{y} + y\ln y,$$

$$\frac{\mathrm{d}p^2}{\mathrm{d}y} = \frac{2p^2}{y} + 2y\ln y.$$

再令 $p^2 = u$, 于是上述方程化为

$$\frac{\mathrm{d}u}{\mathrm{d}y} = \frac{2u}{y} + 2y\ln y,$$

求解可得

$$u = y^2(\ln^2 y + C_1),$$

即

$$p^2 = y^2(\ln^2 y + C_1), \qquad p = y\sqrt{\ln^2 y + C_1}, \qquad \frac{\mathrm{d}y}{y\sqrt{\ln^2 y + C_1}} = \mathrm{d}x.$$

积分得原方程的通解为

$$\ln(\ln y + \sqrt{\ln^2 y + C_1}) = x + C_2.$$

(4) 原方程即为 $\dfrac{y''}{y'} - \dfrac{2yy'}{1+y^2} = 0$. 由于

$$\frac{y''}{y'} - \frac{2yy'}{1+y^2} = \frac{\mathrm{d}}{\mathrm{d}x}[\ln y' - \ln(1+y^2)],$$

所以

$$\ln y' - \ln(1+y^2) = \ln C_1,$$

即

$$\frac{\mathrm{d}y}{1+y^2} = C_1\mathrm{d}x.$$

两端积分得

$$y = \tan(C_1 x + C_2).$$

(5) 方程不显含 y, 属于 $y'' = f(x, y')$ 型. 可令 $y' = p$, 则 $y'' = p'$, 原方程化为

$$p' = 1 + p^2.$$

分离变量得

$$\frac{\mathrm{d}p}{1+p^2} = \mathrm{d}x,$$

两端积分得

$$p = \tan(x + C),$$

则

$$\mathrm{d}y = \tan(x + C)\mathrm{d}x,$$

故
$$y = -\ln|\cos(x + C)| + C_1.$$

注 此方程也属于 $y'' = f(y, y')$ 型, 但按该型解较繁, 故对于只含 y', y'' 的微分方程确定类型时要注意.

例 5.23 求解下列方程满足初始条件的特解:

(1) $y'' = \dfrac{1}{a}\sqrt{1 + y'^2}$, $y|_{x=0} = a$, $y'|_{x=0} = 0$;

(2) $2yy'' = y'^2 + y^2$, $y|_{x=0} = 1$, $y'|_{x=0} = -1$;

(3) $y''' = \dfrac{\ln x}{x^2}$, $y'|_{x=1} = 1$, $y''|_{x=1} = 2$, $y|_{x=1} = 0$;

(4) $y'' = 3\sqrt{y}$, $y|_{x=0} = 1$, $y'|_{x=0} = 2$.

解 (1) 此方程不显含 y, 令 $z = y'$, 则原方程变为 $z' = \dfrac{1}{a}\sqrt{1 + z^2}$, 分离变量得
$$\frac{\mathrm{d}z}{\sqrt{1 + z^2}} = \frac{\mathrm{d}x}{a},$$

两边积分后整理, 得
$$z + \sqrt{1 + z^2} = C_1 \mathrm{e}^{\frac{x}{a}}.$$

解出 z 得
$$y' = z = \frac{1}{2}\left(C_1 \mathrm{e}^{\frac{x}{a}} - \frac{1}{C_1}\mathrm{e}^{-\frac{x}{a}}\right),$$

将 $y'(0) = 0$ 代入得 $C_1 = 1$. 再积分得
$$y = \frac{a}{2}(\mathrm{e}^{\frac{x}{a}} + \mathrm{e}^{-\frac{x}{a}}) + C_2,$$

将 $y(0) = a$ 代入得 $C_2 = 0$. 所以原方程特解为
$$y = \frac{a}{2}(\mathrm{e}^{\frac{x}{a}} + \mathrm{e}^{-\frac{x}{a}}).$$

(2) 首先根据初始条件可以限定在 $y > 0$, $y' < 0$ 的范围内求解. 令 $y' = p$, 有 $y'' = p\dfrac{\mathrm{d}p}{\mathrm{d}y}$, 方程可化为
$$2yp\frac{\mathrm{d}p}{\mathrm{d}y} - p^2 = y^2,$$

即
$$\frac{\mathrm{d}p^2}{\mathrm{d}y} - \frac{1}{y}p^2 = y.$$

由一阶线性微分方程求解公式, 有

$$p^2 = \mathrm{e}^{\int \frac{1}{y}\mathrm{d}y}\left(\int y\mathrm{e}^{-\int \frac{1}{y}\mathrm{d}y}\mathrm{d}y + C\right)$$
$$= y\left(\int y\cdot\frac{1}{y}\mathrm{d}y + C\right)$$
$$= y(y + C_1),$$

由初始条件 $y'|_{x=0} = -1$, 得 $C_1 = 0$. 于是 $p^2 = y^2$, 注意初始条件, 舍去 $p = y$, 只取 $p = -y$, 再分离变量得

$$\frac{\mathrm{d}y}{y} = -\mathrm{d}x,$$

积分得

$$\ln y = -x + C,$$

即

$$y = C_2\mathrm{e}^{-x}.$$

由初始条件 $y|_{x=0} = 1$, 得 $C_2 = 1$, 因此所求初始问题的解为

$$y = \mathrm{e}^{-x}.$$

注　在解可降阶的二阶微分方程初始问题时, 一出现任意常数应及时利用初始条件确定它, 这样可以简化后面的求解过程.

(3) 对方程两端从 1 到 x 积分一次得

$$y'' - 2 = \int_1^x \frac{\ln t}{t^2}\mathrm{d}t = -\frac{\ln x + 1}{x} + 1,$$

$$y'' = -\frac{\ln x + 1}{x} + 3,$$

上式两端从 1 到 x 再积分一次得

$$y' - 1 = \int_1^x \left(3 - \frac{\ln t + 1}{t}\right)\mathrm{d}t = 3x - \frac{(\ln x)^2}{2} - \ln x - 3,$$

于是

$$y' = 3x - \frac{(\ln x)^2}{2} - \ln x - 2,$$

故

$$y = \frac{3}{2}x^2 - \frac{x}{2}(\ln x)^2 - 2x + \frac{1}{2}.$$

(4) 此方程不显含变量 x, 令 $y' = p(y)$, 则 $y'' = p\dfrac{\mathrm{d}p}{\mathrm{d}y}$, 代入原方程得

$$p\frac{\mathrm{d}p}{\mathrm{d}y} = 3y^{\frac{1}{2}}.$$

分离变量并积分得

$$\frac{1}{2}p^2 = 2y^{\frac{3}{2}} + C_1.$$

由 $y|_{x=0} = 1$ 及 $y'(0) = 2$ 可确定 $C_1 = 0$, 于是

$$p = \pm 2y^{\frac{3}{4}}.$$

由 $y'' = 3\sqrt{y}$ 知 $y'' > 0$, 则 y' 单调增加; 又 $y'(0) = 2$, 所以 $y' = p > 0$, 从而上式取正号, 即

$$y' = p = 2y^{\frac{3}{4}}.$$

再积分得

$$4y^{\frac{1}{4}} = 2x + C_2,$$

代入 $y(0) = 1$ 可得 $C_2 = 4$, 从而所求解为

$$y^{\frac{1}{4}} = \frac{1}{2}x + 1.$$

例 5.24 验证 $y_1 = \mathrm{e}^x$ 是微分方程 $xy'' - (2x - 1)y' + (x - 1)y = 0$ 的一个解, 并求其通解.

解 将 $y_1 = \mathrm{e}^x$, $y_1' = \mathrm{e}^x$ 和 $y_1'' = \mathrm{e}^x$ 代入原方程得

$$x\mathrm{e}^x - (2x - 1)\mathrm{e}^x + (x - 1)\mathrm{e}^x = 0.$$

因此 $y_1 = \mathrm{e}^x$ 是原方程的一个解.

由于原方程是二阶齐次线性微分方程, 其通解为

$$y = C_1 y_1 + C_2 y_2,$$

现有一个非零解 $y_1 = \mathrm{e}^x$, 只需再求一个与 y_1 线性无关的解 y_2, 设 $y_2 = u(x)\mathrm{e}^x$, 有

$$y_2' = u'(x)\mathrm{e}^x + u(x)\mathrm{e}^x,$$
$$y_2'' = u''(x)\mathrm{e}^x + 2u'(x)\mathrm{e}^x + u(x)\mathrm{e}^x.$$

代入原方程得

$$xu''(x) + u'(x) = 0.$$

令 $v = u'$, 则上式化为 $xv' + v = 0$, 由分离变量法得

$$u'(x) = v(x) = \frac{C_1}{x},$$

由于只需求一个解, 故可取常数 $C_1 = 1$, 再积分得

$$u = \ln|x| + C_2, \quad 取 \quad C_2 = 0,$$

于是求得一个解

$$y = \mathrm{e}^x \ln|x|.$$

显然 y_1 与 y_2 是线性无关的, 故原方程的通解为

$$y = \mathrm{e}^x(C_1 + C_2 \ln|x|).$$

例 5.25 *求下列微分方程的通解:*

(1) $y'' + y' - 2y = 0$;

(2) $y'' + 2y' + 10y = 0$;

(3) $3y'' + 2y' = 0$;

(4) $y'' + 4y' + 4y = 0$.

解 (1) 先求齐次线性微分方程的特征方程的根, 其特征方程为 $r^2 + r - 2 = 0$, 解得

$$r_1 = -2, \quad r_2 = 1,$$

所以原方程通解为

$$y = C_1 \mathrm{e}^{-2x} + C_2 \mathrm{e}^x.$$

(2) 原方程对应的特征方程为

$$r^2 + 2r + 10 = 0,$$

解得

$$r_{1,2} = \frac{-2 \pm \sqrt{-36}}{2} = -1 \pm 3\mathrm{i},$$

所以

$$y = \mathrm{e}^{-x}(C_1 \cos 3x + C_2 \sin 3x).$$

(3) 原方程对应的特征方程为

$$3r^2 + 2r = 0,$$

解得

$$r_1 = 0, \quad r_2 = -\frac{2}{3},$$

所以原方程通解为

$$y = C_1 + C_2 \mathrm{e}^{-\frac{2}{3}x}.$$

(4) 原方程对应的特征方程为

$$r^2 + 4r + 4 = 0,$$

解得

$$r_{1,2} = -2,$$

所以原方程通解为

$$y = (C_1 + C_2 x)\mathrm{e}^{-2x}.$$

例 5.26 求下列微分方程的通解:

(1) $y'' + 2y' + y = x\mathrm{e}^x$;

(2) $y'' + 5y' + 6y = 2\mathrm{e}^{-x}$;

(3) $y'' + y = x + \cos x$;

(4) $y'' + y = \cos x \cos 2x$;

(5) $y'' + y' - 2y = \mathrm{e}^x(\cos x - 7\sin x)$;

(6) $y'' - 6y' + 5y = -3\mathrm{e}^x + 5x^2$.

解 (1) 先求对应齐次方程的通解, 其特征方程的根为 $r_1 = r_2 = -1$, 所以对应齐次线性微分方程的通解为

$$Y = (C_1 + C_2 x)\mathrm{e}^{-x}.$$

再求原方程的特解 y^*, 设原方程特解为

$$y^* = (Ax + B)\mathrm{e}^x,$$

则有

$$y^{*\prime} = (Ax + B + A)\mathrm{e}^x,$$
$$y^{*\prime\prime} = (Ax + 2A + B)\mathrm{e}^x,$$

代入所给方程, 有

$$(4Ax + 4A + 4B)\mathrm{e}^x = x\mathrm{e}^x.$$

解得 $A = \dfrac{1}{4}$, $B = -\dfrac{1}{4}$, 即

$$y^* = \frac{1}{4}(x - 1)\mathrm{e}^x.$$

所以原方程通解为
$$y = (C_1 + C_2 x)\mathrm{e}^{-x} + \frac{1}{4}(x - 1)\mathrm{e}^x.$$

(2) 对应齐次方程的特征方程的根为 $r_1 = -2, r_2 = -3$, 所以对应齐次微分方程的通解为
$$Y = C_1 \mathrm{e}^{-2x} + C_2 \mathrm{e}^{-3x}.$$

设原方程特解为
$$y^* = x^0 A\mathrm{e}^{-x} \quad (A\text{为待定常数}),$$

于是
$$y^{*\prime} = -A\mathrm{e}^{-x}, \qquad y^{*\prime\prime} = A\mathrm{e}^{-x}.$$

将 $y^{*\prime\prime}$, $y^{*\prime}$, y^* 代入原方程可得 $A = 1$, 故特解为
$$y^* = \mathrm{e}^{-x}.$$

所以原方程通解为
$$y = Y + y^* = C_1 \mathrm{e}^{-2x} + C_2 \mathrm{e}^{-3x} + \mathrm{e}^{-x}.$$

(3) 原方程对应齐次方程的特征方程的根为 $r_{1,2} = \pm \mathrm{i}$, 于是对应齐次方程的通解为
$$Y = C_1 \cos x + C_2 \sin x.$$

设方程 $y'' + y = x$ 特解为
$$y_1^* = Ax + B,$$

于是
$$(y_1^*)' = A, \quad (y_1^*)'' = 0.$$

代入方程 $y'' + y = x$, 可得 $A = 1$, $B = 0$, 所以
$$y_1^* = x.$$

设方程 $y'' + y = \cos x$ 特解为
$$y_2^* = Cx \cos x + Dx \sin x,$$

则
$$(y_2^*)' = C \cos x - Cx \sin x + D \sin x + Dx \cos x,$$

$$(y_2^*)'' = -2C\sin x + 2D\cos x - Cx\cos x - Dx\sin x.$$

代入方程 $y'' + y = \cos x$, 可得 $C = 0$, $D = \dfrac{1}{2}$, 所以

$$y_2^* = \frac{1}{2}x\sin x.$$

所以原方程通解为

$$y = Y + y_1^* + y_2^* = C_1\cos x + C_2\sin x + x + \frac{1}{2}x\sin x.$$

(4) 原方程对应齐次方程的特征方程的根为 $r_{1,2} = \pm\mathrm{i}$, 于是对应齐次方程的通解为

$$Y = C_1\cos x + C_2\sin x.$$

设方程 $y'' + y = \dfrac{1}{2}\cos x$ 特解为

$$y_1^* = x(A\cos x + B\sin x),$$

则

$$(y_1^*)' = (Bx + A)\cos x - (Ax - B)\sin x,$$
$$(y_1^*)'' = -(Bx + 2A)\sin x + (2B - Ax)\cos x.$$

代入 $y'' + y = \dfrac{1}{2}\cos x$ 可得 $A = 0$, $B = \dfrac{1}{4}$, 于是

$$y_1^* = \frac{1}{4}x\sin x.$$

设方程 $y'' + y = \dfrac{1}{2}\cos 3x$ 特解为

$$y_2^* = C\cos 3x + D\sin 3x,$$

则

$$(y_2^*)' = -3C\sin 3x + 3D\cos 3x,$$
$$(y_2^*)'' = -9C\cos 3x - 9D\sin 3x,$$

代入 $y'' + y = \dfrac{1}{2}\cos 3x$ 可得 $C = -\dfrac{1}{16}$, $D = 0$, 于是

$$y_2^* = -\frac{1}{16}\cos 3x.$$

所以原方程通解为

$$y = Y + y_1^* + y_2^* = C_1 \cos x + C_2 \sin x + \frac{1}{4} x \sin x - \frac{1}{16} \cos 3x.$$

(5) 对应齐次方程的特征方程的根为 $r_1 = 1, r_2 = -2$, 所以对应齐次微分方程的通解为

$$Y = C_1 \mathrm{e}^x + C_2 \mathrm{e}^{-2x}.$$

设原方程特解为

$$y^* = \mathrm{e}^x (A \cos x + B \sin x),$$

则

$$(y^*)' = \mathrm{e}^x [(A + B) \cos x + (B - A) \sin x],$$
$$(y^*)'' = \mathrm{e}^x [2B \cos x - 2A \sin x],$$

代入原方程可得 $A = 2,\ B = 1$, 故特解为

$$y^* = \mathrm{e}^x (2 \cos x + \sin x).$$

所以原方程通解为

$$y = Y + y^* = C_1 \mathrm{e}^x + C_2 \mathrm{e}^{-2x} + \mathrm{e}^x (2 \cos x + \sin x).$$

(6) 对应齐次方程的特征方程的根为 $r_1 = 1,\ r_2 = 5$, 于是对应齐次方程的通解为

$$Y = C_1 \mathrm{e}^x + C_2 \mathrm{e}^{5x}.$$

设方程 $y'' - 6y' + 5y = -3\mathrm{e}^x$ 的特解为

$$y_1^* = A x \mathrm{e}^x,$$

则

$$(y_1^*)' = (Ax + A)\mathrm{e}^x,$$
$$(y_1^*)'' = (Ax + 2A)\mathrm{e}^x.$$

代入 $y'' - 6y' + 5y = -3\mathrm{e}^x$ 得 $A = \dfrac{3}{4}$, 于是

$$y_1^* = \frac{3}{4} x \mathrm{e}^x.$$

设方程 $y'' - 6y' + 5y = 5x^2$ 的特解为

$$y_2^* = Bx^2 + Cx + D,$$

则

$$(y_2^*)' = 2Bx + C,$$
$$(y_2^*)'' = 2B,$$

代入 $y'' - 6y' + 5y = 5x^2$ 可得 $B = 1$, $C = \dfrac{12}{5}$, $D = \dfrac{62}{25}$, 于是

$$y_2^* = x^2 + \frac{12}{5}x + \frac{62}{25}.$$

所以原方程通解为

$$y = Y + y_1^* + y_2^* = C_1 \mathrm{e}^x + C_2 \mathrm{e}^{5x} + \frac{3}{4}x\mathrm{e}^x + x^2 + \frac{12}{5}x + \frac{62}{25}.$$

例 5.27 *求解下列方程满足初始条件的特解:*
(1) $y'' + 25y = 0$,　$y(0) = 2$,　$y'(0) = 5$;
(2) $y'' - y = 4x\mathrm{e}^x$,　$y(0) = 0$,　$y'(0) = 1$;
(3) $y'' + y + \sin 2x = 0$,　$y(\pi) = 1$,　$y'(\pi) = 1$.

解　(1) 该方程对应的特征方程为 $r^2 + 25 = 0$, 特征根为 $r_{1,2} = \pm 5\mathrm{i}$, 则其通解为

$$y = C_1 \cos 5x + C_2 \sin 5x,$$

$$y' = -5C_1 \sin 5x + 5C_2 \cos 5x.$$

分别将 $y(0) = 2$, $y'(0) = 5$ 代入上式得 $C_1 = 2$, $C_2 = 1$. 于是原方程满足初始条件的特解为

$$y = 2\cos 5x + \sin 5x.$$

(2) 该方程对应齐次方程的特征方程的根为 $r_1 = -1$, $r_2 = 1$, 于是齐次方程的通解为 $Y = C_1 \mathrm{e}^x + C_2 \mathrm{e}^{-x}$, 设原方程的特解为

$$y^* = x(Ax + B)\mathrm{e}^x,$$

代入原方程得 $A = 1$,　$B = -1$, 于是原方程的通解为

$$y = Y + y^* = C_1 \mathrm{e}^x + C_2 \mathrm{e}^{-x} + x(x - 1)\mathrm{e}^x.$$

分别代入初始条件 $y(0) = 0$, $y'(0) = 1$ 得 $C_1 = 1$, $C_2 = -1$. 所以满足初始条件的特解为

$$y = Y + y^* = e^x - e^{-x} + x(x-1)e^x.$$

(3) 原方程变形为 $y'' + y = -\sin 2x$. 其对应齐次方程的特征根为 $r_{1,2} = \pm i$, 故齐次方程的通解为

$$Y = C_1 \cos x + C_2 \sin x.$$

设原方程的特解为

$$y^* = A \cos 2x + B \sin 2x,$$

于是

$$(y^*)'' = -4A \cos 2x - 4B \sin 2x,$$

代入原方程得 $A = 0$, $B = \dfrac{1}{3}$, 于是

$$y^* = \frac{1}{3} \sin 2x.$$

所以原方程的通解为

$$y = Y + y^* = C_1 \cos x + C_2 \sin x + \frac{1}{3} \sin 2x.$$

将初始条件 $y(\pi) = 0$, $y'(\pi) = 0$ 代入得 $C_1 = 0$, $C_2 = \dfrac{2}{3}$, 于是所求方程满足初始条件的特解为

$$y = \frac{2}{3} \sin x + \frac{1}{3} \sin 2x.$$

例 5.28 设对任意 $x > 0$, 曲线 $y = f(x)$ 上点 (x, y) 处的切线与 y 轴截距等于 $\dfrac{1}{x} \displaystyle\int_0^x f(t)\mathrm{d}t$, 已知该曲线上点 $(1, 1)$ 处切线与直线 $y = x - 2$ 平行, 求 $f(x)$ 的表达式.

解 设曲线上点 (x, y) 处的切线方程为

$$Y - y = y'(X - x)$$

令 $X = 0$, 得截距 $Y = y - xy'$, 由题意得

$$\frac{1}{x} \int_0^x f(t)\mathrm{d}t = y - xy' \quad (\, y = f(x)),$$

即

$$\int_0^x f(t)\mathrm{d}t = xy - x^2 y'.$$

上式两端求导得微分方程

$$xy'' + y' = 0.$$

由已知可得初始条件 $f(1) = 1$, $f'(1) = 1$, 解此微分方程得

$$y = C_1 \ln x + C_2,$$

将初始条件代入得 $C_1 = 1$, $C_2 = 1$, 故 $f(x)$ 的表达式为

$$f(x) = 1 + \ln x.$$

例 5.29 设函数 $f(x)$, $g(x)$ 满足 $f'(x) = g(x)$, $g'(x) = 2\mathrm{e}^x - f(x)$, 且 $f(0) = 1$, $g(0) = 2$, 求

$$\int_0^\pi \left[\frac{g(x)}{1+x} - \frac{f(x)}{(1+x)^2} \right] \mathrm{d}x.$$

解 由于 $f'(x) = g(x)$, 得

$$f''(x) = g'(x) = 2\mathrm{e}^x - f(x),$$

故

$$\begin{cases} f''(x) + f(x) = 2\mathrm{e}^x, \\ f(0) = 0, \quad f'(0) = 2. \end{cases}$$

求解此微分方程得

$$f(x) = \sin x - \cos x + \mathrm{e}^x.$$

有

$$\int_0^\pi \left[\frac{g(x)}{1+x} - \frac{f(x)}{(1+x)^2} \right] \mathrm{d}x = \int_0^\pi \frac{g(x)(1+x) - f(x)}{(1+x)^2} \mathrm{d}x$$

$$= \int_0^\pi \frac{f'(x)(1+x) - f(x)(1+x)'}{(1+x)^2} \mathrm{d}x = \int_0^\pi \mathrm{d}\left(\frac{f(x)}{1+x} \right) = \frac{f(x)}{1+x} \Big|_0^\pi$$

$$= \frac{f(\pi)}{1+\pi} - f(0) = \frac{1 + \mathrm{e}^\pi}{1+\pi}.$$

例 5.30 设 $f(x)$ 为一连续函数, 且满足方程

$$f(x) = \sin x - \int_0^x (x - t) f(t) \mathrm{d}t, \tag{1}$$

求 $f(x)$.

解　把式 (1) 化为

$$f(x) = \sin x - x \int_0^x f(t)\mathrm{d}t + \int_0^x t f(t)\mathrm{d}t,$$

两端对 x 求导得

$$f'(x) = \cos x - \int_0^x f(t)\mathrm{d}t, \tag{2}$$

两端再对 x 求导得

$$f''(x) + f(x) = -\sin x.$$

由式 (1) 知 $f(0) = 0$, 由式 (2) 知 $f'(0) = 1$, 所以求 $y = f(x)$ 的问题转化为下列初值问题:

$$\begin{cases} y'' + y = -\sin x, \\ y(0) = 0, \ y'(0) = 1. \end{cases} \tag{3}$$

$y'' + y = 0$ 的通解为

$$y = C_1 \cos x + C_2 \sin x.$$

设式 (3) 的特解为

$$y^* = x(A\cos x + B\sin x),$$

从而

$$(y^*)' = x(-A\sin x + B\cos x) + (A\cos x + B\sin x),$$

$$(y^*)'' = -x(A\cos x + B\sin x) + 2(-A\sin x + B\cos x).$$

上式代入式 (3) 得

$$-2A\sin x + 2B\cos x = -\sin x,$$

因此 $A = \dfrac{1}{2}$, $B = 0$, 故 $y^* = \dfrac{1}{2} x\cos x$.

故式 (1) 的通解为

$$y = C_1 \cos x + C_2 \sin x + \frac{1}{2} x\cos x.$$

代入初始条件得 $C_1 = 0$, $C_2 = \dfrac{1}{2}$, 从而所求函数为

$$f(x) = \frac{1}{2}(\sin x + x\cos x).$$

例 5.31　设函数 $f(t)$ 在 $[0, +\infty)$ 上连续, 且满足方程

$$f(t) = \mathrm{e}^{4\pi t^2} + \iint\limits_{x^2+y^2 \leqslant 4t^2} f\left(\frac{1}{2}\sqrt{x^2+y^2}\right)\mathrm{d}x\mathrm{d}y,$$

求 $f(x)$.

分析　先计算二重积分, 由于积分区域是圆且被积函数中有 $\sqrt{x^2 + y^2}$ 项, 故考虑用极坐标积分. 当二重积分化为二次积分后, 则转化为积分上限 t 的函数. 然后方程两端对 t 求导, 可得到关于 $f(t)$ 的微分方程, 求解此方程即可得 $f(t)$.

解　由于

$$\iint\limits_{x^2+y^2\leqslant 4t^2} f\left(\frac{1}{2}\sqrt{x^2+y^2}\right)\mathrm{d}x\mathrm{d}y$$

$$=\int_0^{2\pi}\mathrm{d}\theta\int_0^{2t} f\left(\frac{1}{2}r\right)r\mathrm{d}r$$

$$=2\pi\int_0^{2t} f\left(\frac{1}{2}r\right)r\mathrm{d}r,$$

由题设有

$$f(t)=\mathrm{e}^{4\pi t^2}+2\pi\int_0^{2t} f\left(\frac{1}{2}r\right)r\mathrm{d}r.$$

两端对 t 求导得

$$f'(t)=8\pi t\mathrm{e}^{4\pi t^2}+8\pi tf(t),$$

即

$$f'(t)-8\pi tf(t)=8\pi t\mathrm{e}^{4\pi t^2},$$

$$f(t)=\mathrm{e}^{-\int -8\pi t\mathrm{d}t}\left(\int 8\pi t\mathrm{e}^{4\pi t^2}\cdot\mathrm{e}^{-\int 8\pi t\mathrm{d}t}\mathrm{d}t+C\right)$$

$$=\mathrm{e}^{4\pi t^2}\left(\int 8\pi t\mathrm{e}^{4\pi t^2}\cdot\mathrm{e}^{-4\pi t^2}\mathrm{d}t+C\right)$$

$$=\mathrm{e}^{4\pi t^2}(4\pi t^2+C).$$

另外, 当 $t=0$ 时 $f(0)=1$, 则 $C=1$. 因此所求函数为

$$f(t)=\mathrm{e}^{4\pi t^2}(4\pi t^2+1).$$

例 5.32　求 $y''-3y'+2y=2\mathrm{e}^x$ 满足 $\lim\limits_{x\to 0}\dfrac{y(x)}{x}=1$ 的特解.

解　对应齐次方程的特征方程为 $\lambda^2-3\lambda+2=0$, 特征值为 $\lambda_1=1,\lambda_2=2$. 通解为 $y=C_1\mathrm{e}^x+C_2\mathrm{e}^{2x}-2x\mathrm{e}^x$. 由 $\lim\limits_{x\to 0}\dfrac{y(x)}{x}=1$, $y(0)=0$, $y'(0)=1$, 代入上式得 $C_1=-3,C_2=3$, 故所求特解为

$$y=-3\mathrm{e}^x+3\mathrm{e}^{2x}-2x\mathrm{e}^x.$$

例 5.33 设曲线 l 在上半平面内, 其上任一点 $P(x,y)$ 处的曲率等于此曲线在该点的法线段 PQ 长度的倒数 (Q 是法线与 x 轴的交点), 若 y'' 恒大于零, 且曲线在 $(1,1)$ 处的切线与 x 轴平行, 求曲线 l 的方程.

解 (1) 列方程. 设曲线 l 的方程为 $y = y(x)$, 由题意知 $y > 0, y'' > 0$, 曲线在 $P(x,y)$ 处的法线为 $y'(Y-y) + X - x = 0$.

它与 x 轴的交点坐标为 $(x + yy', 0)$, 故

$$|PQ| = y(1 + y'^2)^{1/2}.$$

曲线在点 $P(x,y)$ 处的曲率为

$$\frac{y''}{(1 + y'^2)^{3/2}},$$

于是

$$\frac{y''}{(1 + y'^2)^{3/2}} = \frac{1}{y(1 + y'^2)^{1/2}}$$

或

$$yy'' = 1 + y'^2.$$

(2) 初值问题. 由曲线在点 $(1,1)$ 处切线与 x 轴平行, 即当 $x = 1$ 时, $y = 1, y' = 0$, 故有初值问题:

$$\begin{cases} yy'' = 1 + y'^2, \\ y|_{x=1} = 1, y'|_{x=1} = 0. \end{cases}$$

(3) 解方程. $yy'' = 1 + y'^2$ 为不显含 x 的可降阶的二阶微分方程, 令 $y' = p$, 则 $y'' = p\dfrac{\mathrm{d}p}{\mathrm{d}y}$, 代入方程得

$$yp\frac{\mathrm{d}p}{\mathrm{d}y} = 1 + p^2 \quad \text{或} \quad \frac{p\mathrm{d}p}{1 + p^2} = \frac{\mathrm{d}y}{y},$$

积分得 $\dfrac{1}{2}\ln(1 + p^2) = \ln y + \ln C_1$ 或 $(1 + p^2)^{1/2} = C_1 y$. 代入初值条件 $y|_{x=1} = 1, p|_{x=1} = 0$, 得 $C_1 = 1$. 因此 $y = \sqrt{1 + p^2}$, 即 $y' = \pm\sqrt{y^2 - 1}$ 或

$$\frac{\mathrm{d}y}{\sqrt{y^2 - 1}} = \pm\mathrm{d}x.$$

积分得

$$\ln(y + \sqrt{y^2 - 1}) = \pm(x + C_2),$$

代入 $y|_{x=1} = 1$, 得 $C_2 = -1$.

因此所求曲线方程为 $\ln(y + \sqrt{y^2 - 1}) = \pm(x - 1)$.

例 5.34　某种飞机在机场降落时, 为减少滑行距离, 在触地的瞬间, 飞机尾部张开减速伞, 以增大阻力, 使飞机迅速减速并停下, 现有一质量为 9000kg 的飞机, 着陆时的水平速度为 700km/h, 经测试, 减速伞打开后, 飞机所受阻力与飞机的速度成正比 (比例系数 $k = 6.0 \times 10^6$), 问从着陆点算起, 飞机滑行的最长距离为多少?

解　从飞机接触跑道开始计时, 设 t 时刻飞机滑行距离为 $x(t)$, 速度为 $v(t)$, 由牛顿第二定律得

$$m\frac{\mathrm{d}v}{\mathrm{d}t} = -kv.$$

又

$$\frac{\mathrm{d}v}{\mathrm{d}t} = \frac{\mathrm{d}v}{\mathrm{d}x}\frac{\mathrm{d}x}{\mathrm{d}t} = v\frac{\mathrm{d}v}{\mathrm{d}x},$$

所以

$$\mathrm{d}x = -\frac{m}{k}\mathrm{d}v,$$

积分得 $x(t) = -\dfrac{m}{k}v + C$, 再由 $v(0) = v_0$, $x(0) = 0$ 得 $C = \dfrac{m}{k}v_0$, 从而

$$x(t) = \frac{m}{k}(v_0 - v(t)).$$

当 $v(t) \to 0$ 时, 有

$$x(t) \to \frac{mv_0}{k} = \frac{9000 \times 700}{6.0 \times 10^6}(\mathrm{km}) = 1.05\ (\mathrm{km}).$$

所以飞机滑行的最长距离为 1.05km.

例 5.35　求欧拉方程

$$x^2 y'' + 2xy' - 2y = x$$

的通解.

解　方程为二阶变系数非齐次线性微分方程, 且为欧拉方程, 现给 3 种求解方法.

方法 1　设 $x = \mathrm{e}^t$ (或 $t = \ln x$), 记 $\mathrm{D} = \dfrac{\mathrm{d}}{\mathrm{d}t}$, 方程化为

$$\mathrm{D}(\mathrm{D} - 1)y + 2\mathrm{D}y - 2y = \mathrm{e}^t,$$

即

$$\mathrm{D}^2 y + \mathrm{D}y - 2y = \mathrm{e}^t,$$

或

$$\frac{\mathrm{d}^2 y}{\mathrm{d}t^2} + \frac{\mathrm{d}y}{\mathrm{d}t} - 2y = \mathrm{e}^t. \tag{1}$$

方程 (1) 对应的齐次线性微分方程的通解为

$$Y = C_1 \mathrm{e}^t + C_2 \mathrm{e}^{-2t},$$

方程 (1) 特解形式为 $y^* = At\mathrm{e}^t$, 代入式 (1) 中得 $y^* = \dfrac{1}{3}t\mathrm{e}^t$, 代回 $x = \mathrm{e}^t$, 即得方程在 $x > 0$ 内的通解为

$$y = C_1 x + \frac{C_2}{x^2} + \frac{1}{3}x \ln x.$$

容易验证, 方程在 $x > 0$ 和 $x < 0$ 内部适用的通解为

$$y = C_1 x + \frac{C_2}{x^2} + \frac{1}{3}x \ln|x|.$$

方法 2　由欧拉方程的形式知, 设方程有幂级数 $y = x^\lambda$ 形式的解, 将 $y' = \lambda x^{\lambda-1}$, $y'' = \lambda(\lambda - 1)x^{\lambda-2}$ 及 $y = x^\lambda$ 代入方程中, 得

$$\lambda(\lambda - 1)x^\lambda + 2\lambda x^\lambda - 2x^\lambda = 0,$$

化简得 $\lambda^2 + \lambda - 2 = 0$, 解得 $\lambda_1 = 1$, $\lambda_2 = 2$. 因此对应齐次线性微分方程的通解为 $Y = C_1 x + C_2 x^{-2}$.

将原方程改为

$$y'' + \frac{2}{x}y' - \frac{1}{x^2}y = \frac{1}{x}.$$

利用常数变易法, 求此非齐次线性微分方程的通解, 令

$$y = xu(x) + \frac{v(x)}{x^2},$$

则

$$\begin{cases} xu' + \dfrac{v'}{x^2} = 0, \\ u' - \dfrac{2}{x^3}v' = \dfrac{1}{x}. \end{cases}$$

解得

$$u' = \frac{1}{3x}, \quad v' = -\frac{x^2}{3}.$$

积分得

$$u = C_1 + \frac{1}{3}\ln|x|, \quad v = C_2 - \frac{x^3}{9}.$$

于是所求方程的通解为

$$y = C_1 x + \frac{C_2}{x^2} + \frac{1}{3} x \ln |x|.$$

方法 3 观察到 $y_1 = x$ 是方程的一个特解, 令 $y = xu(x)$, 有 $y' = xu' + u$, $y'' = xu'' + 2u'$, 代入原方程得

$$x^3 u'' + 4x^2 u' = x,$$

这是关于 u' 的一阶线性微分方程, 解得

$$u' = \frac{1}{3x} + Cx^{-4},$$

积分得

$$u = \frac{1}{3} \ln |x| + C_1 x^{-3} + C_2,$$

于是通解为

$$y = \frac{1}{3} x \ln |x| + C_1 x^{-2} + C_2 x.$$

注 欧拉方程是变系数线性微分方程的一种特殊形式, 一般引进变换 $x = e^t$ 求解. 对于一般的二阶变系数线性微分方程, 若能找出相应齐次线性微分方程的一个特解时, 往往用常数变易法求解. 了解这种方法对于提高求解变系数线性微分方程的能力是大有裨益的.

例 5.36 解微分方程组:

$$(1) \begin{cases} \dfrac{dy}{dx} = \dfrac{z}{(z-y)^2}, \\[2mm] \dfrac{dz}{dx} = \dfrac{y}{(z-y)^2}. \end{cases} \qquad (2) \begin{cases} \dfrac{dx}{dt} = 2x - 5y - \sin 2t, \\[2mm] \dfrac{dy}{dt} = x - 2y. \end{cases}$$

解 (1) 所给方程组为

$$\begin{cases} \dfrac{dy}{dx} = \dfrac{z}{(z-y)^2}, & (1) \\[2mm] \dfrac{dz}{dx} = \dfrac{y}{(z-y)^2}. & (2) \end{cases}$$

联立求解式 (1)、(2) 得

$$\frac{dy - dz}{dx} = \frac{1}{z-y},$$

即

$$(y-z)d(y-z) = -dx,$$

两端积分得

$$\frac{1}{2}(y-z)^2 + x = C_1. \qquad (3)$$

由式 (3) 得 $(y-z)^2 = C - 2x$ $(C = 2C_1)$, 代入式 (1) 和式 (2) 整理得

$$\frac{\mathrm{d}y}{z} = \frac{\mathrm{d}x}{C - 2x} = \frac{\mathrm{d}z}{y}.$$

于是得

$$y\mathrm{d}y = z\mathrm{d}z.$$

积分得

$$\frac{1}{2}y^2 = \frac{z^2}{2} + \frac{1}{2}C_2,$$

即

$$y^2 - z^2 = C_2. \tag{4}$$

方程组的通解为

$$\begin{cases} \dfrac{1}{2}(y-z)^2 + x = C_1, \\ y^2 - z^2 = C_2. \end{cases}$$

(2) 原方程为

$$\begin{cases} \dfrac{\mathrm{d}x}{\mathrm{d}t} = 2x - 5y - \sin 2t, & (1) \\ \dfrac{\mathrm{d}y}{\mathrm{d}t} = x - 2y. & (2) \end{cases}$$

将式 (2) 改写为

$$x = \frac{\mathrm{d}y}{\mathrm{d}t} + 2y, \tag{3}$$

对式 (3) 两端求导得

$$\frac{\mathrm{d}x}{\mathrm{d}t} = \frac{\mathrm{d}^2 y}{\mathrm{d}t^2} + 2\frac{\mathrm{d}y}{\mathrm{d}t}, \tag{4}$$

将式 (3)、(4) 代入式 (1) 得

$$\frac{\mathrm{d}^2 y}{\mathrm{d}t^2} + 2\frac{\mathrm{d}y}{\mathrm{d}t} = 2\frac{\mathrm{d}y}{\mathrm{d}t} + 4y - 5y - \sin 2t,$$

即

$$\frac{\mathrm{d}^2 y}{\mathrm{d}t^2} + y = -\sin 2t. \tag{5}$$

式 (5) 为二阶常系数非齐次线性微分方程, 其对应的齐次线性微分方程的通解为

$$Y = C_1 \cos t + C_2 \sin t.$$

式 (5) 的特解为

$$y^* = \frac{1}{3} \sin 2t.$$

从而式 (5) 的通解为

$$y = C_1 \cos t + C_2 \sin t + \frac{1}{3} \sin 2t.$$

将上式代入式 (3) 得

$$\begin{cases} x = (C_2 + 2C_1) \cos t + (-C_1 + 2C_2) \sin t + \dfrac{2}{3}(\cos 2t + \sin 2t), \\ y = C_1 \cos t + C_2 \sin t + \dfrac{1}{3} \sin 3t. \end{cases}$$

四、疑难问题解答

在解欧拉方程

$$a_0 x^n \frac{d^n y}{dx^n} + a_1 x^{n-1} \frac{d^{n-1} y}{dx^{n-1}} + \cdots + a_{n-1} x \frac{dy}{dx} + a_n y = 0$$

时, 用变换 $x = e^t$ 将它化为常系数线性齐次方程

$$A_0 \frac{d^n y}{dt^n} + A_1 \frac{d^{n-1} y}{dt^{n-1}} + \cdots + A_{n-1} \frac{dy}{dt} + A_n y = 0$$

来求解, 但 e^t 总是正的, 这个变换的使用是否意味着欧拉方程仅能对正 x 值求解? 而当 x 为负值时欧拉方程无解?

答　由于我们使用变换:$x = e^t$, 因此求解过程始终是在 $x > 0$ 条件下进行的, 但不能因此而认为欧拉方程仅能对正 x 值求解. 事实上, 当 x 为负值时, 欧拉方程并非无解, 将 x 换成 $-x$ 即可得到它的解. 例如

$$a_0 x^2 \frac{d^2 y}{dx^2} + a_1 x \frac{dy}{dx} + a_2 y = 0, \tag{1}$$

令 $x = -u$, 当 $x < 0$ 时,$u > 0$, $y(x) = y(-u) = z(u)$,

$$\frac{dy}{dx} = \frac{dz}{du} \frac{du}{dx} = -\frac{dz}{du},$$
$$\frac{d^2 y}{dx^2} = \frac{d}{dx} \left(-\frac{dz}{du} \right) = -\frac{d^2 z}{du^2} \frac{du}{dx} = \frac{d^2 z}{du^2}.$$

代入方程得

$$a_0 u^2 \frac{d^2 z}{du^2} + a_1 u \frac{dz}{du} + a_2 z = 0. \tag{2}$$

由此可见, 对新变量 u, z 的方程 (2) 仍然是欧拉方程, 而且各项系数与方程 (1) 的各项系数相同, 所以, 如果 $z = z(u)$ 是方程 (2) 的解, 那么 $y = y(-x)$ 是方程 (1) 的解, 即当 $x < 0$ 时, 欧拉方程的解可从 $x > 0$ 时的解 $y = y(x)$ 中将 x 换成 $-x$ 得到.

五、常见错误类型分析

1. 求解方程 $y'' - y = 0$.

错误解法 方程 $y'' = y$ 的特征方程为

$$r^2 - r = 0,$$

其根为 $r_1 = 0$, $r_2 = 1$, 于是方程的通解为

$$y = C_1 + C_2 \mathrm{e}^x.$$

此解法错在方程的特征方程写错了.

正确解法 方程的特征方程为 $r^2 - 1 = 0$, 其根为 $r_1 = 1$, $r_2 = -1$, 故方程的通解为

$$y = C_1 \mathrm{e}^x + C_2 \mathrm{e}^{-x}.$$

2. 求方程 $y'' + 2y' + y = x^2 + x$ 的特解.

错误解法 设方程的特解 $y^* = ax^2 + bx$, $y^{*\prime} = 2ax + b$, $y^{*\prime\prime} = 2a$, 将 y^*, $y^{*\prime}$ $y^{*\prime\prime}$ 代入原方程, 得

$$2a + 2(2ax + b) + ax^2 + bx = x^2 + x,$$

得

$$a = 1, \quad b = -3,$$

于是所求特解为

$$y^* = x^2 - 3x.$$

此解法错在二次多项式的一般形式写错了, n 次多项式的一般形式可设为 $a_n x^n + a_{n-1} x^{n-1} + \cdots + a_1 x + a_0$, 即含有 $n + 1$ 个待定的常数.

正确解法 设原方程的特解 $y^* = ax^2 + bx + c$, $y^{*\prime} = 2ax + b$, $y^{*\prime\prime} = 2a$, 将 y^*, $y^{*\prime}$ $y^{*\prime\prime}$ 代入原方程, 得

$$2a + 2(2ax + b) + ax^2 + bx + c = x^2 + x,$$

得

$$a = 1, \quad b = -3, \quad c = 4,$$

于是所求特解为

$$y^* = x^2 - 3x + 4.$$

3. 求方程 $y'' - 4y = 4$, $y(0) = 0$, $y'(0) = 0$ 的特解.

错误解法　特征方程为 $r^2 - 4 = 0$, 其根为 $r_1 = 2$, $r_2 = -2$, 故对应的齐次方程通解为 $Y = C_1 e^{2x} + C_2 e^{-2x}$.

由观察可看出 $y = -1$ 是原方程的一个特解, 又将初始条件 $y(0) = 1$, $y'(0) = 0$ 代入 $Y = C_1 e^{2x} + C_2 e^{-2x}$ 得 $C_1 = \dfrac{1}{2}$, $C_2 = \dfrac{1}{2}$. 故所求特解为

$$y = \frac{1}{2} e^{2x} + \frac{1}{2} e^{-2x} - 1.$$

产生错误的原因是将非齐次方程的初始条件当成齐次方程的初始条件, 事实上应将初始条件代入非齐次方程 $y = Y + y^* = C_1 e^{2x} + C_2 e^{-2x} - 1$ 中, 再确定 C_1 和 C_2.

正确解法　由特征方程为 $r^2 - 4 = 0$, 得 $r_1 = 2$, $r_2 = -2$, 故对应的齐次方程通解为

$$Y = C_1 e^{2x} + C_2 e^{-2x}.$$

观察到 $y = -1$ 是原方程的一个特解, 则原方程的通解为

$$y = Y + y^* = C_1 e^{2x} + C_2 e^{-2x} - 1,$$

代入初始条件 $y(0) = 1$, $y'(0) = 0$, 得 $C_1 = 1$, $C_2 = 1$. 故所求特解为

$$y = e^{2x} + e^{-2x} - 1.$$

练习 5.2

1. 验证:

(1) $y = C_1 e^x + C_2 e^{2x} + \dfrac{1}{12} e^{5x}$ (C_1, C_2 是任意常数) 是方程 $y'' - 3y' + 2y = e^{5x}$ 的通解;

(2) $y = C_1 \cos 3x + C_2 \sin 3x + \dfrac{1}{32} (4x \cos x + \sin x)$ (C_1, C_2 是任意常数) 是方程 $y'' + 9y = x \cos x$ 的通解.

2. 设方程 $y'' + P(x)y' + Q(x)y = f(x)$ 的 3 个特解为 $y_1 = x$, $y_2 = e^x$, $y_3 = e^{2x}$, 试求方程的通解.

3. 求下列微分方程的通解:

(1) $y'' = 2x + \cos x$;　　　　　　(2) $y'' = 1 + y'^2$;

(3) $xy'' + y' = 0$;　　　　　　(4) $y^3 y'' - 1 = 0$.

4. 求解下列微分方程满足初始条件的特解:

(1) $\begin{cases} y'' = x\mathrm{e}^x, \\ y(0) = 0,\ y'(0) = 0; \end{cases}$

(2) $\begin{cases} y'' + y = 0, \\ y\left(\dfrac{\pi}{4}\right) = 1,\ y'\left(\dfrac{\pi}{4}\right) = -1; \end{cases}$

(3) $\begin{cases} (1 + x^2)y'' = 2xy', \\ y(0) = 1,\ y'(0) = 3; \end{cases}$

(4) $\begin{cases} yy'' = 2(y'^2 - y'), \\ y(0) = 1,\ y'(0) = 2; \end{cases}$

(5) $\begin{cases} y'' - 10y' + 9y = \mathrm{e}^{2x}, \\ y(0) = \dfrac{6}{7},\ y'(0) = \dfrac{33}{7}. \end{cases}$

5. 求下列微分方程的通解:

(1) $y'' + y = \sin x$;

(2) $y'' + 2y' + y = x^2 + x + 1$;

(3) $y'' + 3y' + 2y = 2x \sin x$;

(4) $y'' - 5y' + 6y = x\mathrm{e}^{2x}$;

(5) $y'' + y' = \cos^2 x + \mathrm{e}^x + x^2$;

(6) $x^2 y'' - 3xy' + 4y = x + x^2 \ln x$.

6. 设函数 $y = y(x)$ 在 $(-\infty, +\infty)$ 内具有二阶导数, 且 $y \neq 0$, $x = x(y)$ 是 $y = y(x)$ 的反函数.

(1) 试将 $x = x(y)$ 所满足的微分方程 $\dfrac{\mathrm{d}^2 x}{\mathrm{d}y^2} + (y + \sin x)\left(\dfrac{\mathrm{d}x}{\mathrm{d}y}\right)^3 = 0$ 变换为满足 $y = y(x)$ 的微分方程;

(2) 求变换后的微分方程满足初始条件 $y(0) = 0$, $y'(0) = \dfrac{3}{2}$ 的解.

7. 设地球质量为 M, 万有引力常数为 G, 地球半径为 R, 今有一质量为 m 的火箭, 由地面以初速度 $v_0 = \sqrt{\dfrac{2GM}{R}}$ 垂直向上发射, 试求火箭高度 r 与时间 t 的关系.

练习 5.2 参考答案与提示

1. 略.

2. $y = C_1(e^x - x) + C_2(e^{2x} - x) + x$.

3. (1) $y = \dfrac{1}{3}x^3 - \cos x + C_1 x + C_2$;

(2) $y = -\ln|\cos(x + C_1)| + C_2$;

(3) $y = C_1 \ln|x| + C_2$;

(4) $C_1 y^2 - 1 = (C_1 x + C_2)^2$.

4. (1) $y = (x - 2)e^x + x + 2$;

(2) $y = \sqrt{2}\cos x$;

(3) $y = x^3 + 3x + 1$;

(4) $y = \tan\left(x + \dfrac{\pi}{4}\right)$;

(5) $y = \dfrac{1}{2}(e^x + e^{9x}) - \dfrac{1}{7}e^{2x}$.

5. (1) $y = -\dfrac{1}{2}x\cos x + C_1 e^x + C_2 e^{-x}$;

(2) $y = x^2 - 3x + 5 + (C_1 + C_2 x)e^{-x}$;

(3) $y = C_1 e^{-x} + C_2 e^{-2x} + \left(\dfrac{x}{5} + \dfrac{6}{25}\right)\sin x + \left(-\dfrac{3}{5}x + \dfrac{17}{25}\right)\cos x$;

(4) $y = C_1 e^{2x} + C_2 e^{3x} - x\left(\dfrac{1}{2}x + 1\right)e^{2x}$;

(5) $y = C_1 + C_2 e^{-x} + \dfrac{1}{2}e^x + \dfrac{1}{10}\cos 2x - \dfrac{1}{20}\sin 2x + \dfrac{1}{3}x^3 - x^2 + \dfrac{5}{2}x$;

(6) $y = C_1 x^2 + C_2 x^2 \ln x + \dfrac{1}{6}x^2 \ln^3 x + x$.

6. (1) $y'' - y = \sin x$;

(2) $y = e^x - e^{-x} - \dfrac{1}{2}\sin x$.

7. 提示　火箭所受地球引力为 $f = -\dfrac{GMm}{(R + r)^2}$, 由牛顿第二定律, 有

$$m\frac{\mathrm{d}^2 r}{\mathrm{d}t^2} = -\frac{GMm}{(R + r)^2},$$

得高度与时间的关系为

$$\frac{2}{3}(R + r)^{\frac{3}{2}} = \sqrt{2GM}\,t + \frac{2}{3}R^{\frac{3}{2}}.$$

综合练习 5

1. 选择题

(1) 下列微分方程中,(　　) 是线性微分方程.

(A) $y''x + 2y'\ln x + y^2 = 0$

(B) $y''x^2 - xy = e^y$

(C) $y'''e^x + y\sin x = \ln x$

(D) $y'y - xy'' = \cos x$

(2) 微分方程 $y'' = 0$ 的通解为 (　　).

(A) $y = C_1 x^2 + C_2 x$　　　　(B) $y = C_1 x + C_2$

(C) $y = C_1 x$　　　　　　　　(D) $y = 0$

(3) 设线性无关的函数 $y_1(x), y_2(x), y_3(x)$ 都是某二阶非齐次线性方程的解,C_1, C_2 为任意常数, 则该非齐次方程的通解是 (　　).

(A) $C_1 y_1(x) + C_2 y_2(x) + C_3 y_3(x)$

(B) $C_1 y_1(x) + C_2 y_2(x) - (C_1 + C_2)y_3(x)$

(C) $C_1 y_1(x) + C_2 y_2(x) - (1 - C_1 - C_2)y_3(x)$

(D) $C_1 y_1(x) + C_2 y_2(x) + (1 - C_1 - C_2)y_3(x)$

(4) 函数 $y = e^{2x}$ 是微分方程 $\dfrac{d^2 y}{dx^2} - 4y = 0$ 的 (　　).

(A) 通解　　　　　　　　　　(B) 特解

(C) 是解, 但非通解, 也非特解　　(D) 不是解

(5) 方程 $x'' + x = \sin t$ 的特解 x^* 可设为 (　　).

(A) $x^* = t(A\cos t + B\sin t)$

(B) $x^* = At\sin t$

(C) $x^* = Bt\cos t$

(D) $x^* = A\cos t + B\sin t$

(6) 方程 $y'' + \omega^2 y = 0$ 的通解是 (　　).

(A) $y = \cos \omega x$

(B) $y = C\sin \omega x$

(C) $y = A\sin(\omega x + \varphi)$

(D) $y = A\cos \omega x + B\sin \omega x$

(7) 方程 $x'' - 4x' + 4x = e^t + e^{2t} + 1$ 的特解 x^* 可设为 (　　).

(A) $x^* = Ae^t + Be^{2t} + C$

(B) $x^* = Ae^t + Bt^2 e^{2t} + C$

(C) $x^* = Ate^t + Bte^{2t} + C$

(D) $x^* = Ae^t + Bt^2 e^{2t}$

2. 填空题

(1) 微分方程 $y^2y''' + (xy'')^2 = x\ln x$ 的阶数为 _____.

(2) 曲线族 $y = Cx^2$(C为任意常数) 所满足的一阶微分方程是 _____.

(3) 微分方程 $y^{(n)} = \mathrm{e}^x$ 的通解为 _____.

(4) 已知二阶线性非齐次方程有 3 个特解 $y_1 = 3, y_2 = 3 + x^2, y_3 = 3 + x^2 + \mathrm{e}^x$, 则该微分方程的通解是 _____.

(5) 微分方程 $y'' - 4y' + 4y = 6x^2\mathrm{e}^{2x}$ 有形如 _____ 的特解.

(6) 设微分方程 $y'' + a_1(x)y' + a_2(x)y = f(x)$ 有两个特解 $y_1(x), y_2(x)$, 如果 $ay_1(x) + by_2(x)$ 是该微分方程的解, 则 $a + b = $ _____; 如果 $ay_1(x) + by_2(x)$ 是对应齐次微分方程的解, 则 $a + b = $ _____(a, b为常数).

(7) 如果 $\int_0^x f(t)\mathrm{d}t = \dfrac{1}{2}f(x) - \dfrac{1}{2}$, 则 $f(x) = $ _____.

(8) 若 $y = \dfrac{x}{\ln x}$ 是 $y' = \dfrac{y}{x} + \varphi\left(\dfrac{x}{y}\right)$ 的解, 则 $\varphi\left(\dfrac{x}{y}\right)$ 的表达式为 $f(x) = $ _____.

3. 求下列微分方程的通解或在初始条件下的特解:

(1) $\dfrac{\mathrm{d}y}{\mathrm{d}x} = \dfrac{1}{x}$;

(2) $\dfrac{\mathrm{d}^2y}{\mathrm{d}x^2} = \cos x$;

(3) $y' = 2xy$;

(4) $\sqrt{1 - y^2} = 3x^2yy'$;

(5) $\sqrt{1 - x^2}y' = \sqrt{1 - y^2}$;

(6) $(xy^2 + x)\mathrm{d}x + (y - x^2y)\mathrm{d}y = 0$;

(7) $xy' = y\ln\dfrac{y}{x}$;

(8) $\dfrac{\mathrm{d}y}{\mathrm{d}x} = \dfrac{xy}{x^2 - y^2}$;

(9) $\dfrac{\mathrm{d}y}{\mathrm{d}x} + y = x$;

(10) $\dfrac{\mathrm{d}y}{\mathrm{d}x} = \dfrac{1}{\mathrm{e}^y + x}$;

(11) $y' = \mathrm{e}^{2x-y}$, $\quad y(0) = 0$;

(12) $y' + \dfrac{2xy}{x^2 + 4} = 0$, $\quad y(0) = 1$;

(13) $(y - x + 1)\mathrm{d}x - (y - x + 5)\mathrm{d}y = 0$;

(14) $x'' + x' - 6x = 0$;

(15) $y'' - 2y' - 3y = 3x + 1$;

(16) $y'' + 9y = 6\mathrm{e}^{3x}$, $\quad y(0) = y'(0) = 0$;

(17) $y'' - 2y' + 3y = \mathrm{e}^{-t}\cos t$;

(18) $y'' = -[1 + (y')^2]^{\frac{2}{3}}$;

(19) $yy'' - 2yy'\ln y = (y')^2$, $\quad y(0) = y'(0) = 1$;

(20) $x^2 y'' - (y')^2 - 2xy' = 0$.

4. 某商品投入市场, 其初始价格为 100, 在时刻 t 的价格 $P(t)$ 的变化率等于需求量 $d(t)$ 与供给量 $S(t)$ 之差的 4 倍, 而需求量与供给量都是价格 P 的线性函数, $S = -40 + 2P, d = 20 - P$, 求价格函数 $P(t)$ 的表达式.

5. 设函数 $y_1(x), y_2(x), y_3(x)$ 都是方程

$$y''(x) + P_1(x)y'(x) + P_2(x)y(x) = Q(x) \tag{1}$$

的特解, 其中 P_1, P_2, Q 为已知非零连续函数, 且 $\dfrac{y_1 - y_2}{y_2 - y_3} \neq$ 常数, 求证

$$y = (1 + C_1)y_1 + (C_2 - C_1)y_2 - C_2 y_3$$

为方程 (1) 的通解 (其中 C_1, C_2 为常数).

6. 求 $xy' + (1 - x)y = \mathrm{e}^{2x}$ $(0 < x < +\infty)$ 满足条件 $\lim\limits_{x \to 0^+} y(x) = 1$ 的特解.

7. 已知某曲线经过 $(1,1)$, 它的切线在纵轴上的截距等于切点的横坐标, 求该曲线的方程.

综合练习 5 参考答案与提示

1. (1) (C);　(2) (B);　(3) (D);　(4) (B);　(5) (D);　(6) (D);　(7) (D).

2. (1) 3;　(2) $y''' = 0$;

(3) $\mathrm{e}^x + \dfrac{C_1 x^{n-1}}{(n-1)!} + \dfrac{C_2 x^{n-2}}{(n-2)!} + \cdots + C_{n-1}x + C_n$;　(4) $C_1 x^2 + C_2 \mathrm{e}^x + 3$;

(5) $y = x^2 \mathrm{e}^{2x}(C_0 + C_1 x + C_2 x^2)$;　(6) 1, 0;　(7) $C\mathrm{e}^{2x}$;　(8) $-\dfrac{y^2}{x^2}$.

3. (1) $y = \ln|x| + C$;

(2) $y = -\cos x + C_1 x + C_2$;

(3) $y = C\mathrm{e}^{x^2}$;

(4) $\sqrt{1-y^2} - \dfrac{1}{3x} + C = 0$;

(5) $\arcsin y = \arcsin x + C$;

(6) $\dfrac{y^2+1}{x^2-1} = C$;

(7) $y = x\mathrm{e}^{Cx+1}$;

(8) $y = C\mathrm{e}^{\frac{-x^2}{2y^2}}$;

(9) $y = C\mathrm{e}^{-x} + x - 1$;

(10) $y = \mathrm{e}^y(y + C)$;

(11) $\mathrm{e}^y = \dfrac{1}{2}(\mathrm{e}^{2x} + 1)$;

(12) $y = \dfrac{4}{x^2+4}$;

(13) $(y-x)^2 + 10y - 2x = C$;

(14) $x = C_1\mathrm{e}^{-3t} + C_2\mathrm{e}^{2t}$;

(15) $y = C_1\mathrm{e}^{3x} + C_2\mathrm{e}^{-x} - x + \dfrac{1}{3}$;

(16) $y = \dfrac{1}{3}(\mathrm{e}^{3x} - \cos 3x - \sin 3x)$;

(17) $y = \mathrm{e}^{-t}(C_1\cos\sqrt{2}t + C_2\sin\sqrt{2}t) + \dfrac{1}{41}(5\cos t - 4\sin t)\mathrm{e}^{-t}$;

(18) $(x - C_1)^2 + (y - C_2)^2 = 1$ (提示: 令 $y' = p, y'' = p'$);

(19) $y = \mathrm{e}^{\tan x}$ $\left(\text{提示: 令 } y' = p, y'' = p\dfrac{\mathrm{d}p}{\mathrm{d}y}\right)$;

(20) $y = -\dfrac{1}{2}(x + C_1)^2 - C_1^2\ln|C_1 - x| + C_2$.

4. $P(t) = 20 + 80t\mathrm{e}^{-12t}$.

5. 略.

6. $y = \dfrac{1}{x}\mathrm{e}^x(\mathrm{e}^x - 1)$.

7. $y = x - x\ln x$.

第6章　差分方程

在科学技术和经济管理的许多问题中, 各相关变量的取值往往都是离散的, 差分方程是研究这类离散数学的有力工具.

本章的重点是一阶常系数线性差分方程和二阶常系数线性差分方程的求解方法. 难点是对于一阶和二阶常系数非齐次线性差分方程如何正确求出特解.

一、主要内容

差分、差分方程、差分方程的阶、解、通解、特解; 一阶常系数齐次线性差分方程 $y_{x+1} - ay_x = 0$ $(a \neq 0)$ 及其通解 $y_x = Ca^x$, 其中 C 为任意常数; 一阶常系数非齐次线性差分方程 $y_{x+1} - ay_x = f(x)$, $f(x) \neq 0$ 通解为 $y_x = Y_x + y_x^*$, 其中 Y_x 为对应的齐次方程的通解, y_x^* 为非齐次方程的一个特解; 二阶常系数齐次线性差分方程 $y_{x+2} + ay_{x+1} + by_x = 0$ $(b \neq 0)$ 的求解方法及二阶常系数非齐次线性差分方程的求解方法; 差分方程在经济中的应用.

二、教学要求

1. 了解差分与差分方程及其通解、特解等概念.
2. 掌握一阶、二阶常系数线性差分方程的求解方法.
3. 会用差分方程求解简单的经济应用问题.

三、例题选讲

例 6.1　计算下列函数的二阶差分:
(1) $y = \mathrm{e}^x$;　　　　(2) $y = x^2 + 2x$;
(3) $y = \sin 2x$;　　　　(4) $y = \log_a x$ $(a > 0,\ a \neq 1)$.

解　(1) $\Delta y_x = y_{x+1} - y_x = \mathrm{e}^x(\mathrm{e} - 1)$,
$\Delta^2 y_x = \Delta y_{x+1} - \Delta y_x = \mathrm{e}^{x+1}(\mathrm{e} - 1) - \mathrm{e}^x(\mathrm{e} - 1) = \mathrm{e}^x(\mathrm{e} - 1)^2$.
(2) $\Delta y_x = y_{x+1} - y_x = (x+1)^2 + 2(x+1) - x^2 - 2x = 2x + 3$,
$\Delta^2 y_x = \Delta y_{x+1} - \Delta y_x = 2(x+1) + 3 - 2x - 3 = 2$.
(3) $\Delta y_x = y_{x+1} - y_x = \sin 2(x+1) - \sin 2x = 2\cos(2x+1)\sin 1$,
$\Delta^2 y_x = \Delta y_{x+1} - \Delta y_x = 2\cos(2x+3)\sin 1 - 2\cos(2x+1)\sin 1$
　　　$= -4\sin^2 1 \cdot \sin 2(x+1)$.

(4) $\Delta y_x = y_{x+1} - y_x = \log_a(x+1) - \log_a x = \log_a \dfrac{x+1}{x}$,

$\Delta^2 y_x = \Delta y_{x+1} - \Delta y_x = \log_a \dfrac{x+2}{x+1} - \log_a \dfrac{x+1}{x} = \log_a \dfrac{x(x+2)}{(x+1)^2}$.

例 6.2　下列式子哪个是差分方程, 若是差分方程, 确定它的阶:

(1) $y_{x-2} - y_{x-4} = y_{x+2}$;　　　　　　　　(2) $\Delta y_x = y_x + x$;

(3) $\Delta^2 y_x = y_{x+2} - 2y_{x+1}$;　　　　　　(4) $-2\Delta y_x = 2y_x + 3a^x$.

解　(1) 最大下标与最小下标差为 $(x+2) - (x-4) = 6$, 所以是 6 阶差分方程.

(2) $\Delta y_x = y_x + x$ 变形为 $y_{x+1} - 2y_x - x = 0$, 所以是一阶差分方程.

(3) $\Delta^2 y_x = y_{x+2} - 2y_{x+1}$ 变形为 $y_x = 0$, 所以不是差分方程.

(4) $-2\Delta y_x = 2y_x + 3a^x$ 变形为 $-2y_{x+1} = 3a^x$, 所以不是差分方程.

例 6.3　*确定下列差分方程的阶:*

(1) $y_{x+3} + x^2 y_{x+1} - 3y_x = x - 1$;

(2) $y_{x-1} + y_{x-2} = y_{x-4}$.

解　(1) $x + 3 - x = 3$, 所以该方程是三阶差分方程.

(2) $(x-1) - (x-4) = 3$, 所以该方程是三阶差分方程.

例 6.4　验证当 $p + a \neq 0$ 时, $y_x = \dfrac{A}{p+a} a^x$ 是差分方程 $y_{x+1} + p y_x = A a^x$ 的解.

解　因 $y_{x+1} = \dfrac{A}{p+a} a^{x+1}$, 则

$$y_{x+1} + p y_x = \frac{A}{p+a} a^{x+1} + p \frac{A}{p+a} a^x = A a^x, \quad p + a \neq 0.$$

因此当 $p + a \neq 0$ 时 $y_x = \dfrac{A}{p+a} a^x$ 是差分方程 $y_{x+1} + p y_x = A a^x$ 的解.

例 6.5　*求差分方程 $3y_x - y_{x-1} = 0$ 满足初始条件 $y_0 = 2$ 的解.*

解　原方程 $3y_x - y_{x-1} = 0$ 可以改写为

$$3y_{x+1} - y_x = 0, \quad \text{即} \quad y_{x+1} = \frac{1}{3} y_x.$$

由迭代法得通解

$$y_x = C \left(\frac{1}{3} \right)^x,$$

将 $y_0 = 2$ 代入得 $C = 2$, 因此所求特解为

$$y_x = 2 \left(\frac{1}{3} \right)^x.$$

另外, 也可用特征根法求解.

原方程化为 $3y_{x+1} - y_x = 0$, 其对应的特征方程为 $3\lambda - 1 = 0$, 其根为 $\lambda = \dfrac{1}{3}$, 于是原方程的通解为

$$y_x = C\left(\frac{1}{3}\right)^x,$$

将 $y_0 = 2$ 代入得 $C = 2$, 因此所求特解为

$$y_x = 2\left(\frac{1}{3}\right)^x.$$

例 6.6　求差分方程 $y_{x+1} - y_x = x + 1$ 的通解.

解　对应的齐次方程 $y_{x+1} - y_x = 0$ 的通解为

$$Y_x = C.$$

设原方程的一个特解为 y_x^*, 由于 1 是特征方程的根, 于是令

$$y_x^* = x(b_0 x + b_1) = b_0 x^2 + b_1 x,$$

代入原方程得

$$b_0(x+1)^2 + b_1(x+1) - b_0 x^2 - b_1 x = x + 1,$$

比较两端同次幂的系数得

$$b_0 = \frac{1}{2}, \quad b_1 = \frac{1}{2}.$$

于是

$$y_x^* = \frac{1}{2}x^2 + \frac{1}{2}x.$$

原方程的通解为

$$y_x = C + \frac{1}{2}x^2 + \frac{1}{2}x.$$

例 6.7　求差分方程 $y_{x+1} - y_x = 3^x - 2$ 的通解.

解　该方程所对应的齐次方程为 $y_{x+1} - y_x = 0$, 其通解为

$$Y_x = C \quad (C\text{为任意常数}).$$

对于方程 $y_{x+1} - y_x = 3^x$, 令 $y_x = 3^x z_x$, 将其代入原方程有

$$3^{x+1} z_{x+1} - z_x 3^x = 3^x,$$

即

$$z_{x+1} - \frac{1}{3} z_x = \frac{1}{3}.$$

$z_{x+1} - \dfrac{1}{3}z_x = 0$ 的通解为 $z_x = C\left(\dfrac{1}{3}\right)^x$.

设 $z_{x+1} - \dfrac{1}{3}z_x = \dfrac{1}{3}$ 的特解为 $z_x^* = A$, 代入方程得 $A = \dfrac{1}{2}$, 于是

$$y_x^* = \frac{1}{2}3^x.$$

再求 $y_{x+1} - y_x = -2$ 的特解. 设其特解为 $y_x^* = Bx$, 代入方程得 $B = -2$. 于是原方程通解为

$$y_x = C + \frac{1}{2}3^x - 2x.$$

例 6.8　(分期偿还贷款模型)　设从银行贷款 P_0 元, 月利率为 P, 这笔贷款要在 m 个月内按月等额归还, 试问每月应还多少?

解　设 y_x 是第 x 个月还欠的款额, 要求每月偿还 a 元, 得差分方程定解问题:

$$\begin{cases} y_{x+1} - (1+P)y_x = -a, \\ y_0 = P_0, \\ y_m = 0. \end{cases}$$

对应的齐次方程 $y_{x+1} - (1+P)y_x = 0$ 的通解为

$$Y_x = C(1+P)^x.$$

由于 1 不是特征根, 设非齐次方程的特解为

$$y_x^* = A_0,$$

代入原方程得 $A_0 = \dfrac{a}{P}$, 从而原方程的通解为

$$y_x = \frac{a}{P} + C(1+P)^x.$$

由初始条件及偿还条件得

$$\begin{cases} y_0 = P_0 = \dfrac{a}{P} + C, \\ y_m = 0 = \dfrac{a}{P} + C(1+P)^m. \end{cases}$$

消去 C 得

$$a = \frac{P_0 P(1+P)^m}{(1+P)^m - 1},$$

即为每月应偿还的款额.

例如某大学生一年级贷款 1000 元, 二年级贷款 1000 元, 计划大学学习四年毕业后两年偿还, 贷款年利率 7%, 则毕业时实际偿还额为

$$P_0 = 1000(1 + 0.07)^4 + 1000(1 + 0.07)^3 = 2535.84 \text{ 元}.$$

每月利率为 $P = \dfrac{0.07}{12}$, 分 $m = 2 \times 12 = 24$ 个月等额偿还, 每月应还款

$$a = \frac{2535.84 \times \dfrac{0.07}{12} \times \left(1 + \dfrac{0.07}{12}\right)^{24}}{\left(1 + \dfrac{0.07}{12}\right)^{24} - 1} \doteq 113.5 \text{ 元}.$$

例 6.9　设 Q_x, S_x, P_x 分别是市场某产品的 x 期需求量、供给量和价格, 且满足关系式

$$\begin{cases} S_x = -a + bP_{x-1}, & a > 0,\ b > 0, \\ Q_x = \alpha - \beta P_x, & \alpha > 0,\ \beta > 0, \\ S_x = Q_x. \end{cases}$$

若初始价格 P_0 已知, 试求价格函数 P_x.

解　由 $S_x = Q_x$, 得 $-a + bP_{x-1} = \alpha - \beta P_x$. 整理得

$$P_x + \frac{b}{\beta} P_{x-1} = \frac{a + \alpha}{\beta}.$$

将其改写成一阶常系数线性差分方程的标准式:

$$P_{x+1} + \frac{b}{\beta} P_x = \frac{a + \alpha}{\beta},$$

解得

$$P_x = C\left(-\frac{b}{\beta}\right)^x + \frac{\alpha + a}{\beta + b},$$

将 P_0 代入上式得

$$C = P_0 - \frac{\alpha + a}{\beta + b},$$

因此

$$P_x = \left(P_0 - \frac{\alpha + a}{\beta + b}\right)\left(-\frac{b}{\beta}\right)^x + \frac{\alpha + a}{\beta + b}.$$

例 6.10　求下列差分方程的通解:

(1) $y_{x+2} - 6y_{x+1} + 9y_x = 0$;

(2) $y_{x+2} + 5y_{x+1} + 6y_x = 0$;

(3) $y_{x+2} + 4y_{x+1} + 5y_x = 0$.

解　(1) 该方程对应的特征方程为

$$\lambda^2 - 6\lambda + 9 = 0,$$

其特征根为 $\lambda_1 = \lambda_2 = 3$. 所以所求方程的通解为

$$y_x = (C_1 + C_2 x)3^x.$$

(2) 特征方程为

$$\lambda^2 + 5\lambda + 6 = 0,$$

特征根为 $\lambda_1 = -2$, $\lambda_2 = -3$. 所以所求方程的通解为

$$y_x = C_1(-2)^x + C_2(-3)^x.$$

(3) 特征方程为

$$\lambda^2 + 4\lambda + 5 = 0,$$

$$\lambda_{1,2} = -2 \pm \mathrm{i},$$

于是 $r = \sqrt{4+1} = \sqrt{5}$, $\theta = \arctan \dfrac{-2}{1}$.

令 $\omega = \arctan(-2)$, 于是通解

$$y_x = C_1 5^{\frac{x}{2}} \cos \omega x + C_2 5^{\frac{x}{2}} \sin \omega x.$$

例 6.11　求差分方程 $y_{x+2} - 4y_{x+1} + 4y_x = x + 2$ 的通解.

解　对应的齐次方程的特征方程为

$$\lambda^2 - 4\lambda + 4 = 0,$$

特征根为 $\lambda_1 = \lambda_2 = 2$, 故齐次方程的通解为

$$Y_x = (C_1 + C_2 x)2^x.$$

由于 1 不是特征方程的根, 故原方程的特解形式为

$$y_x^* = b_0 x + b_1,$$

将其代入原方程得

$$b_0 x + 2b_0 + b_1 - 4 = x + 2,$$

于是 $b_0 = 1$, $b_1 = 4$. 从而

$$y_x^* = x + 4.$$

故原方程的通解为

$$y_x = (C_1 + C_2 x)2^x + x + 4.$$

例 6.12　求差分方程 $y_{x+2} - 3y_{x+1} + 2y_x = 3 \times 5^x$ 的通解.

解　对应的齐次方程的特征方程为

$$\lambda^2 - 3\lambda + 2 = 0,$$

特征根为 $\lambda_1 = 1$, $\lambda_2 = 2$. 故齐次方程的通解为

$$Y_x = C_1 + C_2 \times 2^x.$$

设 $y_x^* = 5^x z_x^*$ 为原方程的一个特解, 那么

$$25 z_{x+2}^* - 15 z_{x+1}^* + 2 z_x^* = 3.$$

该方程相应的齐次方程的特征根为

$$\lambda_1 = \frac{2}{5}, \quad \lambda_2 = \frac{1}{5}.$$

由于 1 不是特征根, 故设 $z_x^* = b_0$, 代入原方程得 $b_0 = \dfrac{1}{4}$, 从而

$$z_x^* = \frac{1}{4}, \quad y_x^* = \frac{1}{4} \times 5^x.$$

所求方程的通解为

$$y_x = Y_x + y_x^* = C_1 + C_2 2^x + \frac{1}{4} \times 5^x.$$

四、疑难问题解答

1. 如何判断一个差分方程的阶?

答　必须是含有表示未知函数 y_x 两个或两个以上时期值的符号 $y_x, y_{x+1}, \cdots$ 的方程为差分方程. 例如 $-2\Delta y_x = 2y_x + 3 \times 2^x$, 其等价形式为 $-2y_{x+1} = 3 \times 2^x$, 它只含一个时期的函数值 y_{x+1}, 故此方程不是差分方程.

2. 如何求解二阶常系数齐次线性差分方程 $y_{t+2} + ay_{t+1} + by_t = 0$?

答　(1) 写出特征方程 $r^2 + ar + b = 0$;

(2) 求出该方程的两个特征根: $r_{1,2} = \dfrac{-a \pm \sqrt{a^2 - 4b}}{2}$;

(3) 根据特征根的不同形式写出其特解.

如果 $r_1 \neq r_2$, 是不相等实根, 则通解为

$$y_x = C_1 r_1^x + C_2 r_2^x \quad (C_1, C_2 \text{ 为任意常数}).$$

如果 $r_1 = r_2 = r$, 是相等实根, 则通解为

$$y_x = (C_1 + C_2 x) r^x \quad (C_1, C_2 \text{ 为任意常数}).$$

如果 $r_{1,2} = \alpha \pm \mathrm{i}\beta$, 是一对共轭复根, 则

$$y_x = C_1 r^x \cos \theta x + C_2 r^x \sin \theta x \quad (C_1, C_2 \text{ 为任意常数}).$$

$r = \sqrt{\alpha^2 + \beta^2}, \theta = \arctan \dfrac{\alpha}{\beta} \ (0 < \theta < \pi).$

五、常见错误类型分析

1. 求差分方程 $y_{x+1} + 4y_x = x$ 的通解.

错误解法 齐次方程 $y_{x+1} + 4y_x = 0$ 的通解为

$$Y_x = C(-4)^x.$$

设非齐次方程 $y_{x+1} + 4y_x = x$ 的特解为 $y_x^* = Ax$, 代入原方程 $A = \dfrac{1}{5}$, 因此原方程的通解为

$$y_x = Y_x + y_x^*,$$

即

$$y_x = C(-4)^x + \dfrac{1}{5} x.$$

错因分析 由于非齐次项 $f(x) = x$, 它是一次多项式函数, 所以特解应假设为

$$y_x^* = Ax + B.$$

正确解法 先求对应的齐次方程的通解

$$Y_x = C(-4)^x.$$

设非齐次方程的特解为

$$y_x^* = Ax + B.$$

将其代入原方程得

$$A = \dfrac{1}{5}, \quad B = -\dfrac{1}{25},$$

则

$$y_x^* = \frac{1}{5}x - \frac{1}{25},$$

因此原方程的通解为

$$y_x = Y_x + y_x^* = C(-4)^x + \frac{1}{5}x - \frac{1}{25}.$$

练习 6

1. 选择题

(1) 下列等式中是差分方程的为 (　　).

(A) $-3\Delta y_x = 3y_x + a^x$ 　　　　(B) $2\Delta y_x = y_x + x$

(C) $\Delta^2 y_x = y_{x+2} - 2y_{x+1} + y_x$ 　　(D) $\Delta y_x = y_{x+1} + x^2$

(2) 下列差分方程中阶数为二阶的是 (　　).

(A) $y_{x+2} + 4y_{x+1} + 3y_x = 2^x$ 　　(B) $y_{x+2} - 3y_{x+1} = x$

(C) $\Delta y_x - 3y_x = 3$ 　　　　　　(D) $\Delta^2 y_x = y_x + 3x^2$

(3) 函数 $y_x = C \cdot 2^x + 8$ 是 (　　) 的通解.

(A) $y_{x+2} - 3y_{x+1} + 3y_x = 2^x$ 　　(B) $y_x - 3y_{x-1} + 2y_{x-2} = 0$

(C) $y_{x+1} - 2y_x = -8$ 　　　　　(D) $y_{x+2} - 2y_x = 8$

2. 求下列差分方程的通解及特解:

(1) $y_{x+1} - 5y_x = 3, \quad y_0 = \frac{7}{3}$;

(2) $y_{x+1} + y_x = 2^x, \quad y_0 = 2$;

(3) $y_{x+1} + 4y_x = 2x^2 + x - 1, \quad y_0 = 1$;

(4) $y_{x+1} - \frac{1}{2}y_x = \left(\frac{5}{2}\right)^x, \quad y_0 = -1$.

3. 求下列常系数齐次差分方程的通解:

(1) $y_{x+2} - 9y_{x+1} + 20y_x = 0$;

(2) $y_{x+2} - 2y_{x+1} + y_x = 0$;

(3) $y_{x+2} + 2y_{x+1} + 3y_x = 0$.

4. 求 $y_{x+2} + 3y_{x+1} + 2y_x = 6x^2 + 4x + 20$ 的通解.

5. 设 Y_x, C_x, I_x 分别为 x 期国民收入、消费、投资, 三者之间关系如下:

$$\begin{cases} Y_x = C_x + I_x, \\ C_x = \alpha Y_x + \beta \quad (0 < \alpha < 1, \beta \geqslant 0), \\ Y_{x+1} = Y_x + rI_x \quad (r > 0). \end{cases}$$

求 Y_x, C_x, I_x.

6. 若贷款 2500 元, 月利率为 1%, 要在 12 个月内用分期付款方式按月等额偿还, 平均每月应付多少元? 其付利息多少?

练习 6 参考答案与提示

1. (1) (B).　　(2) (A).　　(3) (C).

2. (1) $y_x = -\dfrac{3}{4} + C5^x$,　$y_x = -\dfrac{3}{4} + \dfrac{37}{12}5^x$;

(2) $y_x = \dfrac{1}{3}2^x + C(-1)^x$,　$y_x = \dfrac{1}{3}2^x + \dfrac{5}{3}(-1)^x$;

(3) $y_x = -\dfrac{36}{125} + \dfrac{1}{25}x + \dfrac{2}{5}x^2 + C(-4)^x$;

(4) $y_x = \dfrac{1}{2}\left(\dfrac{5}{2}\right)^x + C\left(\dfrac{1}{2}\right)^x$,　$y_x = \dfrac{1}{2}\left(\dfrac{5}{2}\right)^x - \dfrac{3}{2}\left(\dfrac{1}{2}\right)^x$.

3. (1) $C_1 4^x + C_2 5^x$;　　　(2) $C_1 + C_2 x$;

(3) $(\sqrt{3})^x(C_1 \cos\omega x + C_2 \sin\omega x)$,　$\omega = \arctan(-\sqrt{2})$.

4. $C_1(-1)^x + C_2(-2)^x + x^2 - x + 3$.

5. 提示　将 C_x 代入 Y_x 中得 $I_x = (1-\alpha)Y_x - \beta$,

$$Y_{x+1} = Y_x + r(1-\alpha)Y_x - r\beta = [1 + r(1-\alpha)]Y_x - r\beta.$$

令 $A = 1 + r(1-\alpha)$, $Y_{x+1} - AY_x = -r\beta$, 解之得

$$Y_x = CA^x + \frac{\beta}{1-\alpha}.$$

设 Y_0 为基本国民收入, 则 $C = Y_0 - \dfrac{\beta}{1-\alpha}$, 因此

$$Y_x = \left(Y_0 - \frac{\beta}{1-\alpha}\right)A^x + \frac{\beta}{1-\alpha}.$$

从而

$$C_x = \alpha Y_x + \beta = \alpha\left(Y_0 - \frac{\beta}{1-\alpha}\right)A^x + \frac{\beta}{1-\alpha}.$$

$$I_x = (1-\alpha)Y_x - \beta = (1-\alpha)\left(Y_0 - \frac{\beta}{1-\alpha}\right)A^x.$$

6. 每月需付 222.13 元, 共付利息 165.56 元.

综合练习 6

1. 选择题

(1) 下列等式中是一阶差分方程的为 (　　).

(A) $-3\Delta y_t = 3y_t + a^t$　　　　　　(B) $y_{t+1}(1 - 2t) + y_{t-1} = -3^t$

(C) $\Delta^2 y_t = y_{t+2} - 2y_{t+1} + y_t$　　　(D) $2\Delta y_t = y_t + t$

(2) 下列差分方程中阶数为二阶的是 (　　).

(A) $y_{t+2} + 4y_{t+1} + 3y_t = 2^t$　　　(B) $\Delta^2 y_{t+2} = y_t + 3t^2$

(C) $3\Delta y_{t+2} = 3y_t + 4$　　　　　(D) $y_{t\pm2} - 3y_{t\pm1} = t$

(3) 差分方程 $y_t - 3y_{t-1} = -5$ 的通解是 (　　).

(A) $y_t = 3^t - 2$　　　　　　　(B) $y_t = C3^t - 2$

(C) $y_t = C3^t + 2$　　　　　　(D) $y_t = C(-3)^t - 2$

2. 填空题

(1) 若 $y_t = 3\mathrm{e}^t$ 是二阶差分方程 $y_{t+1} + ay_{t-1} = \mathrm{e}^t$ 的一个特解, 则 $a = $

_____.

(2) 差分方程 $y_{t+1} + ay_t = 5$ 有一个特解为 $y_t^* = 2 + 5t$, 则 $a = $ _____.

(3) 设 $y_t = 2t^2 - 5$, 则 $\Delta^2 y_t = $ _____.

3. 求下列差分方程的通解及特解:

(1) $y_{t+1} - 5y_t = 4, \quad y_0 = \dfrac{1}{3}$;

(2) $2y_{t+1} - 2y_t = 3^t, \quad y_0 = 1$;

(3) $y_{t+1} + 2y_t = 1 - t + t^2, \quad y_0 = 0$;

(4) $y_{n+2} - 5y_{n+1} + 6y_n = 0, \quad y_0 = 1, y_1 = 2$;

(5) $5y_{n+2} - 14y_{n+1} - 3y_n = 0, \quad y_0 = -1, y_1 = 6$;

(6) $y_{n+2} + 3y_{n+1} + 2y_n = 5, \quad y_0 = 1, y_1 = 2$.

4. 证明 $y_t = C_1(-1)^t + C_2 4^t$ 为差分方程 $y_t - 3y_{t-1} - 4y_{t-2} = 0$ 的通解.

5. 设某商品在时期 t 的价格为 P_t, 总供给为 S_t, 总需求为 D_t, 并设对于 $t = 0, 1, 2, \cdots$, 有 $S_t = 2P_{t+1}, D_t = -4P_{t-1} + 5, S_t = D_t$, 求证 P_t 满足差分方程 $P_{t+1} - 2P_t = 2$, 并求出 $P(0) = P_0$ 时方程的解.

6. 设 $P(n)$ 是第 n 时间段开始时欠款的总额, 不妨假设固定的时间段为每月, 又设初始的贷款额为 $P(0)$, 月利率为 b, 每月必须偿还固定金额为 R, 试列出 $P(n)$ 满足的差分方程, 若给定 $P(0)$, 求此差分方程的解 $P(n)$.

综合练习 6 参考答案与提示

1. (1) (D);　　(2) (A)、(C);　　(3) (B).

2. (1) $e\left(\dfrac{1}{3} - e\right)$.   (2) -1.   (3) 4.

3. (1) $y_t = Ce^t - 1$, $y_t^* = \dfrac{4}{3}5^t - 1$;

(2) $y_t = C + \dfrac{1}{4}3^t$, $y_t^* = \dfrac{3}{4} + \dfrac{1}{4}3^t$;

(3) $-\dfrac{11}{27}(-2)^x + \dfrac{1}{3}x^2 - \dfrac{5}{7}x + \dfrac{11}{27}$;

(4) 2^n;

(5) $\dfrac{29}{16}3^n - \dfrac{45}{16}\left(-\dfrac{1}{5}\right)^n$;

(6) $\dfrac{3}{2}(-1)^n - \dfrac{4}{3}(-2)^n + \dfrac{5}{6}$.

4. 略.

5. $P_t = \left(P_0 - \dfrac{2}{3}\right)(-2)^t + \dfrac{2}{3}$.

6. $P(n+1) = (1+b)P(n) - R$;

$$P(n) = \dfrac{R}{b} - (1+b)^2\left(\dfrac{R}{b} - P(0)\right).$$

参考文献

[1] 白岩, 赵建华, 杨淑华. 微积分习题课教程(下册)[M]. 北京:清华大学出版社, 2007.

[2] 李辉来, 张魁元, 赵建华. 大学数学——微积分(上、下册)[M]. 北京:高等教育出版社, 2004.

[3] 孙毅, 赵建华, 王国铭, 等. 微积分(下册)[M]. 北京: 清华大学出版社, 2006.

[4] 李辉来, 孙毅, 张旭利. 微积分(上册)[M]. 北京: 清华大学出版社, 2005.

[5] 董加礼, 孙丽华. 工科数学基础(上、下册)[M]. 北京:高等教育出版社, 2001.

[6] 马知恩, 王绵森. 工科数学分析基础(上、下册)[M]. 北京:高等教育出版社, 1998.

[7] 同济大学应用数学系. 微积分(上、下册)[M]. 北京:高等教育出版社, 1999.

[8] 朱来义. 微积分[M]. 2版. 北京:高等教育出版社, 2004.

[9] 黄万风, 李忠范, 等. 高等数学习题课教程(上、下册)[M]. 长春:吉林人民出版社, 1999.

[10] 张朝凤, 赵建华, 王颖, 等. 微积分习题课教程[M]. 北京:高等教育出版社, 2006.

清华大学出版社　教学资源支持

尊敬的老师：您好！

为了您更好地开展教学工作，提高教学质量，我们将通过两种方式为您提供与教材配套的教学资源。

方式一：请您登录清华大学出版社教师服务网：http://www.wqbook.com/teacher 清华大学教师服务网是隶属于清华大学出版社数字出版网"文泉书局"的频道之一，将为各位老师提供高效便捷的免费索取样书、电子课件、申报教材选题意向、清华社各学科教材展示、试读等服务。

方式二：请您完整填写如下教辅申请表，加盖公章后传真给我们，我们将会为您提供与教材配套的教学资源。

主教材名				
作者		ISBN		
申请教辅资料				
申请使用单位	（学校）		（院系）	
			（课程名称）	
	（学期）采用本教材　　　　册			
主讲教师	姓名		电话	
	通信地址		邮编	
	e-mail		微信/QQ	
声明	保证本材料只用于我校相关课程教学，不用本材料进行商业活动			
您对本书的意见		系/院主任：_____（签字） （系／院办公室章） ____年___月___日		

编辑联系方式：　100084　北京市海淀区双清路学研大厦
　　　　　　　　清华大学出版社理工分社　　佟丽霞
　　　　　　　　电话：010-62770175-4156　　邮箱：691258535@qq.com